C语言程序设计教程

高佳琴　主编

苏 州 大 学 出 版 社

图书在版编目(CIP)数据

C 语言程序设计教程/高佳琴主编. —苏州:苏州大学出版社,2014.1 (2023.7 重印)
ISBN 978-7-5672-0798-1

Ⅰ. ①C… Ⅱ. ①高… Ⅲ. ①C 语言 - 程序设计 - 教材 Ⅳ. ①TP312

中国版本图书馆 CIP 数据核字(2014)第 019140 号

C 语言程序设计教程
高佳琴　主编
责任编辑　征　慧　周建兰

苏州大学出版社出版发行
(地址: 苏州市十梓街 1 号　邮编: 215006)
广东虎彩云印刷有限公司印装
(地址：东莞市虎门镇黄村社区厚虎路20号C幢一楼　邮编：523898)

开本 787 mm×1 092 mm　1/16　印张 17.5　字数 427 千
2014 年 1 月第 1 版　2023 年 7 月第 3 次印刷
ISBN 978-7-5672-0798-1　定价: 48.00 元

苏州大学版图书若有印装错误,本社负责调换
苏州大学出版社营销部　电话: 0512 - 67481020
苏州大学出版社网址　http://www.sudapress.com

前言

Qianyan

《C 语言程序设计教程》是一本基于能力培养体系的程序设计教材。全书由浅入深地介绍 C 语言程序设计的技术与技巧,通过任务驱动、问题引导、项目实践等方式将枯燥乏味的编程过程变得生动有趣,从而帮助读者逐步建立编程思路,培养读者运用 C 语言解决实际问题的编程能力。

全书分为 12 章,按内容结构可以分为三个篇幅,分别是基础篇、进阶篇和提升篇。其中,基础篇从进入编程世界入手,介绍 C 语言集成调试环境、C 程序基本元素构成和结构化程序设计的三种基本结构,为后续课程的学习奠定理论基础。进阶篇介绍数组、函数等,使读者初步领略数据结构在程序设计中的重要性,并培养模块化、逐步细化的面向过程程序设计思路。提升篇进一步介绍程序设计方法和技巧,包括文件、指针等内容,使读者深入掌握 C 语言程序设计的精髓,从而使编程能力得到全面提升。

本书由高佳琴任主编,吴中华、江森林、郁春江、杨小来任副主编,参加编写的人员还有于翔、余婷婷、曲豫宾、汪瑛、丁辉、周晨。严圣华、陈高祥、周文彬、黄健、盛卓等参与了讨论和部分编写工作。

由于编者水平有限,书中难免存在错误和不足之处,恳请读者批评指正。

编　者

2013 年 11 月

目录

Mu Lu

基　础　篇

知识目标

➢ 了解 C 语言的发展及其特点

➢ 掌握 C 语言基本语法——数据类型、运算符和表达式

➢ 掌握输入/输出函数的语法结构

➢ 掌握 C 语言条件的构成

➢ 掌握 if…else…语句、switch 语句的语法构成及工作原理

➢ 掌握 while、do… while、for 语句的语法构成及工作原理

技能目标

➢ 熟悉 VC ++ 6.0 集成开发环境

➢ 熟练运用顺序结构思路解决一般计算问题

➢ 熟练运用选择结构思路解决求两数中的大数、百分制成绩与等第成绩转换等问题

➢ 熟练运用循环结构思路解决累计和、连乘积以及判断素数等问题

第1章 进入编程世界

1.1 初识C语言程序

1.1.1 C语言程序的构成

任何一种程序设计语言,都有其特定的语法规则,按照C语言语法规则编写出来的程序称为C语言程序。

【案例1.1】 在屏幕上输出一行“Hello World”字样。

```
#include <stdio.h>
main()
{
    printf("Hello World");
}
```

从【案例1.1】可以看出:

(1) 一个简单的C语言程序由一个名为main的主函数和其他函数组成。注意,一个C语言程序只能有一个主函数。

(2) 一个函数由函数名和大括号“{}”包括的若干语句组成。

(3) 一条语句结束必须使用分号“;”。

(4) 第1行#include <stdio.h>是文件包含。

1.1.2 计算机语言

人与人之间进行交流的语言称为自然语言,汉语与英语都是当今世界使用人数较多的自然语言。人和计算机进行信息交流的工具被称为计算机语言,人们可以使用计算机语言来命令计算机进行各种操作和处理。

1. 计算机语言的发展

计算机语言的发展经历了从机器语言、汇编语言到高级语言的历程。

机器语言是指一台计算机全部的指令集合。计算机所使用的是由“0”和“1”组成的二进制数,二进制是计算机语言的基础。计算机发明之初,人们只能用机器语言去命令计算机干这干那。使用机器语言是十分痛苦的,一条机器语言成为一条指令,由于每台计算机的指令系统往往各不相同,所以在一台计算机上执行的程序,要想在另一台计算机上执行，必须另编程序，造成了重复工作。但由于使用的是针对特定型号计算机的语言，故而运算效率是所有语言中最高的。机器语言是第一代计算机语言。

为了减轻使用机器语言编程所带来的困扰，人们进行了一种有益的改进：用一些简洁的英文字母、符号串来替代一个特定指令的二进制串。例如，用“ADD”代表加法，“MOV”代表数据传递，等等。这样一来，人们很容易读懂并理解程序在干什么，纠错及维护都变得方便了，这种程序设计语言被称为汇编语言，即第二代计算机语言。然而计算机是不认识这些符号的，这就需要一个专门的程序，专门负责将这些符号翻译成计算机能够识别的二进制数的机器语言，这种翻译程序被称为汇编程序。

汇编语言同样十分依赖于机器硬件，移植性不好，但效率仍十分高，针对计算机特定硬件而编制的汇编语言程序，能准确发挥计算机硬件的功能和特长，程序精炼而质量高，所以至今仍是一种强有力的常用软件开发工具。

由于机器语言和汇编语言都依赖于具体的计算机硬件，因此它们统称为低级语言。

从最初与计算机交流的痛苦经历中，人们意识到应该设计一种这样的语言，这种语言接近于数学语言或人的自然语言，同时又不依赖于计算机硬件，编制的程序能在所有机器上通用。经过努力，1954 年，第一个完全脱离机器硬件的高级语言——FORTRAN 问世了。50 多年来，共有几百种高级语言出现，有重要意义的有几十种，影响较大、使用较普遍的有 FORTRAN、ALGOL、COBOL、BASIC、LISP、SNOBOL、PL/1、Pascal、C、PROLOG、Ada、C ++ 、VC、VB、Delphi、JAVA 等。

1.1.3　程序

程序（Program）是为实现特定目标或解决特定问题而用计算机语言编写的命令序列的集合。

程序设计（Programming）是给出解决特定问题程序的过程，是软件构造活动中的重要组成部分。程序设计往往以某种程序设计语言为工具，给出这种语言下的程序。程序设计过程应当包括分析、设计、编码、测试、排错等不同阶段。

集成开发环境（IDE，Integrated Development Environment）是用于程序开发环境的应用程序，一般包括代码编辑器、编译器、调试器和图形用户界面工具。用户不需要离开 IDE 便可完成编写、编译、运行、调试等工作。Visual C ++ 6.0 就是一个典型的 IDE。

1.1.4　结构化程序设计方法

结构化程序设计思想源于 20 世纪 60 年代，是随着计算机硬件水平的不断提高、软件规模和复杂度随之增加而提出的一种软件开发技术，结构化程序设计方法的目的是增加程序的易读性、易维护性，降低软件成本，提高软件生产和维护效率。

1. 结构化程序设计基本要点

（1）程序的质量标准是“清晰第一，效率第二”。

（2）采用自顶向下、逐步求精及模块化的程序设计方法。

自顶向下是指在程序设计时，应先考虑总体，后考虑细节；先考虑全局目标，后考虑局部目标。不要一开始就过多追求众多的细节，而是先从最上层总目标开始设计，逐步使问题具体化。

逐步求精是指对复杂问题,应设计一些子问题作为过渡,逐步细化。

模块化设计的基本思想是指将一个复杂问题或任务分解成若干个功能单一、相对独立的小问题来进行设计,每个小问题称为一个模块。

(3) 每个程序模块只有一个入口和一个出口,不存在永远执行不到的语句(死语句),也没有永远不能终止的循环(死循环)。

2. 三种基本结构

结构化程序设计有三种基本结构:顺序结构、选择结构和循环结构。

(1) 顺序结构。

顺序结构是最简单的一种基本结构。如图 1-1(a)所示,在顺序结构中,要求按先后顺序执行,即:先执行 A 操作,再执行 B 操作,两者是顺序执行的关系。顺序结构也可用 N-S 流程图表示,如图 1-1(b)所示。

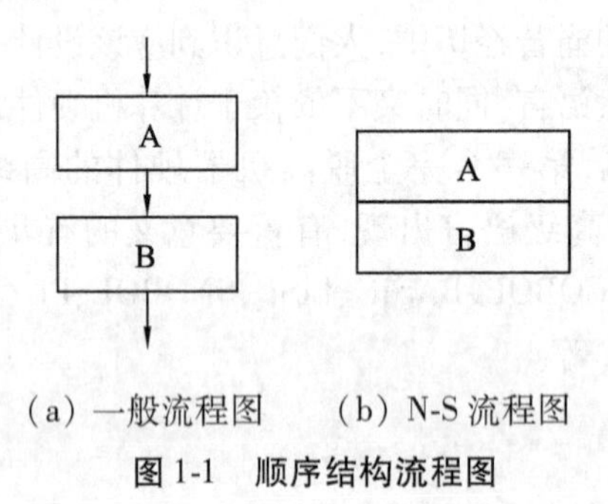

(a) 一般流程图　　(b) N-S 流程图

图 1-1　顺序结构流程图

(2) 选择结构。

选择结构又称选取结构或分支结构。如图 1-2(a)所示,p 代表一个条件,当 p 条件成立(或称为“真”)时执行 A,否则执行 B。注意,只能执行 A 或 B 之一。两条路径汇合在一起然后输出结果。选择结构也可用 N-S 流程图表示,如图 1-2(b)所示。

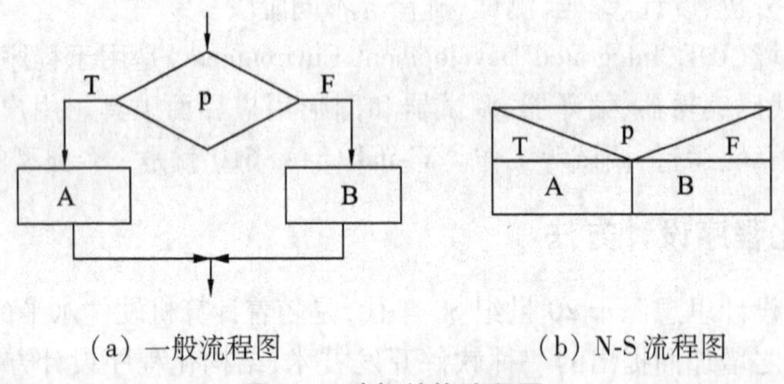

(a) 一般流程图　　(b) N-S 流程图

图 1-2　选择结构流程图

(3) 循环结构。

循环结构表示程序反复执行某个或某些操作,直到某条件为假(或为真)时才终止循环。循环结构分为当(while)型循环和直到(until)型循环两种结构。

① 当型循环结构,如图 1-3(a)所示,当 p 条件成立(或称为“真”)时,反复执行 A 操作,直到 p 为“假”时才停止循环。其 N-S 流程图如图 1-3(b)所示。

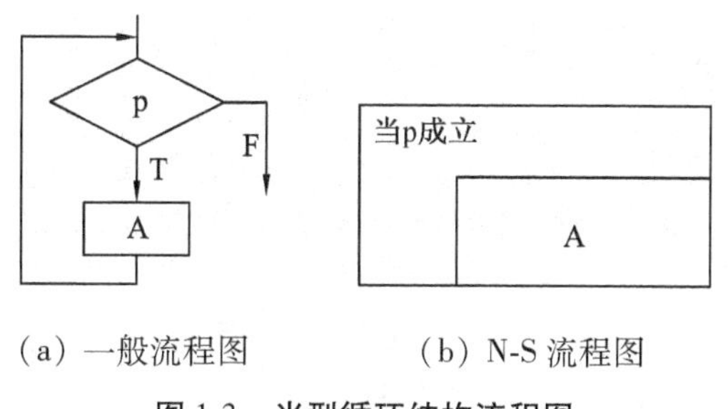

（a）一般流程图　　　（b）N-S 流程图

图 1-3　当型循环结构流程图

② 直到型循环结构，如图 1-4(a)所示，先执行 A 操作，再判断 p 是否为“假”，若 p 为“假”，再执行 A，如此反复，直至 p 为“真”。其 N-S 流程图如图 1-4(b)所示。

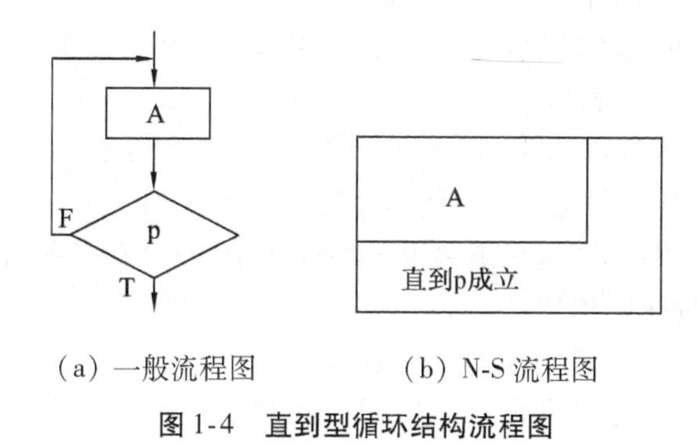

（a）一般流程图　　　（b）N-S 流程图

图 1-4　直到型循环结构流程图

1.2　C 语言的发展与特点

C 语言是一种结构化语言，它层次清晰，便于按模块化方式组织程序，易于调试和维护。C 语言的表现能力和处理能力极强，它不仅具有丰富的运算符和数据类型，便于实现各类复杂的数据结构，还可以直接访问内存的物理地址，进行位(bit)一级的操作。

1.2.1　C 语言的发展

在 C 语言诞生之前，系统软件主要是用汇编语言编写的。由于汇编语言程序依赖于计算机硬件，其可读性和可移植性都很差；但一般的高级语言又难以实现对计算机硬件的直接操作(这正是汇编语言的优势)，于是人们盼望有一种兼有汇编语言和高级语言特性的新语言。

C 语言是贝尔实验室于 20 世纪 70 年代初研制出来的，后来又被多次改进，并出现了多种版本。20 世纪 80 年代初，美国国家标准化协会(ANSI)根据 C 语言问世以来的各种版本对 C 语言进行了发展和扩充，制定了 ANSI C 标准(1989 年再次做了修订)。

目前，在微机上广泛使用的 C 语言编译系统有 Microsoft C、Turbo C、Borland C 等。虽然它们的基本部分都是相同的，但还是有一些差异。本书以 ANSI C 为基础，同时兼顾其他不同版本中通用性和一致性的内容予以叙述。

1.2.2 C语言的特点

1. 简洁紧凑、灵活方便

C语言一共只有32个关键字、9种控制语句,程序书写形式自由,区分大小写。

2. 运算符丰富

C语言的运算符包含的范围很广泛,共有34种运算符。C语言把括号、赋值、强制类型转换等都作为运算符处理。灵活使用各种运算符可以实现在其他高级语言中难以实现的运算。

3. 数据类型丰富

C语言的数据类型有:整型、实型、字符型、数组类型、指针类型、结构体类型等,能用来实现各种复杂的数据结构的运算。C语言还引入了指针的概念,使程序效率更高。

4. C语言是结构式语言

结构式语言的显著特点是代码及数据的分隔化,即程序的各个部分除了必要的信息交流外彼此独立。这种结构化方式可使程序层次清晰,便于使用、维护以及调试。C语言是以函数形式提供给用户的,这些函数可方便地调用,并具有多种循环、条件语句控制程序流向,从而使程序完全结构化。

5. 语法限制不太严格,程序设计自由度大

虽然C语言也是强类型语言,但它的语法比较灵活,允许程序编写者有较大的自由度。

6. 允许直接访问物理地址,对硬件进行操作

由于C语言允许直接访问物理地址,可以直接对硬件进行操作,因此它既具有高级语言的功能,又具有低级语言的许多功能,能够像汇编语言一样对位、字节和地址进行操作,而这三者是计算机最基本的工作单元,可用之编写系统软件。

7. 生成目标代码质量高,程序执行效率高

一般只比汇编程序生成的目标代码效率低10% ~20% 。

8. 适用范围大,可移植性好

C语言有一个突出的优点,就是适合于多种操作系统,如DOS、UNIX、Windows 98、Windows NT、Windows 7;也适用于多种机型。C语言具有强大的绘图能力,可移植性好,并具备很强的数据处理能力,因此适用于编写系统软件、三维和二维图形以及动画。它也是一种可用于数值计算的高级语言。

1.3 C语言程序基本结构与书写规则

1.3.1 C语言程序基本结构

用C语言编写的程序称为C语言源程序,简称为C语言程序。一个完整的C语言程序,是由一个main函数(又称主函数)和若干个其他函数结合而成的,或仅由一个main函

数构成。程序的执行都是从 main 函数开始的。

【案例1.1】就是一个仅由 main 函数构成的 C 语言程序。

【案例1.2】 求两个数中较大者。

【源程序】

```
#include <stdio.h>
int max(int x, int y)
{ return( x>y ? x : y ); }
main()
{   int num1,num2;
    printf("Input the first integer number:");
    scanf("%d", &num1);
    printf("Input the second integer number:");
    scanf("%d", &num2);
    printf("max=%d\n", max(num1, num2));
}
```

【运行结果】

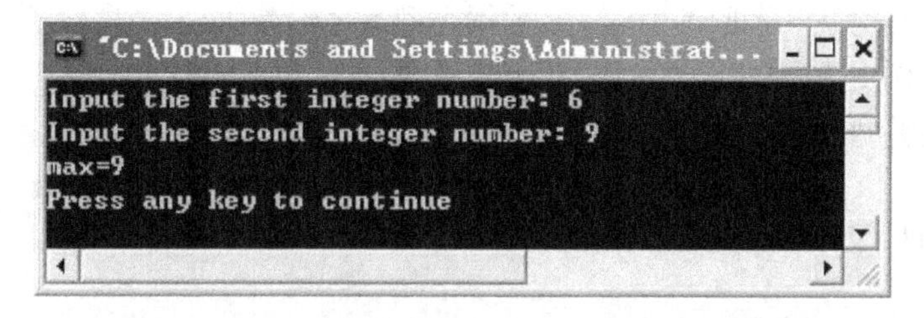

运行结果中的两个数6、9是运行过程中从键盘输入的,而“max=9”是程序的运行结果。

【程序说明】

(1)“#include”是编译预处理命令,放在源程序最前面,该命令后面不加分号。只要程序涉及数据的输入和输出,就必须在源程序开头加上“#include <stdio.h>”。

(2)程序中的变量 num1 和 num2 必须先定义后使用。

(3)scanf 是系统提供的输入函数,提供了在程序运行过程中给变量赋值的功能;printf 是系统提供的输出函数。

结合【案例1.1】和【案例1.2】,得出 C 语言程序的基本结构:

(1)函数是 C 语言程序的基本单位。

main 函数的作用,相当于其他高级语言中的主程序;其他函数的作用,相当于子程序。

(2)C 语言程序总是从 main 函数开始执行。

一个 C 语言程序,不管 main 函数在程序中的位置如何,总是从其开始执行。当 main 函数执行完毕时,亦即整个程序执行完毕。

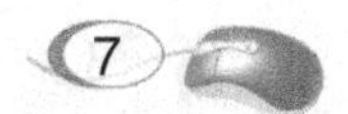

1.3.2 函数的一般结构

任何函数(包括主函数 main)都是由函数说明和函数体两部分组成的,其一般结构如下:

```
[函数类型]  函数名(函数参数表)              /* 函数说明部分 */
            { 说明语句部分;
              执行语句部分;                  /* 函数体部分 */
            }
```

1. 语法符号约定

<...>——尖括号表示必须有的项;

[...]——方括号表示可选(即可以指定,也可以缺省);

…——省略号表示前面的项可以重复;

|——表示多(含2)中选1。

2. 函数说明

函数说明由函数类型(可缺省)、函数名和函数参数表三部分组成,其中函数参数表的格式如下:

<数据类型><形参1>[,<数据类型><形参2>……]

例如,【案例1.2】中的函数 max,其函数说明各部分如下:

```
函数类型   函数名   函数参数表
   ↓         ↓          ↓
  int       max  (int x,  int y)
```

3. 函数体

在函数说明下面、大括号内的内容是函数体。函数体一般由说明语句和可执行语句两部分构成。

(1) 说明语句。

说明语句由变量定义、自定义类型定义、自定义函数说明、外部变量说明等组成。

(2) 可执行语句。

一般由若干条可执行语句构成,每个语句以分号作为结束符。

注意:函数体中的变量定义语句,必须在所有可执行语句之前。

1.3.3 C语言程序书写规则

源程序的书写格式如下:

(1) 所有语句都必须以分号";"结束,函数的最后一个语句也不例外。

(2) 程序行的书写格式自由,既允许1行内写几条语句,也允许1条语句分写成几行。

(3) 建议使用注释。注释语句是指在程序的开始或中间、不具有任何功能、仅仅是对程序进行说明的语句,注释语句可以增强程序的可读性。

C语言的注释格式如下:

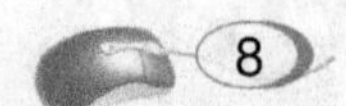

/＊注释内容＊/

在【案例1.1】、【案例1.2】以及本节其他部分给出的源程序中，凡是用“/＊”和“＊/”括起来的文字，都是注释。

在使用C语言的注释时必须注意以下几个方面：

①“/＊”和“＊/”必须成对使用，且“/”和“＊”、“＊”和“/”之间不能有空格，否则会出错。

② 注释的位置。注释可以单占1行，也可以跟在语句的后面。

③ 如果1行写不下，可另起1行继续写。

④ 注释中允许使用汉字。在非中文操作系统下，看到的是一串乱码，但不影响程序运行。

1.4　C语言的语句和关键字

1.4.1　C语言的语句

C语言利用函数体中的可执行语句，向计算机系统发出操作命令，以完成相应的功能。按照语句作用或构成的不同，可将C语言的语句分为五类。

1. 函数调用语句

函数调用语句由函数名、实际参数加上分号“;”组成。其一般形式如下：

函数名(实际参数表);

执行函数语句就是调用函数体并把实际参数赋予函数定义中的形式参数，然后执行被调函数体中的语句，求取函数值。例如：

```
printf("Hello World!");
```

2. 表达式语句

表达式语句由表达式后加一个分号“;”构成。其一般形式如下：

表达式;

最典型的表达式语句是，在赋值表达式后加一个分号构成的赋值语句。

例如，“num = 5”是一个赋值表达式，而“num = 5;”则是一个赋值语句。

3. 控制语句

控制语句完成一定的控制功能，C语言最常用的控制语句有九种，可大致分为以下三类：

(1) 条件判断语句：条件判断语句有if语句、switch语句等。

(2) 循环执行语句：循环执行语句有do while语句、while语句、for语句等。

(3) 转向语句：转向语句有break语句、goto语句、continue语句、return语句等。

4. 空语句

空语句仅由一个分号构成。显然，空语句什么操作也不执行。

5. 复合语句

把多个语句用大括号{}括起来组成的一个语句称为复合语句。在程序中应把复合语句看成是单条语句，而不是多条语句，例如：

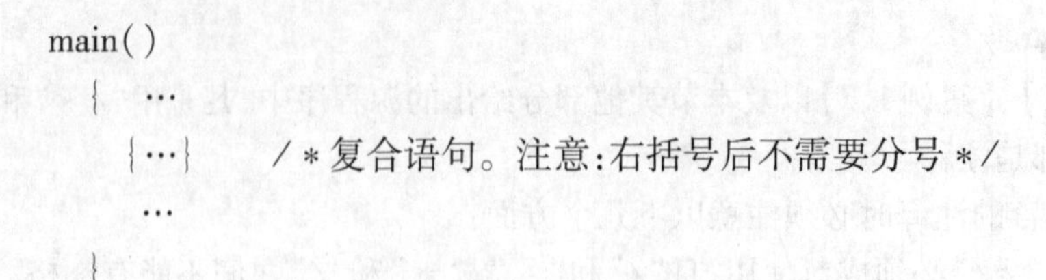

```
main()
{  …
   {…}        /*复合语句。注意:右括号后不需要分号*/
   …
}
```

复合语句具有如下性质:

(1) 在语法上和单一语句相同,即单一语句可以出现的地方,也可以使用复合语句。

(2) 复合语句可以嵌套,即复合语句中也可以出现复合语句。

1.4.2 关键字

关键字是指已被C语言本身使用,不能作其他用途(如变量名、函数名等)的名字。C语言关键字共有32个,根据关键字的作用不同,可将其分为数据类型关键字、控制语句关键字、存储类型关键字和其他关键字四类。

(1) 数据类型关键字(12个):char、double、enum、float、int、long、short、signed、struct、union、unsigned、void。

(2) 控制语句关键字(12个):break、case、continue、default、do、else、for、goto、if、return、switch、while。

(3) 存储类型关键字(4个):auto、extern、register、static。

(4) 其他关键字(4个):const、sizeof、typedef、volatile。

1.5 VC++6.0入门

用C语言编写的源程序文件,计算机不能直接运行,必须通过编译程序将源程序转换成计算机能运行的可执行文件(由0和1组成的二进制指令)。

目前比较流行的C语言编译器包括微软的Visual C++、Turbo C等。全国计算机等级考试、程序员考试的上机调试部分都采用了Visual C++6.0环境,我们以该环境为例,介绍C语言程序的上机步骤。

(1) 编辑源程序文件,并以扩展名为.c或.cpp的文件存盘。我们为【案例1.2】的源程序文件取名为example1_2.cpp,并存盘。

(2) 对源程序文件进行编译,将源程序文件编译为扩展名为.obj的目标文件,如果源程序example1_2.cpp通过编译,则系统会自动生成一个example1_2.obj的目标文件。如果源程序有误,必须先修改,重新编译,直到编译成功。

(3) 对编译通过的目标程序进行连接,即加入库函数和其他二进制代码,生成扩展名为.exe的可执行程序。如果目标程序example1_2.obj连接时未发生错误,则系统自动生成example1_2.exe文件。

(4) 运行可执行程序,若没有得到期望的结果,修改源程序,重新编译和连接,直到程序调试成功。

以【案例1.2】为例,C语言程序的上机步骤可用流程图表示,如图1-5所示。

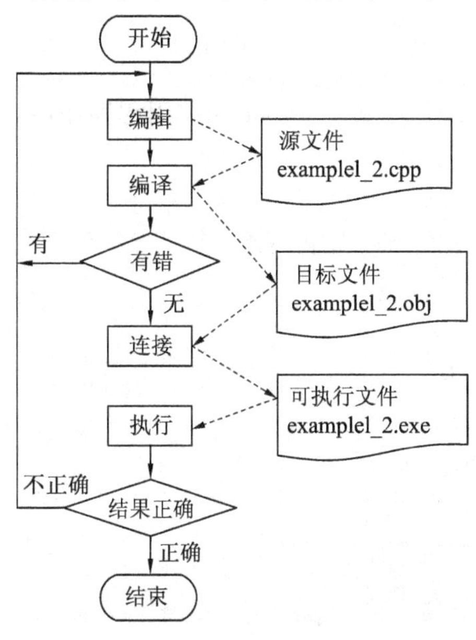

图1-5 C语言程序执行步骤的流程图

Visual C++ 6.0由Microsoft开发,它不仅是一个C++编译器,更是一个基于Windows操作系统的可视化集成开发环境。Visual C++ 6.0功能非常强大,本节仅介绍其用于C语言程序调试的最基本功能。

1.5.1 VC++ 6.0主界面

在正常安装了Visual C++ 6.0后,可在程序中启动Visual C++ 6.0的集成开发环境,进入主窗口,如图1-6所示。

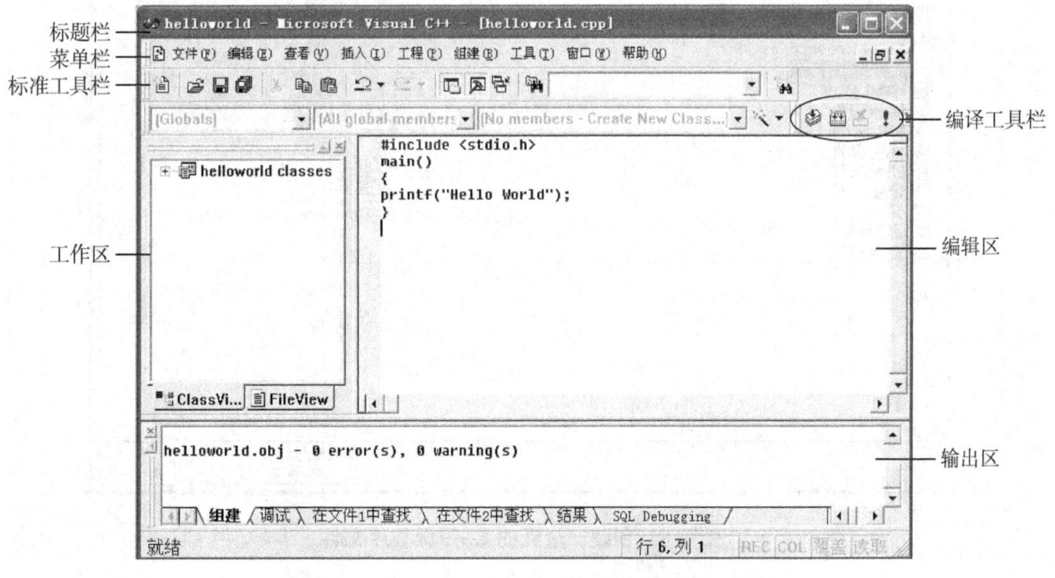

图1-6 Visual C++ 6.0的集成开发环境主窗口

集成开发环境的主窗口包括标题栏、菜单栏、工具栏、工作区、源代码编辑区、输出区、状态条等。

1. 标准工具栏

标准工具栏有15个工具,与其他Windows应用程序相似,主要用于建立项目工作区及项目。

2. 编译工具栏

编译工具栏含有6个工具,如图1-7所示。

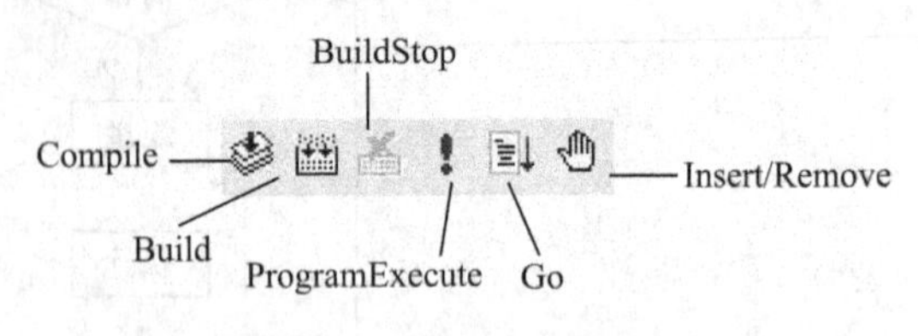

图1-7 编译工具栏

各工具栏的中文含义如下:

(1) Compile:编译文件。

(2) Build:建立项目。

(3) BuildStop:停止建立项目。

(4) ProgramExecute:执行程序。

(5) Go:启动或继续执行程序。

(6) Insert/Remove:插入或删除断点。

1.5.2 在VC++ 6.0环境下调试一个简单C程序的步骤

1. 创建一个新的C++源程序文件

在VC的主窗口中打开"文件"→"新建"命令选项,进入"新建"对话框,选择该对话框的"文件"选项卡下功能列表 "C++ Source File"项,如图1-8所示,选择源文件存放的位置,输入文件名后,单击"确定"按钮,进入到程序文件编辑窗口。

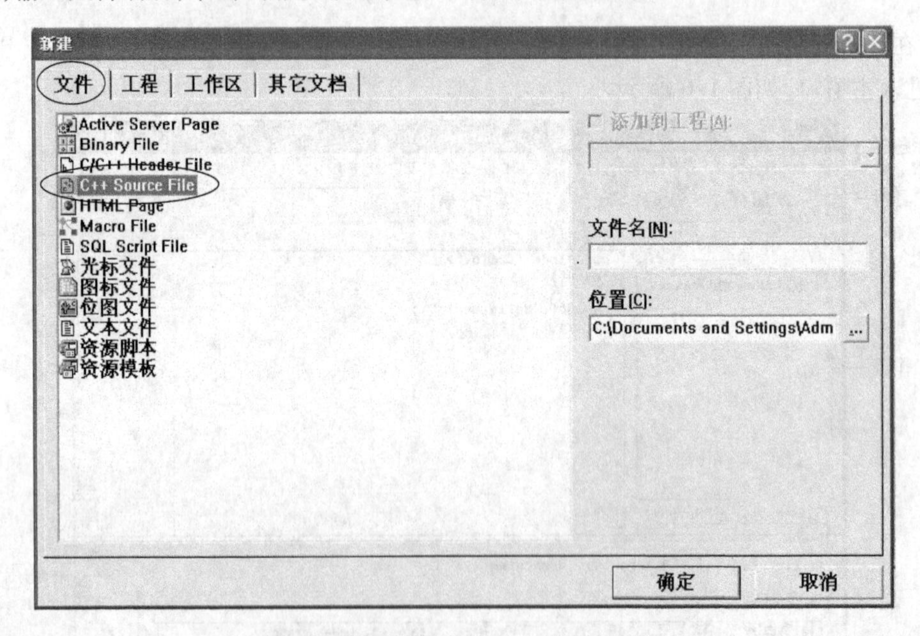

图1-8 创建一个新的C++源程序文件

2. 编辑C++源文件

进入程序文件编辑窗口(参见图1-6),即可用Windows提供的文本编辑的一般方法编辑程序,包括文字或文字块的输入、修改,文字或文字块的删除、复制、粘贴等。

3. 保存C++源文件

程序编辑完毕或在编辑过程中,可以执行“文件”→“保存”或“另存为”命令以保存文件。

4. 编译源程序文件

执行“组建”→“编译”命令,或单击编译工具栏中的按钮,即可对已打开的源程序文件进行编译,编译结果(含出错信息)显示在主窗口下部的“编译结果信息”输出区中。如图1-6所示,输出区显示“0 error(s), 0 warning(s)”,说明编译过程未发现语法错误。

5. 消除程序出现的错误

如果程序有语法错误,可参照输出区给出的提示进行修改,然后重复步骤2至步骤5,直至出错提示全部消除,自动生成主名与源文件相同、扩展名为.obj的目标文件。

6. 生成可执行文件(程序的连接)

执行“组建”→“组建”命令,即可对已生成的目标文件进行连接,自动生成扩展名为.exe的可执行文件,如图1-9所示,即生成了“hello.exe”文件。如果组建结果有错误,也会在输出区中有相应的提示。

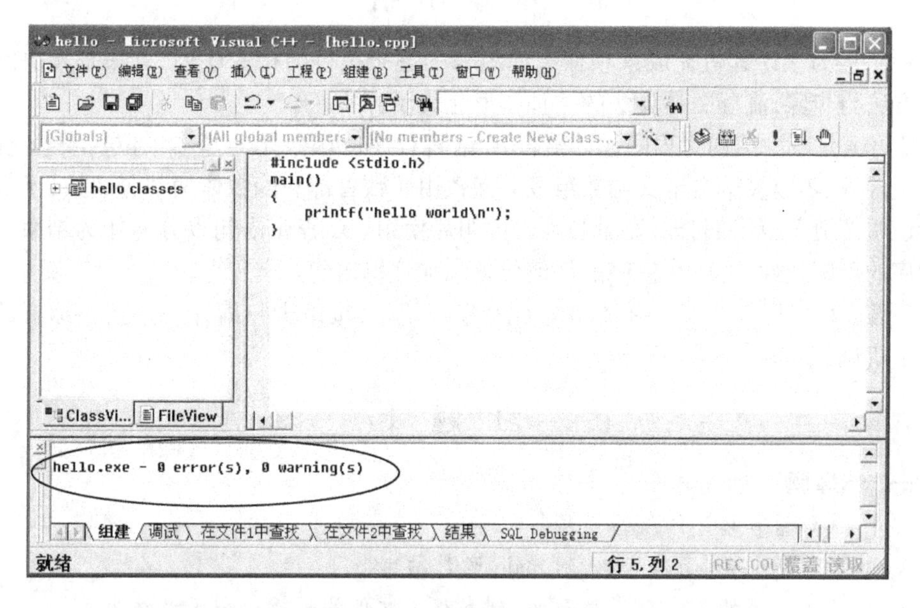

图1-9 C语言程序的组建

7. 程序的执行

执行“组建”→“执行”命令,或运行编译工具栏中的按钮,即可执行步骤6所生成的可执行文件,并显示如图1-10所示的DOS窗口。

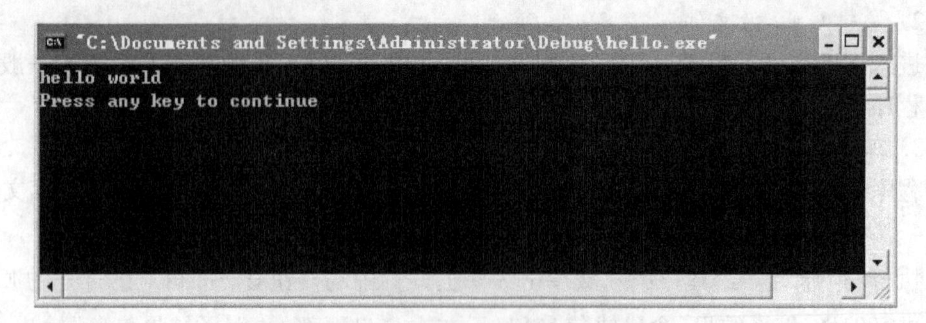

图 1-10　C 语言程序运行结果界面

注意: (1) 建立专用的文件夹来保存源程序文件,并且要记住该文件夹的准确路径。

(2) 程序如有语法错误,编译程序会以语句行为单位在输出框中给出详细的出错信息,只要双击输出区中的某条出错信息,光标即自动定位到包含该错误的语句行上(编辑窗中)。

(3) 再次新建 C 源程序文件,必须先执行"文件"→"关闭工作空间"命令,关闭当前工作空间,否则程序运行会出错。

本章小结

程序是为让计算机完成某项任务而编写的逐条执行的指令序列,算法是解决问题的具体方法与步骤,流程图是算法的一种图形化表示方式。

C 语言是一种结构化程序设计语言,C 语言程序以函数作为基本单位,C 语言程序由一个主函数、零或多个自定义函数组成。函数由函数首部和函数体两部分组成,函数体又包括说明部分和执行部分。变量必须先说明后使用。C 程序语句以分号作为结束。为提高程序的可阅读性,可以在程序的任何位置添加注释语句。

C 语言程序可以在 VC ++ 6.0 集成开发环境下,按编辑→编译→连接→运行的步骤进行上机调试。

习　题　1

一、选择题

1. 一个 C 语言程序的执行是从(　　)。

A. 本程序的 main 函数开始,到 main 函数结束

B. 本程序文件的第一个函数开始,到本程序文件的最后一个函数结束

C. 本程序的 main 函数开始,到本程序文件的最后一个函数结束

D. 本程序文件的第一个函数开始,到本程序 main 函数结束

2. 下列叙述正确的是(　　)。

A. 在 C 语言程序中,main 函数必须位于程序的最前面

B. C 程序的每行中只能写一条语句

C. C 语言本身没有输入/输出语句

D. 在对一个 C 语言程序进行编译的过程中,可发现注释中的拼写错误

3. 下列叙述不正确的是(　　)。

A. 一个C源程序可由一个或多个函数组成

B. 一个C源程序必须包含一个main函数

C. C程序的基本组成单位是函数

D. 在C语言程序中,注释说明只能位于一条语句的后面

二、填空题

1. C语言程序是由________构成的,一个C语言程序中至少包含________。因此,________是C语言程序的基本单位。

2. C语言程序注释是由________和________所界定的文字信息组成的。

3. 函数体一般包括________和________。

4. C语言程序语句以________为结束符。

5. 以________开头的命令是编辑预处理命令。

三、判断题

1. 一个C语言程序总是从该程序的main函数开始执行,在main函数执行完毕时,程序则结束。

2. main函数必须写在一个C语言程序的最前面。

3. 一个C语言程序可以包含若干个函数。

4. C语言程序的注释部分可以出现在程序的任何位置,它对程序的编译和运行不起任何作用,但是可以增加程序的可读性。

5. C语言程序可以直接运行。

四、简答题

1. 简要叙述C语言的特点。

2. 简要叙述使用VC++ 6.0编译和运行一个C语言程序的步骤。

3. 简述结构化程序设计方法。

第2章 数据类型、运算符与表达式

程序设计的本质是将信息从一种形式转换成另一种形式,信息在程序中以数据的形式呈现,计算机可以处理包括数值、字符等多种形式的数据,不同数据在计算机中的存储和处理方式也有区别,因此一个程序应包括对数据的描述和对数据处理的描述。为了学习C语言程序设计方法,我们首先了解C语言中的数据类型、运算符与表达式等相关规则。

2.1 数据类型

C语言中的数据类型很多,可以把它们划分为四大类:

(1) 基本类型(原子类型)。不能再分解为其他类型,常见的有整型、实型(又称浮点型)、字符型、枚举型四种类型。

(2) 构造类型。由一种或多种基本类型的数据按照实际需要组合而成的类型,有数组、结构体、共用体三种类型。

(3) 指针类型。该类型比较灵活,用来访问内存的一种数据类型。

(4) 空类型。

C语言规定程序中用到的所有变量必须先定义后使用,这是因为:

(1) 不同类型的数据在内存占据不同长度的存储区域,而且采用不同的表示方式。

(2) 不同类型的数据对应的值的范围也不同。例如,普通整型的范围是 -32768 ~ 32767,如果一个整型变量的值超出该范围,就需要将其定义为长整型,以免越界。

(3) 数据类型与允许的操作密切相关。如果是整型数据,则可以进行“求余”运算,而实型数据就不能。

本章我们首先介绍基本类型中的整型、实型(又称浮点型)、字符型的定义及使用方法,其他类型将在后面的章节中陆续介绍。

2.2 常量与变量

现实问题中的各种各样的数据在计算机中的存在形式主要有两种:常量与变量。

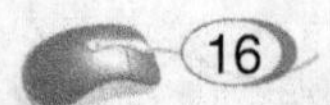

2.2.1　常量

常量是在程序运行过程中其值不会改变的量。

常量在程序中经常直接出现，如123、3.14159、'a'、"computer"，它们分别是整型常量、浮点型(实型)常量、字符型常量及字符串常量。

程序中还允许定义符号常量，即用一个标识符来代表一个常量，符号常量通常用大写字母表示，C语言通过宏定义来实现。

定义符号常量的一般格式如下：

```
#define  符号常量名  常量
```

例如：

```
#define PI  3.14159
```

定义了符号常量PI后，程序中用到圆周率3.14159的地方，都可以用PI代替。这样一方面可提高程序的可读性，另一方面如果需要对PI的精度进行修改，只要在符号常量的定义处修改就可以了。

2.2.2　变量

变量是在程序运行过程中其值允许改变的量。

每个变量在程序中均对应一个标识符，称为变量名，C语言规定变量必须先说明后使用，变量说明的目的是让程序知道变量类型并给变量分配相应数量的存储单元。例如，为整型变量分配2个字节的存储空间，为实型变量分配4个字节的存储空间。

1. 变量定义的一般格式

```
[存储类型]  数据类型  变量名1[,变量名2……];
```

例如：

```
int a,b,c;
```

定义了三个名为a、b、c的整型变量，它们可用于存储整型数据。同一类型的多个变量需要定义时，变量名之间用逗号隔开，数据类型名与第一个变量名中间用一个或多个空格隔开，变量定义语句以分号结束。

2. 变量初始化的一般格式

程序中常常需要对一些变量预先设置初值。C语言允许在定义变量的同时对变量进行初始化。

```
[存储类型]  数据类型  变量名1[=初值1][,变量名2[=初值2]……];
```

例如：

```
int math =90;                /* 定义math为基本整型变量,初值为90 */
char T_sex = 'F';            /* 定义T_sex为字符型变量,初值为'F' */
```

也可以给被定义的变量中的部分变量赋初值。例如：

```
int a, b, c =5;               /* 定义a、b、c为基本整型变量,c初值为5 */
```

2.2.3 标识符

标识符是指以字母或下划线开始的,由字母、数字、下划线组成的有效字符序列。标识符用于表示符号常量名、变量名和函数名等语法单位。

在使用标识符时,要注意以下几点:

(1) 在 C 语言中,标识符是区分大小写的,"total"与"TOTAL"是两个不同的标识符。习惯上,变量名和函数名中的英文字母用小写,而符号常量用大写字母表示,以增加可读性。

(2) 标识符的长度随着不同的编译环境而有所差异,大部分编译系统默认标识符的长度为 8 个字符。

(3) 在使用标识符命名变量时,应使标识符能较好地表达变量的含义。例如,用"sum"表示累计和,用"count"代表计数器变量,等等。

(4) 使用用户自定义标识符时,应注意不能使用系统已定义的关键字,ANSI C 标准定义的关键字有 32 个,这些关键字在 C 语言中起到标识数据类型、构成控制语句等功能。

2.3 整型数据

整型数据是指不包含小数部分的数值型数据,日常生活中表示年龄、人数等信息时用整型数据,整型数据是 C 语言基本数据中应用最广的类型。

2.3.1 整型常量

C 语言整型常量有三种表示方法:十进制整型、八进制整型和十六进制整型。其表示形式如表 2-1 所示。

表 2-1 整型常量的表示形式

进 制	表示方法	样 例
十进制整型	以数字 1、2、…、9 中的一个数开头	256
八进制整型	以数字 o 开头	o256
十六进制整型	以 0x 或 0X 开头	0x1A3

2.3.2 整型变量

如果我们需要编写一个教师的工资管理系统,其中要定义一个用来存放教师工龄的变量,该如何定义?定义变量要确定两个要素:一是变量的类型,这取决于变量存储的数据格式及范围,显然表示工龄的数据为整型数据,我们选用 C 语言关键字 int 表示;二是定义变量名,按照变量名的命名规范和见名知意的准则,我们用 T_age 表示该变量名称。

```
int T_age;
```

根据所占用内存字节数的不同,即能表示的数据范围不同,整型变量可分为四类,如表2-2所示。

表2-2 整型变量的分类

类　别	类型关键字	字节数
基本整型	int	2
短整型	short int	2
长整型	long int	4
无符号整型	unsigned int	2
上述各类型整型变量占用的内存字节数随系统而异,可以通过 sizeof( ) 函数获得数据类型所占字节数。		

利用表中的这些整型,我们就可以定义整型变量了。例如:

```
int math, chinese, english;   /* 定义三个基本整型变量:math、chinese、english */
short c, d;                   /* 定义 c、d 为短整型 */
long e, f;                    /* 定义 e、f 为长整型 */
```

2.4 实型数据

实型数据又称浮点型数据,日常生活中常用实型数据来表示单价、平均分等信息。

2.4.1 实型常量

C 语言中实型常量的表示方法有两种:

(1) 十进制小数形式。由整数部分、小数点和小数部分所组成,如123.0、123.等。

(2) 指数形式。采用科学计数法表示数据,由尾数、e(或E)和指数三部分组成。例如 1.23×10^3,在 C 语言中可以写成 1.23E3 或 1.23e3。

注意: 在十进制小数形式表示法中,小数点不可少;用指数形式表示时,e(或E)的前后必须有数字,且e(或E)的后面必须为整数。

2.4.2 实型变量

如果教师工资管理系统中需要定义一个用来存放教师工资的变量,则将其定义如下:

```
float T_salary;
```

在 C 语言中,实型变量分为单精度型(float)、双精度型(double)和长双精度型(long double)三类。例如:

```
float a, b;             /* 定义 a、b 为单精度型 */
double c, d;            /* 定义 c、d 为双精度型 */
long double e, f;       /* 定义 e、f 为长双精度型,一般用得很少 */
```

2.5 字符型数据

2.5.1 字符型常量

字符型常量是用一对单引号括起来的单一字符，在计算机的存储中占据一个字节。单引号是定界符，它并不是字符型常量的一部分。例如，'A'、'9'、'#'等都是字符型常量。

字符型常量在计算机中以它的ASCII码值形式（见附录B）进行存储。例如，'A'在内存中的实际存储的值是65，而'a'在内存中存储的值是97，小写字母比相应的大写字母ASCII码大32。

由于字符型常量中的单引号已作为定界符使用，另外还有一些控制字符（如制表符、回车、换行字符等）不能直接表示，所以为了表达方便，C语言提供了转义字符表示法。转义字符表示法以反斜杠（\）开头，后面跟上相关的字符来表示特殊的字符。

常用的转义字符如表2-3所示。

表2-3 常用转义字符及其作用

字符形式	含 义	ASCII码
\n	换行，将光标移到下一行开头	10
\t	水平制表（光标右移8列）	9
\b	退格，光标前移一列	8
\r	回车，光标移到本行首列	13
\f	换页，光标移到下页开头	12
\\	反斜杆字符“\”	92
\'	单引号字符	39
\"	双引号字符	34
\ddd	1~3位八进制数所代表的字符	
\xhh	1~2位十六进制数所代表的字符	

注意：表中最后两行是用八进制或十六进制表示一个字符。例如，“\101”表示ASCII码为65的字符'A'，“\x42”表示ASCII码为66的字符'B'。

2.5.2 字符型变量

如果教师工资管理系统中需要定义一个用来存放教师性别的变量，则将其定义如下：

```
char T_sex;
```

C语言字符型变量用来存放字符数据，只能存放一个字符。在C语言中，字符型变量只有一种，用关键字char表示。字符型变量在内存中只占一个字节。字符型变量的定义形式如下：

```
char ch1, ch2;                          /* 定义 ch1、ch2 为字符型 */
```

【案例2.1】 字符型变量的应用。

【源程序】

```
#include < stdio. h >
main( )
{int ch;
  ch =97;
   printf("% c,% d",ch,ch);
}
```

【运行结果】

```
a,97
```

【程序说明】

整型数据和字符型数据之间通用，整型变量和字符型变量之间可以相互赋值；整数可以以字符型形式输出，字符型数据也可以以整数形式输出。

2.5.3　字符串常量

字符串是指由多个字符构成的一串字符。字符串常量的表示比较简单，使用一对双引号将字符串括起来，即可构造字符串常量，双引号是字符串常量的定界符。

字符串常量简称字符串。C语言规定：在每一个字符串的结尾加一个"字符串结束标志"('\0')，以便系统据此判断字符串是否结束。字符串的长度就是字符的个数，因此，长度为n的字符串，在计算机的存储中占用n+1个字节。

在字符串中，除了可以使用一般字符外，还可以使用转义字符。

注意： C语言没有专门的字符串变量，必须通过字符数组来存储字符串。

【案例2.2】 学生成绩管理系统数据类型定义及初始化。

【分析】

学生成绩信息包括学生学号、姓名、性别、数学、语文、英语等数据项，其中学号、姓名为字符串类型，性别是字符类型，数学、语文、英语为整型。在C语言中没有设置专门的字符串类型，只能用字符数组类型定义。

【源程序】

```
char sno[10] ="20130201";
char sname[10] ="zhangsan";
char sex = 'F';
int english,chinese,math;
```

2.6 运算符

在C语言中,对数据的各种处理均认为是数据运算。数据运算的方法有多种,既可以使用各种运算符构建表达式来进行比较简单的运算,又可以利用系统函数或自定义函数来完成比较复杂的运算。

运算符是指C语言中用来表示各种运算的规定符号,特定的符号表示了特定的运算类型以及特定的运算规则。C语言规定了多种运算符,每个运算符有优先级和结合性。优先级是指在参加运算时运算的先后次序,优先级高的先参加运算。结合性是指运算符与运算数据的结合方向,一般分为“自左至右”和“自右至左”两种。

所谓表达式,是指由常量、变量、函数和运算符构成的,能进行计算并有唯一确定值的式子。

2.6.1 算术运算符及算术表达式

1. 算术运算符

与数学概念中的算术运算规则相似,C语言中提供的算术运算符及其运算规则如表2-4所示(表中箭头指示优先级的方向由高到低,下同)。

表2-4 算术运算符

<table>
<tr><th>运算符</th><th>运算方法</th><th>运算结果</th><th colspan="2">优先级</th><th>结合性</th><th>说 明</th></tr>
<tr><td>*</td><td>a * b</td><td>计算a、b的积</td><td rowspan="3">相同</td><td rowspan="5">高
↓
低</td><td rowspan="5">自左至右</td><td></td></tr>
<tr><td>/</td><td>a/b</td><td>计算a、b的商</td><td></td></tr>
<tr><td>%</td><td>a% b</td><td>计算a对b的余数</td><td>a、b只能是整数</td></tr>
<tr><td>+</td><td>a + b</td><td>计算a、b的和</td><td rowspan="2">相同</td><td></td></tr>
<tr><td>-</td><td>a - b</td><td>计算a、b的差</td><td></td></tr>
</table>

(1) 除法运算/。

C语言规定:两个整数相除,其商为整数,小数部分被舍弃。例如5/2 = 2。

(2) 求余数运算%。

要求两侧的操作数均为整型数据,否则会出错。例如,表达式5% 2 = 1是正确的,而表达式5.0% 2不正确。

2. 算术表达式

算术表达式是指运算符都是算术运算符的表达式。例如,3 + 6 * 9、(x + y)/3 - 1等都是算术表达式。

2.6.2 赋值运算符与赋值表达式

1. 赋值运算符

赋值符号“=”就是赋值运算符，它的作用是将右边表达式的值赋给左边的变量。

赋值表达式的一般形式如下：

变量 = 表达式

例如，“x = 5 * 2”表示将 5 * 2 的值 10 赋给变量 x。说明：

（1）赋值运算符“=”左右不能交换，它与数学中的等号在概念上有很大差异，在 C 语言程序中经常出现 x = x + 1 这样的表达式。

（2）任何一个表达式都有一个值，赋值表达式也不例外。被赋值的变量的值，就是赋值表达式的值。例如，“a = 5”这个赋值表达式，5 就是变量 a 的值。

2. 复合赋值运算符

复合赋值运算符是由赋值运算符之前再加一个双目运算符构成的。

复合赋值运算的一般格式为：

变量　双目运算符　=　表达式

（其中“双目运算符 =”合称为：复合赋值运算符）

它等价于：

变量 = 变量　双目运算符（表达式）

注意：当表达式为简单表达式时，表达式外的一对圆括号才可缺省，否则可能出错。

例如：

```
x += 3          /* 等价于 x = x + 3 */
y *= x + 6      /* 等价于 y = y * (x + 6)，而不是 y = y * x + 6 */
```

3. 赋值语句

赋值表达式尾部加上语句结束符分号，即为赋值语句。例如：

```
x = x * 2 ;     /* 将 x * 2 的值赋给变量 x */
```

赋值语句是程序中用得最广泛的语句，所有的计算结果要保存下来都要通过赋值语句实现。

2.6.3 自增、自减运算符

1. 作用

自增运算使单个变量的值增 1，自减运算使单个变量的值减 1。

2. 用法与运算规则

自增、自减运算符都有两种用法：

（1）前置运算——运算符放在变量之前：++变量、--变量，先使变量的值增（或减）1，然后再以变化后的值参与其他运算，即先增减、后运算。

（2）后置运算——运算符放在变量之后：变量++、变量--，变量先参与其他运算，然后再使变量的值增（或减）1，即先运算、后增减。

例如：

```
int x=6, y,z;
y= ++x;                    /* 前置运算,x的值为7,y的值也为7 */
z=x--;                     /* 后置运算,z的值为7,x的值为6 */
```

3. 说明

(1) 自增、自减运算符不能用于常量和表达式。

例如,5 ++、--(a+b)等都是非法的。

(2)在表达式中,连续使同一变量进行自增或自减运算时,很容易出错,写程序时应避免这种用法。

2.6.4 逗号运算符与逗号表达式

逗号运算符通过逗号将多个子表达式加以分隔,构成一个逗号表达式。逗号表达式的值为各子表达式中最右边表达式的值,逗号运算符又称为“顺序求值运算符”。

1. 一般形式

表达式1,表达式2,…,表达式n

2. 求解过程

自左至右,依次计算各表达式的值,“表达式n”的值即为整个逗号表达式的值。

例如,逗号表达式“a=3*5,a*4”的值为60:先求解a=3*5,得a=15;再求a*4=60,所以逗号表达式的值为60。

又如,逗号表达式“(a=3*5,a*4),a+5”的值为20:先求解a=3*5,得a=15;再求a*4=60;最后求解a+5=20,所以逗号表达式的值为20。

2.7 多种运算符的混合运算

在C语言中,整型、实型和字符型数据间可以混合运算。

如果一个运算符两侧的操作数的数据类型不同,则系统按“先转换、后运算”的原则,首先将数据自动转换成同一类型,然后在同一类型数据间进行运算。转换规则如图2-1所示。

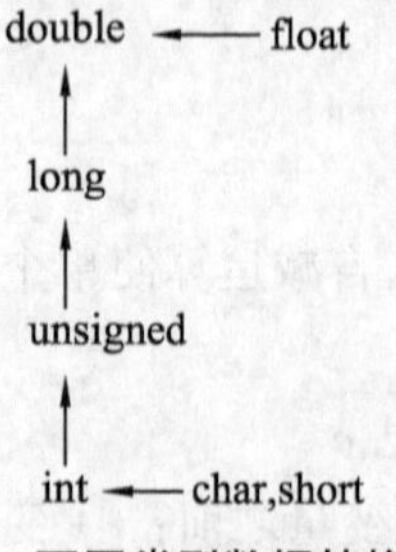

图2-1 不同类型数据转换规则

(1) 横向向左的箭头,表示必须的转换。char和short型必须转换成int型,float型必须转换成double型。

（2）纵向向上的箭头，表示不同类型的转换方向。

例如，int型与double型数据进行混合运算，则先将int型数据转换成double型，然后在两个同类型的数据间进行运算，结果为double型。

注意：箭头方向只表示数据类型由低向高转换，不要理解为int型先转换成unsigned型，再转换成long型，最后转换成double型。

（3）对于赋值运算，当将赋值表达式等号右侧表达式的值赋予左侧变量时，按照左侧变量的类型进行类型转换，但右侧表达式的求值按照图2-1的转换规则进行。

2.8 强制类型转换

除自动转换外，C语言也允许强制类型转换。利用强制类型转换运算符将一个表达式转换为所需类型。其一般形式如下：

（类型名）（表达式）

当被转换的表达式是一个简单表达式时，外面的一对圆括号可以缺省。例如：

```
(int)(x+y)          /*将x+y的结果转换成int型*/
(float)5/2          /*等价于(float)(5)/2;将5转换成实型,再除以2*/
(int)5.2%2          /*将5.2转换成整数5,再除2的余数*/
```

注意：强制类型转换得到的是一个所需类型的中间量，原表达式类型并不发生变化。例如，(double)a只是将变量a的值转换成一个double型的中间量，其数据类型并未转换成double型。

【案例2.3】　运算符与表达式的综合运用。

【源程序】

```
#include <stdio.h>
void main()
{ int ia,ib,ic;
  char ch='a';
  ia=2;
  ia*=2;             /*复合赋值运算,相当于ia=ia*2;*/
  ia++;
  ch+=ia;
  printf("%c",ch);
  ic=(ib=ia*4,ic=ib/3,ic*2);
  printf("\n%d,%d,%d\n",ia,ib,ic);
}
```

【运行结果】

```
f
5,20,12
Press any key to continue
```

【程序说明】

(1) 语句“ch += ia;”的作用是将字符变量 ch(ASCII 代码 65)加一整数 5,得到 ASCII 码为 70 的字符,该字符是'f'。

(2) 语句“ic = (ib = ia * 4, ic = ib/3, ic * 2);”的作用是依次计算逗号表达式中的三个表达式,分别给 ib、ic 赋值 20 及 6,整个逗号表达式的值是表达式 ic * 2 的值 12,然后将该值赋给变量 ic。

本章小结

标识符是用来标识函数名、变量名、类型名、文件名等的有效字符序列。系统预先定义的标识符称为关键字,C 语言有 32 个关键字。

常量是在程序中不能被更改的值;而变量是在程序中可以被更改的,通过变量可以引用存储在内存中的数据。

C 语言中的基本数据类型包括整型、单精度浮点型、双精度浮点型和字符型。

C 语言提供丰富的运算符,算术运算符提供运算功能,包括 +、-、*、/、%、++ 和 --。赋值运算符提供赋值动能。运算符有优先级和结合性两个概念。由 C 语言变量、常量和运算符构成的合法式子称为表达式。

习 题 2

一、选择题

1. 下列字符常量非法的是(　　)。

A. '\t'　　B. "A"　　C. 'a'　　D. '\x32'

2. 下列字符常量合法的是(　　)。

A. '\084'　　B. '\84'　　C. 'ab'　　D. '\x43'

3. 在下列各组标识符中,合法的一组标识符是(　　)。

A. B01　table_1　0_t　k%

B. Fast_　void　pbl　book

C. xy_　double　*p　CHAR

D. sj　Int　_xy　w_y23

4. 在 C 语言中,要求参加运算的数必须是整型数据的运算符是(　　)。

A. /　　B. *　　C. %　　D. =

5. 假定 x 和 y 为 float 类型,则表达式 x = 2, y = x + 3/2 的值是(　　)。

A. 3.500000　　B. 3　　C. 2.000000　　D. 3.000000

6. 下列赋值语句合法的是(　　)。

A. x = y = 100;　　B. d--;　　C. x + y;　　D. c = int(a + b);

7. 设下列变量均为 int 类型,则值不等于7的表达式是(　　)。

A. x = y = 6, x + y, x + 1　　B. x = y = 6, x + y, y + 1

C. x = 6, x + 1, y = 6, x + y　　D. y = 6, y + 1, x = y, x + 1

8. 设变量 n 为 float 型,m 为 int 类型,则以下能实现将 n 中的数值保留小数点后两位,第三位进行四舍五入运算的表达式是(　　)。

A. n = (n * 100 + 0.5)/100.0　　B. m = n * 100 + 0.5, n = m/100.0

C. n = n * 100 + 0.5/100.0　　D. n = (n/100 + 0.5) * 100.0

9. 若有说明语句“char c = '\72';”,则变量 c(　　)。

A. 包含1个字符　　B. 包含2个字符

C. 包含3个字符　　D. 说明不合法,c 的值不确定

10. 设有说明语句“char w; int x; float y; double z;”,则表达式 w * x + z - y 的值的数据类型为(　　)。

A. float　　B. char　　C. int　　D. double

二、填空题

1. C 语言的标识符只能由大小写字母、数字和下划线三种字符组成,而且第一个字符必须为__________。

2. 字符常量使用一对________界定单个字符,而字符串常量使用一对________来界定若干个字符的序列。

3. 设 x, i, j, k 都是 int 型变量,表达式 x = (i = 4, j = 16, k = 32) 计算后,x 的值为________。

4. 若 a 是 int 型变量,则执行表达式 a = 25/3%3 后,a 的值为________。

5. 若有如下定义:

```
int a = 6, b, c;
b = a--;
c = ++a;
```

则上述语句执行后,a = ________, b = ________, c = ________。

6. 若有如下程序段:

```
int x, y, z;
x = y = 3;
z = x * 4, y++; x *= 2, x * y;
printf("%d,%d,%d", x, y, z);
```

则输出结果为________。

7. 若有如下程序:

```
#include <stdio.h>
void main()
{ int i, j, m, n;
```

```
    i = 11;
    j = 9;
    m = ++i;
    n = j++;
    printf("%d,%d,%d,%d\n",i,j,m,n);
}
```

则输出结果是________。

三、简答题

1. 为什么C语言的字符型数据可以进行数值运算?

2. 简述'a'和"a"的区别。

第3章 顺序结构程序设计

计算机执行的任务过程都遵循输入—处理—输出周期，又称为I—P—O周期。在C语言中，没有提供输入/输出的语句，所有输入/输出操作均使用C语言提供的标准输入/输出函数来完成。

为了使用方便，已将使用标准输入/输出函数所必须的信息归类到一个名为“stdio.h”的头文件中，使用这些I/O标准函数时，只须在程序开头用编译预处理的包含命令将stdio.h头文件包含进来即可（#include <stdio.h>）。

3.1 格式输出函数printf

printf函数主要用于按照指定的格式通过标准输出设备（如显示器）输出数据。该函数不仅能根据需要输出多个数据项，而且可以根据需要设置每个输出项的显示格式，在编程中使用频率较高。

1. printf函数的格式

printf(格式控制字符串，输出项表);

2. printf函数的功能

按格式控制字符串指定的格式将输出项表中的内容输出到输出设备。

3. 举例

【案例3.1】 已知圆的半径r=1.5，求圆的周长和面积。

【源程序】

```
1    #include <stdio.h>
2    main()
3    { float r,length,area,pi=3.14;
4      r=1.5;                                    /*赋值方式输入半径*/
5      length=2*pi*r;                            /*求圆周长*/
6      area=pi*r*r;                              /*求圆面积*/
7      printf("r=%f\n",r);                       /*输出圆半径*/
8      printf("length=%7.2f,area=%8.2f\n",length,area);
                                                 /*输出圆周长、面积*/
```

```
9       }
```

【运行结果】

```
r = 1.500000
length = ␣␣␣9.42, area = ␣␣␣␣7.07
```

【程序说明】

(1) 源程序文件中的第1行是预处理命令,几乎所有C语句程序都包含。

(2) 源程序文件中的每一行行号在程序编写和调试中不需要,本书对源程序加上行号是为了便于分析。第7、8两行就是输出语句的具体应用,它们的作用是将结果送到屏幕显示。

4. printf 函数中的格式控制

(1) 格式控制字符串是由双引号括起的字符串,包括:

① 格式说明符:将要输出的数据转换为指定的格式。在输出时由输出项表中相应的输出项代替。格式字符的使用方法如表3-1所示。

表3-1　printf 函数的格式说明符

格式说明符	说　明
d、i	以带符号的十进制形式输出整数(正数不输出符号)
u	以无符号十进制形式输出整数
o	以八进制无符号形式输出整数(不输出前导符 o)
X、x	以十六进制无符号形式输出整数(不输出前导符 x 或 X)
c	以字符形式输出单个字符
s	输出字符串
f	以小数形式输出单、双精度实数,默认输出6位小数
E、e	以标准指数形式输出单、双精度实数,小数位数6位
G、g	选用% f 或% e 格式中宽度较短的格式输出,不输出无意义的0

② 附加格式说明符:用来对输出项的宽度和对齐方式等进行说明,如表3-2所示。

表3-2　printf 函数的附加格式说明符

附加格式说明符	说　明
字母l	用于长整型,可加在格式符 d、o、x、u 的前面
m (代表一个正整数)	指域宽,表示数据的最小宽度
n (代表一个正整数)	指精度,对于实数,表示输出 n 位小数;对字符串,表示截取的字符个数
-	在域宽前加“-”,表示输出的数字或字符在输出时左对齐;否则为右对齐
0	在域宽前加0,表示输出数字前的空位用0填补;否则用空格填补

③ 普通字符:为原样输出的字符,使程序的输出更加直观。

(2) 输出项表是由逗号分隔的多个输出项组成。输出项可以是常量、变量或表达式。

输出项和格式控制字符串中的格式说明类型要一致。

在【案例3.1】中，由于r、length、area均为float型变量，所以在输出时必须使用“% f”指定输出格式说明符。如果需要对实型数据进行宽度及小数位的更精确控制，则使用附加格式说明符，“% 7.2f”指定了输出项宽度为7，小数位占2位。“r =”等属于普通字符，原样输出，“\n”是转义字符，起到换行作用，经常在printf函数中出现。

【案例3.2】 字符类型数据输出。

【源程序】

```
#include < stdio. h >
main( )
{ char c = 'A';
  int i =65;
  printf("c = % c,% 5c,% d\n",c,c,c);
  printf("i = % d,% c",i,i);
}
```

【运行结果】

```
c = A, ␣␣␣␣A,65
i =65,A
```

【程序说明】

在C语言中，整数可以用字符形式输出，字符数据也可以用整数形式输出。将整数用字符形式输出时，将其ASCII码转换成相应的字符输出。

【案例3.3】 运行下列程序，进一步分析实数按指定小数位输出的格式。

```
#include < stdio. h >
void main( )
{ float pi =3. 14159;
  printf("% 7. 2f,% 5. 0f,% 0. 2f",pi, - pi,pi);
}
```

【运行结果】

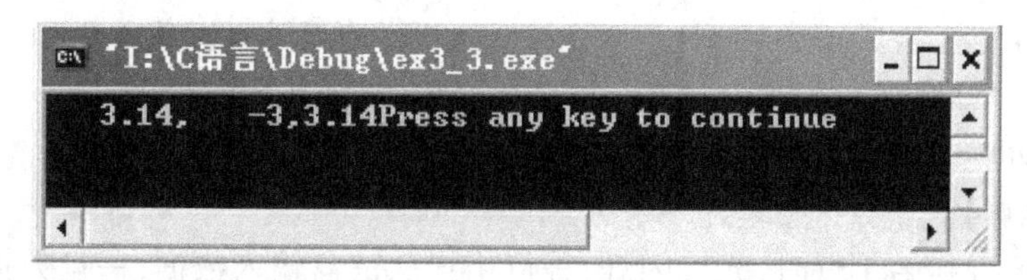

【程序说明】

（1）关于实型输出格式m.n的详细说明。m用来描述输出数据所占的宽度，如果m大于实际数据的位数，则输出时左面补空格；如果m小于实际数据的位数，则按实际位数输出，这样不会造成错误数据。n用于指定小数部分的位数，如果n大于小数部分的实际位数，则输出时小数部分以0补足；如果n小于实际数据的小数位，则将小数部分多余的位数四舍五入。

（2）以 printf 函数输出数据时，不会改变数据在内存中的值，上例中 pi 在内存中的值在程序运行结束后仍为 3.14159。

3.2 格式输入函数 scanf

在程序中给计算机提供数据，可以用赋值语句，也可以用输入函数。在 C 语言中，可使用 scanf( )函数，该函数主要用于从标准输入设备（如键盘）按照指定的格式读取数据，并给指定的变量赋值。该函数基本上能完成各种类型数据的输入。

1. scanf 函数的格式

scanf(格式控制字符串，输入变量地址列表)；

2. scanf 函数的功能

按格式控制字符串指定的格式从标准输入设备中读取数据给指定的变量。

3. 举例

【案例 3.4】 从键盘输入圆的半径，求圆的周长和面积。

【源程序】

```
1       #include <stdio.h>
2       main()
3       { float r,length,area,pi = 3.14;
4         scanf("%f",&r);                       /* 从键盘输入数据给变量 r */
5         length = 2 * pi * r;                  /* 求圆周长 */
6         area = pi * r * r;                    /* 求圆面积 */
7         printf("r = %f\n",r);                 /* 输出圆半径 */
8         printf("length = %7.2f,area = %7.2f\n",length,area);
                                                /* 输出圆周长、面积 */
9       }
```

【运行结果】

```
1.5↙                                            /* 用户从键盘输入 */
r = 1.500000
length = ␣␣␣9.42,area = ␣␣␣7.07
```

【程序说明】

当程序运行到第 4 行时，光标闪烁，等待用户从键盘输入数据，一旦数据输入结束按回车键后，程序将继续向下执行，通过 7、8 两行的 printf 语句将计算结果显示出来。

4. 说明

（1）格式控制字符串：标识本次输入过程中读取数据的个数和类型，使用“% C”的方式来构造格式字符串，C 称为格式字符，如 int 型数据是 d 或 i，具体如表 3-3 所示。多个输入变量就构成“% C% C% C……”的格式字符串。例如，要输入一个字符、一个整数、一个单精度实数，则格式字符串可以表示成“% c% d% f”。

表 3-3　scanf 函数的格式字符

格式字符	说　　明
d、i	用来输入有符号的十进制整数
u	用来输入无符号的十进制整数
o	用来输入无符号的八进制整数
x、X	用来输入无符号的十六进制整数(大小写作用相同)
c	用来输入单个字符
s	用来输入字符串,输入的字符串保存在字符数组中
f	用来输入实数,可以是小数或指数形式输入
e、E、g、G	与 f 作用相同,e 与 f、g 可以互相替换(大小写作用相同)

(2) 输入变量地址列表:是由逗号分隔的一个或多个接收数据的变量的地址构成的地址列表,在编程时应使地址列表中所含变量的类型和个数与格式字符串相一致。

(3) 在输入数据时,如果遇到以下情况,则系统认为该数据结束:

① 遇到空格,或者回车键,或者 Tab 键。

② 按指定的宽度结束。如"%3d",只取 3 列。

③ 遇到非法输入。例如,在输入数值数据时,遇到字母等非数值符号(数值符号仅由数字字符 0~9、小数点和正负号构成)。

(4) 如果在格式控制字符串中含有除格式字符以外的非格式字符,则在键盘输入时必须在输入完相关变量的值以后输入该非格式字符。

在【案例 3.4】中,由于变量 r 为实型,所以输入格式字符用%f。需要强调,在 scanf 函数的输入格式串中不要人为加入普通字符,造成不必要的麻烦,如果希望增强程序可读性,在 scanf 函数前加一个 printf 函数,显示输入数据的提示信息。输入变量地址表列中的取地址符(&)不能遗漏,否则运行时将出错。

【案例 3.5】 从键盘输入两个整数,求它们的和、差、积、商的值。

【分析】

输入变量为两个整数,输出变量有四个,其中和、差、积为整型,商为实型。

【源程序】

```
#include <stdio.h>
main()
{ int a,b,add,min,mul;
  float div;
  printf("input two number:");
  scanf("%d%d",&a,&b);
  add = a + b;
  min = a - b;
  mul = a * b;
```

```
    div = (float)a/b;
    printf("a + b = %d\na - b = %d\na * b = %d\na/b = %f\n",add,min,mul,div);
}
```

【运行结果】

```
input two number:3 4↙              /*用户从键盘输入*/
a + b = 7
a - b = -1
a * b = 12
a/b = 0.750000
```

【思考】

(1) 语句"printf("input two number:");"的作用是什么?

(2) 在表达式"div = (float)a/b"中,为什么不直接用"a/b"?

3.3 顺序结构程序设计

3.3.1 顺序结构程序设计的一般构成

在顺序结构程序中,各语句(或命令)是按照位置的先后次序顺序执行的,且每个语句都会被执行到。

在顺序结构程序中,一般包括以下几个部分:

(1) 程序开头的编译预处理命令。

(2) 顺序结构程序的函数体,是由完成具体功能的各个语句和运算组成的,主要包括:

① 变量类型的说明。

② 提供数据的语句。

③ 运算部分。

④ 输出部分。

为提高源程序的可读性,有必要养成良好的源程序书写风格,顺序程序段中的所有语句(包括说明语句),一律与本顺序程序段的首行左对齐。

3.3.2 顺序结构程序设计的应用

【案例3.6】 输入三角形的三边长,求三角形面积。

【分析】 为简单起见,设输入的三边长 a、b、c 能构成三角形。由所学的数学知识可知,求三角形面积的公式为 $\sqrt{s(s-a)(s-b)(s-c)}$,其中 $s=(a+b+c)/2$。

【源程序】

```
#include <stdio.h>
#include <math.h>
```

```
main()
{ float a,b,c,s,area;
  scanf("%f%f%f",&a,&b,&c);
  s=1.0/2*(a+b+c);
  area=sqrt(s*(s-a)*(s-b)*(s-c));
  printf("a=%7.2f, b=%7.2f, c=%7.2f,s=%7.2f\n",a,b,c,s);
  printf("area=%7.2f\n",area);
}
```

【运行结果】

```
3 4 6↙
a=␣␣␣3.00,  b=␣␣␣4.00,  c=␣␣␣6.00,  s=␣␣␣6.50
area=␣␣␣5.33
```

【程序说明】

(1) sqrt 是求平方根的函数。由于要调用数学函数库中的函数,所以必须在程序的开头加一条#include 命令,把头文件"math. h"包含到程序中。

(2) 在数学公式中,s(s-a)(s-b)(s-c)中的运算符乘号可以缺省,转换成 C 语言中的算术表达式乘号"*"不能缺省,否则将出现语法错误。

【案例 3.7】 已知 a、b 均是整型变量,写出将 a、b 两个变量中的值互换的程序。

【源程序】

```
#include <stdio.h>
main()
{ int a,b,c;
  printf("enter two number to a,b");
  scanf("%d%d",&a,&b);
  printf("before exchange a=%d,b=%d\n",a,b);
  c=a;
  a=b;
  b=c;
  printf("after exchange a=%d,b=%d\n",a,b);
}
```

【运行结果】

```
enter two number to a,b  3  4↙
before exchange a=3,b=4
after exchange a=4,b=3
```

【思考】

(1) 变量 c 是作用是什么?

(2) 互换两个变量中的值与按相反顺序输出有何区别?

本章小结

C语言中的输入/输出是通过调用相关函数来实现的，scanf和printf函数用来进行格式化输入和输出，头文件stdio.h包含了对输入/输出函数的定义。

顺序结构程序设计是结构化程序设计中最简单的一类。

习题3

一、选择题

1. 有输入语句“scanf("a=%d,b=%d,c=%d",&a,&b,&c);”，为使变量a的值为1，b的值为2，c的值为3，从键盘输入数据的正确形式是（　　）。

A. 123 <回车>　　B. 1,2,3 <回车>

C. a=1,b=2,c=3 <回车>　　D. a=1 b=2 c=3 <回车>

2. 语句“scanf("%d",k);”不能为整型类型变量k得到正确数据的原因是（　　）。

A. 函数名不对　　B. k前必须加取地址符&

C. 格式符不匹配　　D. 其他原因

3. 已知ch是字符型变量，下列赋值语句不正确的是（　　）。

A. ch='a+b';　　B. ch='\0';

C. ch=65;　　D. ch=getchar();

4. printf函数中的格式符%5d，其中数字5表示输出项占用5列，在输出数据长度大于5和小于5两种情况下，输出方式分别是按（　　）。

A. 左对齐输出该数据项，右补空格　　B. 实际长度全部输出

C. 右对齐输出该数据项，左补空格　　D. 输出错误信息

5. 已知有如下定义和输入语句：

```
int a1,a2;
char c1,c2;
scanf("%d%c%d%c",&a1,&c1,&a2,&c2);
```

若要求a1、a2、c1、c2的值分别为10、20、A和B，当从第一列开始输入数据时，正确的数据输入方式是（　　）。

A. 10A␣20B <回车>　　B. 10␣A␣20␣B <回车>

C. 10A20B <回车>　　D. 10A20␣B <回车>

二、编程题

1. 根据从键盘输入的商品原价和折扣率，编程计算商品的实际售价。输出时要求有文字说明，取小数点后两位数字。

2. 已经圆的半径，求圆的面积和周长，要求将圆周率PI定义成符号常量。

3. 输入一个三位数，求其个位、十位及百位之和。例如，输入123，输出6。

4. 已知华氏温度，根据公式编程计算摄氏温度。摄氏温度=（华氏温度-32）*5/9。

5. 已知一学生数学、英语、语文三门课的成绩，求总分和平均分。（保留小数点后两位）

6. 用 getchar 函数读入两个字符给 c1、c2,然后分别用 putchar 和 printf 函数输出这两个字符。并思考以下问题:

(1) 变量 c1、c2 应定义为字符型还是整型?或两者皆可?

(2) 要求输出 c1 和 c2 的 ASCII 码值,应如何处理?用 putchar 函数还是用 printf 函数?

(3) 整型变量与字符型变量是否在任何情况下都可以互相替代?例如,"char c1,c2;"与"int c1,c2;"是否无条件地等价?

第4章 选择结构程序设计

在学生成绩管理系统中,输出不及格学生名单是该系统最基本的功能之一。要解决该问题,必须考虑两个方面的因素:一是在C语言中如何表示成绩不及格这个条件,二是在C语言中用什么语句来实现。本章的选择结构程序设计是专门用来解决这一类问题的。

在C语言中表示条件,一般用关系表达式表示简单条件,或用逻辑表达式表示复杂条件,实现选择结构用if语句或switch语句。

4.1 关系运算符及关系表达式

4.1.1 关系运算符

关系运算相当于数学中的比较运算,以确定两个数据之间的关系。关系表达式的运算结果只有两种:"成立"与"不成立"。如果"成立",则计算结果为逻辑真,即关系表达式的值为"1";否则就为逻辑假,即关系表达式的值为"0"。关系运算的运算符及运算规则如表4-1所示。

表4-1 关系运算符的使用

<table>
<tr><th>运算符</th><th>运算方法</th><th>运算结果</th><th colspan="2">优先级</th><th>结合性</th><th>说 明</th></tr>
<tr><td><</td><td>a<b</td><td>若a小于b,则为1</td><td rowspan="4">相同</td><td rowspan="6">高
↑
低</td><td rowspan="6">自左至右</td><td rowspan="6">参加运算的数据a、b应为可比较类型数据</td></tr>
<tr><td><=</td><td>a<=b</td><td>若a小于或等于b,则为1</td></tr>
<tr><td>></td><td>a>b</td><td>若a大于b,则为1</td></tr>
<tr><td>>=</td><td>a>=b</td><td>若a大于或等于b,则为1</td></tr>
<tr><td>==</td><td>a==b</td><td>若a等于b,则为1</td><td rowspan="2">相同</td></tr>
<tr><td>!=</td><td>a!=b</td><td>若a不等于b,则为1</td></tr>
</table>

4.1.2 关系表达式

1. 关系表达式的概念

所谓关系表达式,是指用关系运算符将两个表达式连接起来,进行关系运算的式子。

例如,下面的关系表达式都是合法的:

a > b, a + b > c - d, (a = 3) <= (b = 5), 'a' >= 'b', (a > b) == (b > c)

2. 关系表达式的值——逻辑值(非“真”即“假”)

由于C语言没有逻辑型数据,所以用整数“1”表示“真”,用整数“0”表示“假”。例如,假设 num1 = 3, num2 = 4, num3 = 5,则

(1) 关系表达式“num1 > num2”的值为0。

(2) 关系表达式“(num1 > num2) != num3”的值为1。

(3) 关系表达式“num1 < num2 < num3”的值为1。

(4) 关系表达式“(num1 < num2) + num3”的值为6,因为“num1 < num2”的值为1,所以1 + 5 = 6。

3. 说明

(1) 因在C语言中用整数“1”表示“真”,用整数“0”表示“假”,所以,关系表达式的值还可以参与其他种类的运算,如算术运算、逻辑运算等。

(2) 不能混淆关系运算符“ == ”与赋值运算符“ = ”。

4.2 逻辑运算符与逻辑表达式

4.2.1 逻辑运算符

逻辑运算常用于表达比较复杂的条件,参加运算的数据是表示逻辑值的“真”和“假”,运算结果也是逻辑值。

任何复杂的逻辑运算均由三种基本逻辑运算组合而成,其运算符和运算规则如表4-2所示。

表4-2　逻辑运算符的使用

运算符	运算方法	运算结果	优先级	结合性	说　明
!	! a	取a的反	高 ↑ 低	自左至右	参加运算的数据a、b应为可比类型数据
&&	a&&b	若a和b均为真,则为1,否则为0		自左至右	
||	a||b	若a和b均为假,则为0,否则为1			

在C语言中,逻辑值的表示有约定俗成的规则:参加逻辑运算的数据只要不是“0”,就视为“真”,“0”为假,即“非0即真”;逻辑运算的结果“1”表示“真”,“0”表示逻辑“假”。

在计算逻辑表达式的值的过程中,为了提高计算的效率,C程序在编译时,如果该表达式的值已能确定,则中止该表达式的后继计算,直接得到该表达式的值。

4.2.2 逻辑表达式

1. 逻辑表达式的概念

逻辑表达式是指用逻辑运算符将1个或多个表达式连接起来,进行逻辑运算的式子。逻辑表达式的值也是一个逻辑值(非“真”即“假”)。

例如：

（1）（year% 4 == 0&& year% 100 != 0）|| year% 400 == 0 就是用来判断某个年份 year 是否是闰年的逻辑表达式。

（2）（x >= 0）&&（x <= 10）用来判断数学表达式 0≤x≤10 是否为真。

2. 逻辑量的真假判定——0 和非 0

在 C 语言中，用整数“1”表示“真”、用“0”表示“假”。但在判断一个数据的“真”或“假”时，却以“0”和“非 0”为根据：如果为“0”，则判定为“假”；如果为“非 0”，则判定为“真”。

例如，假设“num = 10”，则“! num”的值为 0，“num >= 1 && num <= 31”的值为 1，“num || num > 31”的值为 1。

3. 说明

（1）逻辑运算符两侧的操作数，除可以是“0”和“非 0”的整数外，也可以是其他任何类型的数据，如实型、字符型等。

（2）在计算逻辑表达式时，只有在必须执行下一个表达式才能求解时，才求解该表达式（即并不是所有的表达式都被求解）。换句话说：

① 对于逻辑与运算，如果第一个操作数被判定为“假”，系统不再判定或求解第二个操作数。

② 对于逻辑或运算，如果第一个操作数被判定为“真”，系统不再判定或求解第二个操作数。

例如，假设 n1、n2、n3、n4、x、y 的值分别为 1、2、3、4、1、1，则求解表达式“（x = n1 > n2）&&（y = n3 > n4）”后，x 的值变为 0，而 y 的值不变，仍等于 1。

4.3 if 语句

【案例 4.1】 输入任意两个整数 num1、num2，输出其中较大的数。

【源程序】

```
#include <stdio.h>
main()
{ int num1,num2;
  printf("please enter two integer number:");
  scanf("%d%d",&num1,&num2);
  printf("num1 = %d,num2 = %d\n",num1,num2);
  if(num1 >= num2)
      printf("max = %d\n",num1);
  else
      printf("max = %d\n",num2);
}
```

【运行结果】

```
please enter two integer number:3 4↙          /* 用户从键盘输入 */
num1 =3,num2 =4
max =4
```

4.3.1　if语句的一般形式

1. if语句的一般形式

```
if(表达式)
    语句1;
[else
    语句2;]
```

"表达式"的值 真　　　　假	
语句1	语句2

图4-1　if语句的流程图

2. 说明

(1) if语句中的"表达式"必须用"("和")"括起来。

(2) else子句(可选)是if语句的一部分,必须与if配对使用,不能单独使用。

(3) 当语句1或语句2由多条语句构成时,则必须使用复合语句,也就是说,用花括号将多条语句括起来作为一个整体。

4.3.2　if语句的执行过程

1. 不带else子句

当"表达式"的值不等于0(即判定为"真")时,则执行语句1,否则直接转向执行下一条。

2. 指定else子句

当"表达式"的值不等于0(即判定为"真")时,则执行语句1,然后转向下一条语句;否则,执行语句2。如图4-1所示。

【案例4.2】　从键盘输入某一年份year(4位十进制数),判断其是否是闰年。

【分析】

闰年的条件是符合下面二者之一:① 能被4整除,但不能被100整除;② 能被4整除,又能被400整除。可以用一个逻辑表达式来表示:

```
(year%4 ==0&&year%100!=0)||(year%400 ==0)
```

【源程序】

```
#include <stdio.h>
main()
{ int year;
  printf("Please input the year:");
  scanf("%d",&year);
  if ((year%4 ==0 && year%100!=0)||(year%400 ==0))
     printf("%d is a leap year.\n",year);
  else
```

```
        printf("% d is not a leap year. \n",year);
    }
```

【运行结果】

第一次运行

```
Please input the year：1992↙                    /＊用户从键盘输入＊/
1992 is a leap year.
```

再次运行

```
Please input the year：2013↙                    /＊用户从键盘输入＊/
2013 is not a leap year.
```

【思考】

如果将闰年的条件写成(year% 4 = 0)&&(year% 100! = 0)||(year% 400 = 0),会出现什么情况?

【案例4.3】 输入任意三个整数num1、num2、num3,求三个数中的最大值。

【分析】

两个数中的较大数在【案例4.1】中已介绍过,三个数中的最大数可以按如下方式处理,先找到num1和num2中的较大数max,再找出max和num3中的较大数,如图4-2所示。

num1≥num2
是
否
num1→max
num2→max
num3＞max
是
否
num3→max

图4-2 【案例4.3】的程序设计流程图

【源程序】

```
#include <stdio.h>
void main()
{ int num1,num2,num3,max;
  printf("Please input three numbers:");
  scanf("% d,% d,% d",&num1,&num2,&num3);
  if (num1 > num2)
      max = num1;
  else
      max = num2;
  if (num3 > max)
      max = num3;
  printf("The three numbers are:% d,% d,% d\n",num1,num2,num3);
  printf("max = % d\n",max);
}
```

【运行结果】

```
Please input three numbers:3,5,-1↙                /＊用户从键盘输入＊/
The three numbers are:3,5,-1
max = 5
```

【思考】

设立变量 max 的作用是什么？如果不增设该变量，如何处理？

4.3.3 条件运算符

1. 条件表达式

条件表达式的一般形式如下：

表达式1 ？ 表达式2 ： 表达式3

通常“表达式1”为一个关系表达式或逻辑表达式，当“表达式1”的值为“真”时，“表达式2”的值为整个条件表达式的值，否则“表达式3”的值为整个条件表达式的值。

我们可以将【案例4.1】中的 if 语句改成：

```
max = (num1 >= num2) ? num1 : num2;
```

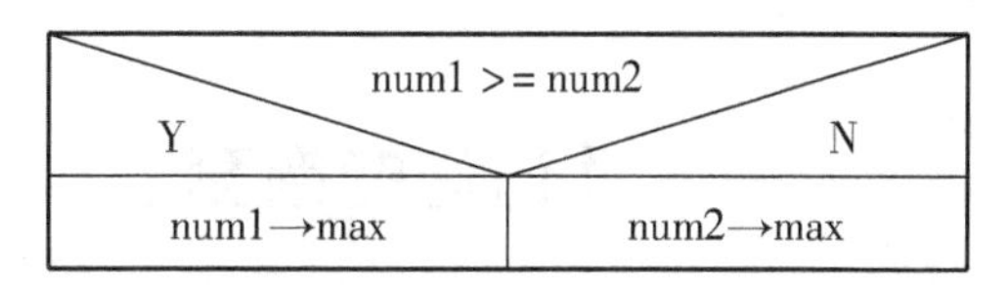

图4-3 【案例4.1】条件表达式对应的流程图

2. 运算符的优先级与结合性

条件运算符的优先级高于赋值运算符，但低于关系运算符和算术运算符。其结合性为“自右至左”（即右结合性）。

【案例4.4】 从键盘上输入一个字符，如果它是大写字母，则把它转换成小写字母输出；否则，直接输出。

【分析】

解决该问题的关键因素有两个：① 如何判断一个字符是大写字母；② 大写字母与小写字母之间的关系。对于子问题①，由于大小写字母在内存中实际存储的是其 ASCII 码，且 ASCII 码的值是连续的，所以对于某个字符 ch 是否为大写字母，只要判断其是否在“A”和“Z”之间。对于子问题②，小写字母 ASCII 码的值比对应的大写字母的 ASCII 码的值大32。也就是说，如果 ch 是大写字母，那 ch + 32 就是其对应的小写字母的 ASCII 码的值。我们需要记住两个重要字母的 ASCII 码值：“A”为65，“a”为97。

【源程序】

```
#include <stdio.h>
main()
{ char ch;
  printf("Input a character: ");
  scanf("%c",&ch);
  ch = (ch >= 'A' && ch <= 'Z') ? (ch + 32) : ch;
  printf("  ch = %c",ch);
}
```

【运行结果】

第一次:

Input a character:T↙ ch = t

第二次:

Input a character:&↙ ch = &

【思考】

(1) 如果将源程序中的关键语句“ch = (ch >= 'A' && ch <= 'Z') ? (ch +32) : ch;”写成“ch = ('A' <= ch <= 'Z') ? (ch +32) : ch;”,结果会如何?为什么?

(2) 根据本例思路,解决下列类似问题:

从键盘上输入一个字符,如果它是小写字母,则把它转换成大写字母输出;否则,直接输出。

4.4 if语句的嵌套

为了处理多重条件的逻辑关系,我们需要在 if 语句的“语句 1”或(和)“语句 2”中包含另一个或多个 if 语句,这种情况称为 if 语句的嵌套。

1. 案例引入

【案例 4.5】 编写一个程序,根据用户输入的期末考试成绩,输出相应的成绩评定信息。成绩大于等于 90 分,输出“优”;成绩大于等于 80 分且小于 90 分,输出“良”;成绩大于等于 60 分且小于 80 分,输出“中”;成绩小于 60 分,输出“差”。

【分析】

设成绩用变量 grade 表示,本问题的流程图如图 4-4 所示。

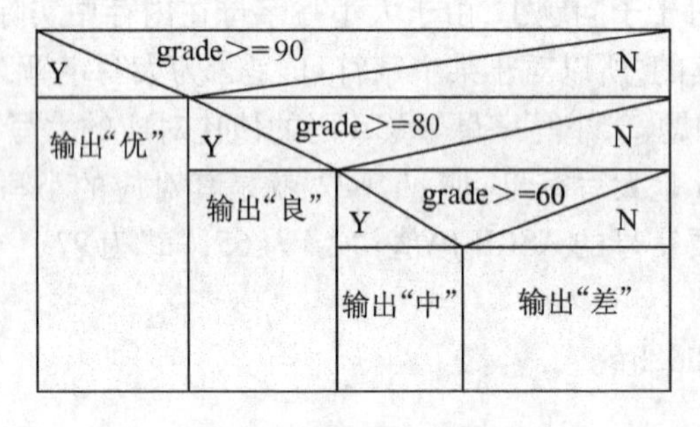

图 4-4 【案例 4.5】流程图

通过流程图分析,我们可以看出,如果用 if…else…语句来编写 C 程序代码,必须在 else 子句中再嵌套一个 if 语句。

2. if 嵌套格式 1——在 else 子句中嵌套

在 else 子句中能嵌套的一般形式如下:

```
if (表达式 1)
    语句块 1;
```

```
else if (表达式 2)
   语句块 2;
   …
else if(表达式 n)
   语句块 n;
else
   语句块 n+1;
```

if 嵌套格式 1 的执行过程是:如果“表达式 1”为“真”,执行语句块 1,否则如果“表达式 2”为“真”,执行语句块 2……否则如果“表达式 n”为“真”,执行语句块 n,否则执行语句块 n+1。

3. if 嵌套格式的应用举例

前面已经对【案例 4.5】进行了详细分析,这里给出具体的程序实现。

【源程序】

```
#include <stdio.h>
void main()
{ float grade;
  printf("\n 请输入期末考试成绩: ");
  scanf("%f", &grade);
  if(grade >= 90)
       printf("\n 优");
  else if ((grade >= 80) && (grade < 90))
       printf("\n 良");
  else if ((grade >= 60) && (grade < 80))
       printf("\n 中");
  else
       printf("\n 差");
  printf("\n");
}
```

【运行结果】

第一次:

```
请输入期末考试成绩:95↙
优
```

第二次:

```
请输入期末考试成绩:89↙
良
```

第三次:

```
请输入期末考试成绩:62↙
中
```

第四次：

请输入期末考试成绩:10↙

差

【程序说明】

当程序中用到多分支选择结构时，测试数据应覆盖所有可能的路径。

4. if 嵌套格式 2——在 if 子句中嵌套

在 if 子句中嵌套的一般形式如下：

```
if(表达式1)
    if(表达式2)
        语句块1;
    else
        语句块2;
else
    语句块3;
```

if 嵌套格式 2 的执行过程为：如果"表达式 1"不为"真"，则执行语句块 3；如果"表达式 1"为"真"，则判断"表达式 2"是否为"真"，若为真，则执行语句块 1，否则执行语句块 2。程序设计的流程图如图 4-5 所示。

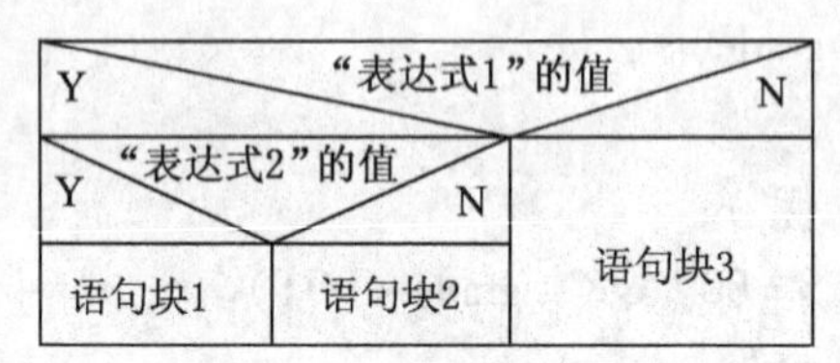

图 4-5　选择嵌套结构流程图

5. If 嵌套格式 2 的应用举例

【案例 4.6】　数学上有个符号函数 y = f(x)，其定义如下：

$$y = f(x) = \begin{cases} 1, & x > 0 \\ 0, & x = 0 \\ -1, & x < 0 \end{cases}$$

【分析】

符号函数有三个分支，必须通过嵌套 if 语句才能完成，我们试着用第二种嵌套格式，在 if 语句的子句中嵌套另一个 if 语句。程序设计的流程图如图 4-6 所示。

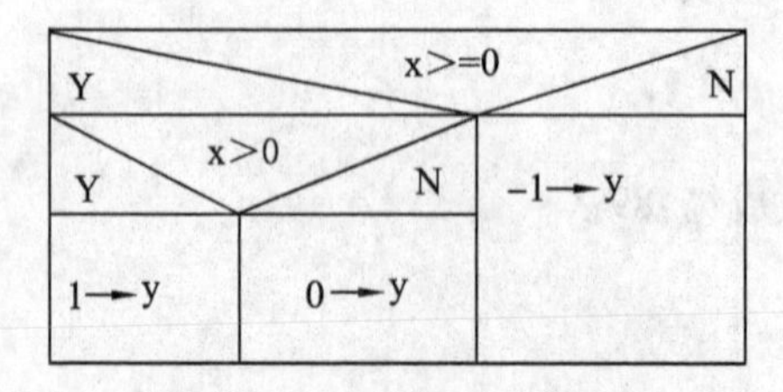

图 4-6　【案例 4.6】流程图

【源程序】

```
#include <stdio.h>
void main()
{ int x,y;
  scanf("%d",&x);
  if(x>=0)
      if(x>0)
          y=1;
      else
          y=0;
  else
          y=-1;
  printf("\nx=%d,y=%d\n",x,y);
}
```

【运行结果】

第一次：

```
20↙
x=20,y=1
```

第二次：

```
0↙
x=0,y=0
```

第三次：

```
-15↙
x=-15,y=-1
```

【思考】

(1) 为什么要用到三组测试数据?

(2) 内嵌的if语句既可以嵌套在if子句中,又可以嵌套在else子句中,通常嵌套在else子句中更容易理解一些。上述源程序能否改成内嵌的if语句嵌套在else子句中?

6. if嵌套匹配原则

当出现多层if语句嵌套时,else子句与if的匹配原则是与在它上面、距它最近、且尚未匹配的if配对。如果if的数目与else数目不一致,为明确匹配关系,避免匹配错误,必要时将内嵌的if语句用花括号括起来,从而强制确定配对关系。

另外,为了提高程序的可读性,源程序书写中将内层的if语句采用缩进格式,VC++ 6.0环境下源程序中输入嵌套if语句时会自动采取缩进格式。

例如,下面程序段中的else应该与哪个if匹配,就不明确。

```
if (x>0)
    if(y>1)
        z=1;
```

```
    else                        /* 这个 else 部分属于哪个 if? */
        z=2;
```

4.5 switch 语句

C 语言还提供了 switch 语句,用于直接处理多分支选择。

4.5.1 switch 语句的格式及功能

switch 语句的一般形式如下:

```
switch(表达式)
{ case  常量表达式 1:语句块 1;break;
  case  常量表达式 2:语句块 2;break;
  …
  case  常量表达式 n:语句块 n;break;
  default:           语句块 n+1;break;
}
```

说明:

(1) switch 后面括号中的"表达式",ANSI 标准允许它为任何类型,但必须与常量表达式类型相匹配。

(2) 每个常量表达式的值各不相同,代表不同的选择出口,如同一座立交桥,有多个出口,只要遇到期望的出口标志,就离开立交桥一样。该语句的执行流程图如图 4-7 所示。

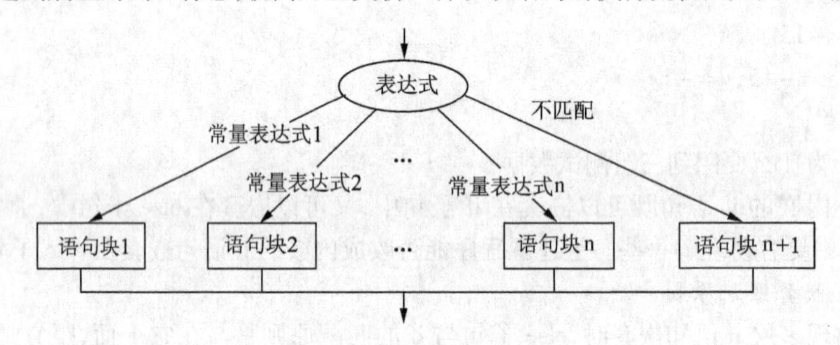

图 4-7 switch 语句流程图

该语句执行过程为:当 switch 后面括号中的表达式的值与某个 case 后面的常量表达式的值相匹配时,执行该 case 后面的语句块,然后通过 break 语句结束 switch 语句的执行;当 switch 后面括号中的表达式的值无法找到匹配的常量表达式的值时,执行 default 后面的语句块;default 部分是可选项,可以省略;break 也是可选项,如果没有 break 语句,则 switch 后面的表达式的值找到匹配的常量表达式的值后,执行其后的语句块,并依次执行后继的语句块,直到 switch 语句结束或遇到 break 为止。

注意:在实际应用中,因为漏写 break 语句而造成执行结果与期望结果不符的情况经常出现。

4.5.2　switch 语句的应用举例

【案例 4.7】　编写一程序，从键盘输入 0 ~ 6 之间的整数，分别代表每周的星期日、星期一、…、星期六。

【分析】

定义一整型变量 day，用来存储从键盘输入的整数，使用 switch 语句实现多分支选择出口。为了提高程序的健壮性，需要增加一个输入有误的出口。

【源程序】

```
#include <stdio.h>
void main()
{ int day;
  printf("please enter a number:");
  scanf("%d",&day);
  switch(day)
  { case 1:printf("Monday\n");break;
    case 2:printf("Tuesday\n");break;
    case 3:printf("Wednesday\n");break;
    case 4:printf("Thursday\n");break;
    case 5:printf("Friday\n");break;
    case 6:printf("Saturday\n");break;
    case 0:printf("Sunday\n");break;
    default:printf("Error number\n");
  }
}
```

【运行结果】

第一组：

```
please enter a number:1↙
Monday
```

第二组：

……

第七组：

```
please enter a number:0↙
Sunday
```

第八组：

```
please enter a number:20↙
Error number
```

【思考】

(1) 测试数据为什么必须8组及以上?

(2) 若将 case 5 后面的 break 删除,程序编译会出错么? 如果不出错,当输入数据为5时,分析运行结果。

【案例 4.8】 从键盘输入一个百分制成绩 score,按下列原则输出其等级:score≥90,等级为 A;80≤score<90,等级为 B;70≤score<80,等级为 C;60≤score<70,等级为 D;score<60,等级为 E。

【分析】

本题也为多分支(5 个分支)选择结构,如果用 if 嵌套完全可以实现,但嵌套层次较多,可读性差。用 switch 实现多分支选择结构时,关键点在于找到表达式与常量出口的对应关系。由于本题中的出口为数据区域,如 70≤score<80,需要将该数据区域转换成常量,为此我们设计了表达式为 score/10,将数据区域 70≤score<80 转换成常量 7,流程图如图 4-8 所示。

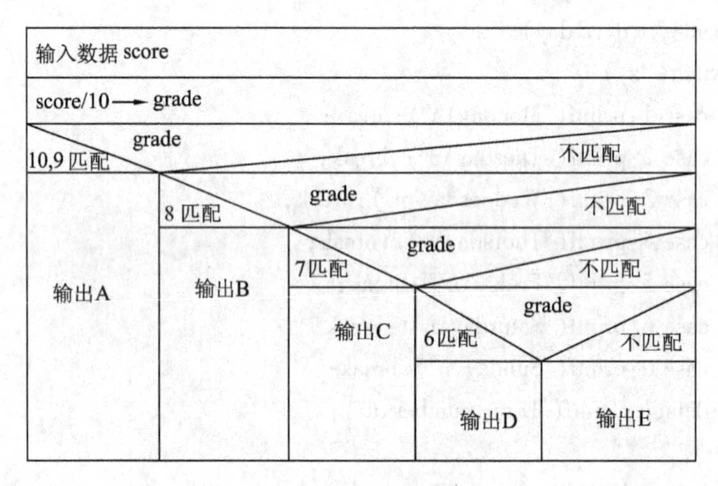

图 4-8 【案例 4.8】流程图

【源程序】

```
#include <stdio.h>
main()
{ int score, grade;
  printf("Input a score(0~100):");
  scanf("%d", &score);
  grade = score/10;        /*将成绩整除10,转化成 switch 语句中的 case 标号*/
  switch (grade)
  { case 10:
    case 9: printf("grade = A\n"); break;
    case 8: printf("grade = B\n"); break;
    case 7: printf("grade = C\n"); break;
    case 6: printf("grade = D\n"); break;
```

```
        case 5:
        case 4:
        case 3:
        case 2:
        case 1:
        case 0: printf("grade = E\n"); break;
        default: printf("The score is out of range! \n");
    }
}
```

【运行结果】

```
Input a score(0~100): 85↙
grade = B
```

【思考】

(1) 完善测试覆盖面。

(2) 修改程序,将 grade 位于 0~5 间的数据设计成一个出口。

switch 语句的进一步说明:

(1) 每个 case 后面“常量表达式”的值,必须各不相同,否则会出现相互矛盾的现象(即对表达式的同一值,有两种或两种以上的执行方案)。

(2) case 后面的常量表达式仅起语句标号作用,并不进行条件判断。系统一旦找到入口标号,就从此标号开始执行,不再进行标号判断,所以必须加上 break 语句,以便结束 switch 语句。

(3) 各 case 及 default 子句的先后次序,不影响程序执行结果。

(4) 多个 case 子句,可共用同一语句(组)。

例如,【案例 4.8】中的“case 10:”和“case 9:”共用语句“printf("grade = A\n"); break;”,“case 5:”~“case 0:”共用语句“printf("grade = E\n"); break;”。

4.5.3 switch 语句和嵌套 if 语句的比较

用 switch 语句实现的多分支选择结构程序,完全可以用 if 语句的嵌套来实现。但有些多分支选择结构只能用 if 语句的嵌套来实现。

在实际应用中,要在多种情况中选择一种情况,虽然可以使用嵌套的 if 语句或多重 if 语句实现,但其分支过多,程序冗长,难以理解,不够灵活。

switch 语句在 C 语言处理多路选择问题时是一种更直观和有效的手段,在测试某个表达式是否与一组常量表达式中的某个值匹配时,显得更为方便。

本 章 小 结

选择结构解决了需要根据不同情况进行判断的情况。选择结构程序设计中的条件通常由关系表达式或逻辑表达式构成,当表达式的值为非零时,条件为真;当表达式的值为零时,条件为假。

if 语句可实现单分支或双分支选择结构，而多重 if 结构和 switch 结构可以用来实现多路分支。多在实现三路以上分支时使用 switch 结构比较方便。但在使用 switch 结构时，应注意分支条件应是整型表达式，而且 case 语句后面必须是常量表达式。多重 if 结构就是在主 if 块的 else 部分中还包含其他 if 块，嵌套 if 结构是在主 if 块中还包含另一个 if 语句。C 语言规定，嵌套 if 结构中每个 else 部分总是属于前面最近的那个未有对应的 else 部分的 if 语句。条件运算符是 if-else 语句的另一种表现形式。

习 题 4

一、选择题

1. 逻辑运算符两侧运算对象的数据类型(　　)。

A. 只能是 0 和 1　　B. 只能是 0 或非 0 正数

C. 只能是整型或字符型数据　　D. 可以是任何类型的数据

2. 判断 char 型变量 ch 是否为小写字母的正确表达式是(　　)。

A. 'a' <= ch <= 'z'　　B. (ch >= 'a') & (ch <= 'z')

C. (ch >= 'a') && (ch <= 'z')　　D. ('a' <= ch) AND('z' >= ch)

3. 若希望当 A 的值为奇数时，表达式的值为"真"；当 A 的值为偶数时，表达式的值为"假"。则以下不能满足要求的表达式是(　　)。

A. A%2 = =1　　B. !(A%2 = =0)

C. !(A%2)　　D. A%2

4. 设有"int a =1, b =2, c =3, d =4, m =2, n =2;"，则执行(m = a > b) && (n = c > d)后 n 的值为(　　)。

A. 1　　B. 2　　C. 3　　D. 4

5. 下列程序的运行结果是(　　)。

```
main()
{ int a,b,d=241;
  a=d/100%9;
  b=(-1)&&(-1);
  printf("%d,%d",a,b);
}
```

A. 6,1　　B. 2,1　　C. 6,0　　D. 2,0

6. 已知"int x =10, y =20, z =30;"，执行语句"if(x > y) z = x; x = y; y = z;"后，x、y、z 的值分别是(　　)。

A. x =10, y =20, z =30　　B. x =20, y =30, z =30

C. x =20, y =30, z =10　　D. x =20, y =30, z =20

7. 下列程序的运行结果是(　　)。

```
main()
{ int m=5;
  if(m++>5)
```

```
        printf("% d\n",m);
    else
        printf("% d\n",m--);
}
```

A. 4　　B. 5　　C. 6　　D. 7

8. 若运行时给变量 x 输入 12,则下列程序的运行结果是(　　)。

```
main()
{ int x,y;
  scanf("% d",&x);
  y=x>12 ? x+10 : x-12;
  printf("% d\n",y);
}
```

A. 4　　B. 3　　C. 2　　D. 1

二、填空题

1. C 语言提供了6种关系运算符,按优先级高低它们分别是________等。
2. C 语言提供了3种逻辑运算符,按优先级高低它们分别是________。
3. 设 a=3,b=4,c=5,写出下面各逻辑表达式的值。

表达式	表达式运算后的值
a+b>c && b==c	
!(a>b) && !c ‖ 1	
!(a+b)+c-1&& b+c/2	

4. 将条件 $-10 \leq x \leq y$ 写成 C 语言表达式:________。
5. 已知 A=7.5,B=2,C=3.6,表达式 A>B&& C>A‖A<B&& !C>B 的值是________。
6. 若有"int x=3,y=-4,z=5;",则表达式(x&&y)==(x‖z)的值为________。
7. 若有 x=1,y=2,z=3,则表达式(x<y? x:y)==z++的值是________。
8. 以下程序输出 x、y、z 三个数中的最小值,请填空使程序完整。

```
main ( )
{ int x=4,y=5,z=8 ;
  int u,v;
  u=x<y ? ________;
  v=u<z ? ________;
  printf ("% d",v);
}
```

三、程序判断题

1. 下面程序将输入的大写字母改写成小写字母输出,其他字符不变。请判断下面程序的正误，如有错误请改正过来。

```
void main ( )
{ char c;
  c = getchar ( ) ;
  c = (c >= 'A'||c <= 'Z') ? c - 32:c + 32;
  printf("%c",c);
}
```

2. 下面程序输入两个运算数x、y和一个运算符号op，然后输出该运算结果的值。例如，输入3+5，得到结果8。请判断下面程序的正误，如有错误请改正过来。

```
main ( )
{ float x,y,r;
  char op ;
  scanf("%f%c%f",&x,&op,&y);
  switch (op) {
     case  '+':r = x + y ;
     case  '-':r = x + y ;
     case  '*':r = x + y ;
     case  '/' :r = x + y ;
  }
  printf("%f",r);
}
```

四、编程题

1. 从键盘输入一个整数，判断它是偶数还是奇数。

2. 接受用户输入的三种商品的价格。如果购买的三种商品中至少有一种商品的价格大于50或者三种商品的总额大于100，则折扣率为15%，否则折扣率为0。计算并显示用户应付的钱数。

3. 输入一个5位数，判断它是不是回文数。例如，12321是回文数，个位与万位相同，十位与千位相同。

4. 输入三角形的三边长，判断能否构成三角形。若能构成三角形，则求其面积；若不能构成三角形，显示相应信息。

5. 已知a、b、c，求一元二次方程$ax^2+bx+c=0(a\neq0)$的解。

6. 用switch语句编写程序，要求完成如下功能：要求用户输入一个字符值并检查它是否为元音字母(a、o、e、i、u)。

第5章

循环结构程序设计

在数学运算中,我们常常遇到“求1~100的累计和”这类问题,根据已有的知识,可以用“1+2+…+100”来求解,但显然很繁琐。

现在让我们换个角度来考虑:

首先设置一个累计器变量sum,设其初值为0,利用sum += i(i依次取1,2,…,100)来计算,只要解决以下三个问题即可:

(1) 将i的初值置为1。

(2) 每执行一次“sum += i”后,i增1。

(3) 当i增到101时,停止计算。此时,sum的值就是1~100的累计和。

步骤(2)和(3)需要重复计算的结构称为循环结构,C语言提供了三类循环语句来实现。

像上述问题一样,需要多次重复执行一个或多个任务的问题,可考虑使用循环来解决,非常方便。

5.1 while语句

【案例5.1】 用while语句求1~100的累计和。

【源程序】

```
#include <stdio.h>
main()
{  int i=1,sum=0;              /*初始化循环控制变量i和累计器sum*/
   while(i<=100 )
     { sum += i;               /*实现累加*/
       i++;                    /*循环控制变量i增1*/
     }
   printf("sum=%d\n",sum);
}
```

【运行结果】

```
sum=5050
```

5.1.1 while 语句的一般格式

while 语句用来实现"当型"循环结构。其一般形式如下：

```
while(表达式)
   循环体语句;
```

说明：

(1) 表达式必须用小括号括起来，通常是关系表达式或逻辑表达式。

(2) 循环体是被反复执行的程序段，若由多条语句构成，则必须用花括号括起来构成复合语句。

5.1.2 while 语句的执行过程

首先判别表达式，当表达式的值为真(非 0)时，执行循环体语句；一旦条件为假(0)，就停止执行循环体。如果条件在开始时就为假，那么不执行循环体语句，直接退出循环。其特点是：先判断表达式，后执行语句。其执行流程图如图 5-1 所示。

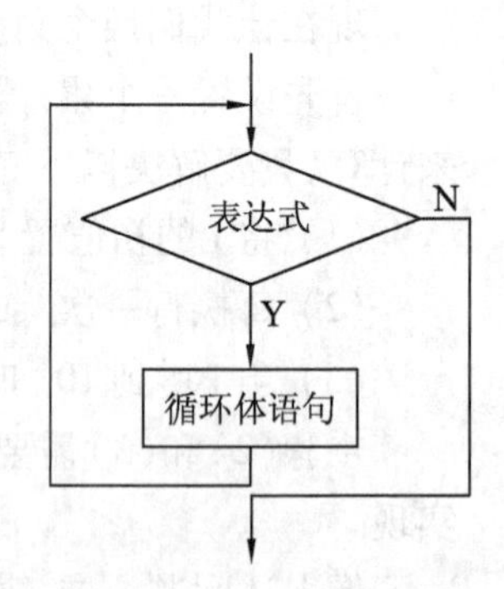

图 5-1 while 语句的执行流程图

【案例 5.2】 用 while 语句求 10!。

【分析】

(1) 设立连乘积变量 p，初值为 1，乘数 i 初值为 1；

(2) 每执行一次 p = p * i 后，i 自增 1；

(3) 当 i≤10 时反复执行步骤(2)，直到 i > 10 结束，输出变量 p 的结果即为 10! 的值。

【源程序】

```
#include <stdio.h>
main()
{ int p=1;
  int i=1;
  while(i<=10)
     { p=p*i;
       i++;
     }
  printf("10!=%ld\n",p);
}
```

【运行结果】

```
10!=3628800
```

【程序说明】

在这里我们使用的是 VC++ 6.0 编译器，此编译器中基本整型占 4 个字节(32 位)，它能表示的数值范围就大得多。如果我们使用 TC 编译器，基本整型占 2 个字节，这题求 10!的时候，运算结果明显超过了基本整型表示的范围，在定义 p 变量时，就应该使用 long

型来修改程序。

【思考】

（1）如果计算 n!，n 从键盘输入，源程序如何修改？

（2）如果要计算 1+3+5+7+…+99，那么【案例5.1】该如何修改？

注意：在循环体中应有使循环趋向于结束的语句。例如，在本例中循环结束条件是“i<=10”。并在循环体中应有使 i 的值不断增大最终导致 i>10 的语句，本例中用“i++”实现，如果无此语句，循环将一直持续下去，最终导致“死循环”。

【案例5.3】 分析以下程序的运行结果。

```
#include <stdio.h>
void main ()
{ int num = 1, result;
  while(num <= 10)
     { result = num * 10;
       printf("%d×10 = %d \n", num, result);
     }
}
```

【运行结果】

无法正常终止程序，一直在不断输出“1×10=10”。

【程序修改】

```
while(num <= 10)
{ result = num * 10;
  printf("%d×10 = %d \n", num, result);
  num ++;
}
```

【运行结果】

```
"C:\USERS\ADMINISTRATOR.PC-20130403GMNA\DESKTOP\新建文件夹 (2)\Debug\ex.exe"
1 × 10 = 10
2 × 10 = 20
3 × 10 = 30
4 × 10 = 40
5 × 10 = 50
6 × 10 = 60
7 × 10 = 70
8 × 10 = 80
9 × 10 = 90
10 × 10 = 100
Press any key to continue
```

5.2 do-while 语句

5.2.1 do-while 语句的一般格式

do-while 语句用来实现"直到"循环结构。其一般形式如下:

```
do
{
    循环体语句;
} while (表达式);
```

注意:表达式右括号外侧的分号不能省略。

5.2.2 do-while 语句的执行过程

它先执行一次循环体中的语句,然后判别表达式,当表达式的值为真时,返回重新执行循环体语句,如此反复,直到表达式的值为假时,循环结束。所以 do-while 循环至少会执行一次循环体语句。其执行流程图如图 5-2 所示。

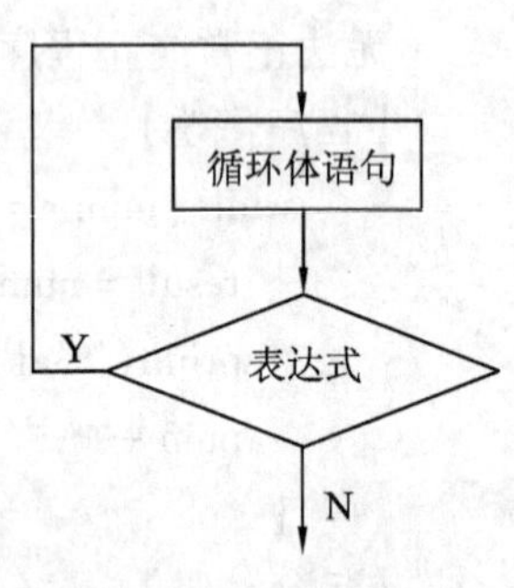

图 5-2 do-while 语句执行流程图

【案例 5.4】 用 do-while 语句求 1 ~ 100 的累计和。

【源程序】

```
#include <stdio.h>
main()
{ int i=1,sum=0;
  do
    { sum += i;
      i++;
    }while(i<=100);
  printf("sum=%d\n",sum);
}
```

【运行结果】

sum = 5050

【程序说明】

(1) 循环体中应该有使循环趋于结束的语句,本例中为"i++"。

(2) 循环条件仍为"i<=100"。

【案例 5.5】 猜数游戏。要求猜一个介于 1 ~ 10 之间的数字,根据用户猜测的数与标准值进行对比,并给出提示,以便下次猜测能接近标准值,直到猜中为止。

【分析】

(1) 设立标准值变量 number,值为 5,猜测数字变量 guess。

(2) 用户输入一个猜测数字。

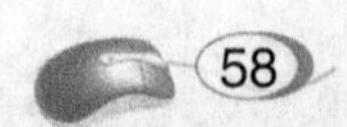

(3) 如果 guess > number,则显示“太大”,否则显示“太小”。

(4) 当 guess != number 时,反复执行步骤(2)(3),直到 guess = number 时为止。

【源程序】

```
#include <stdio.h>
main()
{ int number =5,guess;
  printf ("猜一个介于 1 与 10 之间的数 ln");
  do
    { printf("请输入您猜测的数:");
      scanf("% d",&guess);
      if(guess > number)
            printf("太大\n");
      else if(guess < number)
            printf("太小\n");
    } while(guess != number);
  printf("您猜中了! 答案为 % d\n",number);
}
```

【运行结果】

5.2.3 while 和 do-while 语句的区别

在一般情况下,用 while 语句和 do-while 语句处理同一个问题时,若二者的循环体部分是一样的,则它们的结果也一样。但是如果 while 后面的表达式一开始就为假(0),那么两种循环的结果是不同的。

(1) while 循环是先判断后执行,所以,如果条件为假,则循环体一次也不会被执行。

(2) do-while 循环是先执行后判断,所以,即使开始条件为假,循环体也至少会被执行一次。

【案例 5.6】 while 循环和 do-while 循环的比较。

【源程序比较】

<table>
<tr><th>while 循环程序</th><th>do-while 循环程序</th></tr>
<tr><td>

```
#include <stdio.h>
main()
{ int sum=0,i;
  scanf("%d",&i);
  while(i<=10)
    { sum=sum+i;
      i++;
    }
  printf("sum=%d\n",sum);
}
```

</td><td>

```
#include <stdio.h>
main()
{ int sum=0,i;
  scanf("%d",&i);
  do
    { sum=sum+i;
      i++;
    }while(i<=10);
    printf("sum=%d\n",sum);
}
```

</td></tr>
</table>

【运行结果比较】

输入	while 循环程序运行结果	do-while 循环程序运行结果
第一次:1↙	sum=55	sum=55
第二次:11↙	sum=0	sum=11

【程序说明】

(1) 第一次输入时,i 的值<=10,表达式成立,由于 while 语句和 do-while 语句的循环条件和循环体语句一样,所以输出结果一致。

(2) 第二次输入时,i 的值>10,表达式不成立。对于 while 语句来说,循环一开始条件就不成立,循环体一次也不执行,sum 的值保持 0 不变;对于 do-while 语句来说,由于执行顺序是先执行一次循环体再判断条件,所以 sum 的值为 11,二者结果不一样。

5.3 for 语句

5.3.1 for 语句的一般格式

C 语言中的 for 语句使用最为灵活,不仅可以用于循环次数已经确定的情况,而且可以用于循环次数不确定而只给出循环结束条件的情况,它完全可以代替 while 语句和 do-while 语句。

for 语句的一般格式如下:

```
for(表达式1;表达式2;表达式3)
        循环体语句;
```

注意: 3 个表达式之间用分号隔开。

5.3.2　for 语句的执行过程

for 语句的执行过程如下：

（1）先求解表达式1，表达式1只执行一次，一般是赋值语句，用于初始化变量。

（2）求解表达式2，如果其值为真（非0），则执行步骤（3）；若其值为假（0），则结束循环，转向步骤（6）。

（3）执行循环体语句。

（4）计算表达式3。

（5）转向步骤（2）。

（6）循环结束，执行 for 循环下面的语句。

其执行流程图如图5-3所示。

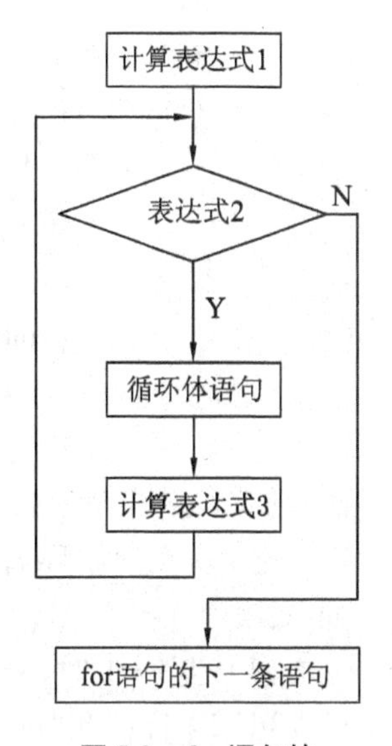

图5-3　for 语句的执行流程图

for 语句最简单的应用形式也就是最易理解的如下形式：

```
for(循环变量赋初值;循环条件;循环变量增值)
        {循环体语句组;}
```

说明：

（1）“循环变量赋初值”、“循环条件”和“循环变量增值”部分均可缺省，甚至全部缺省，但其间的分号不能省略。例如，for(;i<=100;i++)。

（2）当循环体语句组仅由一条语句构成时，可以不使用复合语句形式。

（3）“循环变量赋初值”表达式，既可以是给循环变量赋初值的赋值表达式，也可以是与此无关的其他表达式（如逗号表达式）。例如：

```
for(sum=0;i<=100;i++) sum+=i;
for(sum=0,i=1;i<=100;i++) sum+=i;
```

（4）“循环条件”部分是一个逻辑量，除一般的关系（或逻辑）表达式外，也允许是数值（或字符）表达式。例如：

```
for(;(c=getchar()!='\n');)
for(;1;)
```

【案例5.7】　用 for 语句求1～100的累计和。

【源程序】

```
#include <stdio.h>
main()
{ int i,sum=0;
  for(i=1;i<=100;i++)
      sum=sum+i;
  printf("sum=%d\n",sum);
}
```

5.4 循环的嵌套

一个循环体内又包含另一个完整的循环结构，称为循环的嵌套。各种语言中关于循环嵌套的概念都是一样的。

三种循环(while 循环、do-while 循环和 for 循环)可以互相嵌套。

【案例 5.8】 读程序，分析程序的运行结果。

【源程序】

```
#include <stdio.h>
main()
{ int i, j;
    for(i=1; i<=9; i++)
      { for(j=1;j<=9;j++)
            printf("%3d",i*j);
        printf("\n");
      }
}
```

【执行过程分析】

把 i 所在的循环看成是外循环，把 j 所在的循环看成是内(内嵌)循环，循环执行如下：

(1) 当 i=1 时，外循环条件成立，执行其循环体，即"for(j=1;j<=9;j++) printf("%3d",i*j);"和"printf("\n");"两条语句。

① 先执行内循环语句，从"j=1"开始，一直到"j=9"为止，输出"i*j"的积。

② 再执行输出语句，后进行换行。

(2) 执行"i++"。

(3) 判断循环条件(i<=9)是否成立，如果成立，继续执行循环体，如此反复，直到循环条件不成立为止，结束循环。具体过程如表 5-1 所示。

表 5-1 嵌套循环执行过程表

i=1	j=1 j=2 j=3 ⋮ j=9	输出 1*1 的值 输出 1*2 的值 输出 1*3 的值 ⋮ 输出 1*9 的值

续表

换行		
i=2	j=1 j=2 ⋮ j=9	输出 2*1 的值 输出 2*2 的值 ⋮ 输出 2*9 的值
换行		
⋮	⋮	⋮
i=9	j=1 j=2 ⋮ j=9	输出 9*1 的值 输出 9*2 的值 ⋮ 输出 9*9 的值
换行		

【运行结果】

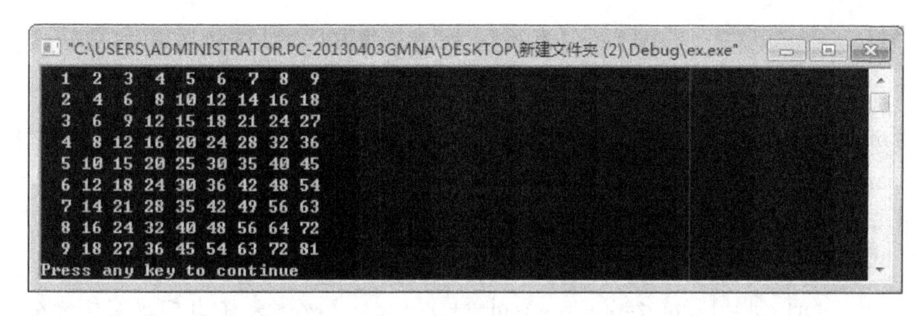

【案例 5.9】 打印有规则的图形,如菱形。

```
    *
  * * *
* * * * *
  * * *
    *
```

【分析】

根据上述图形的变化规律,前 3 行的输出和后 2 行的输出变化规律不一致,所以分开进行语句描述。使用双重循环实现,外循环控制输出的行数,内循环控制每行输出的空格个数和“ * ”的个数。程序流程图如图 5-4 所示。

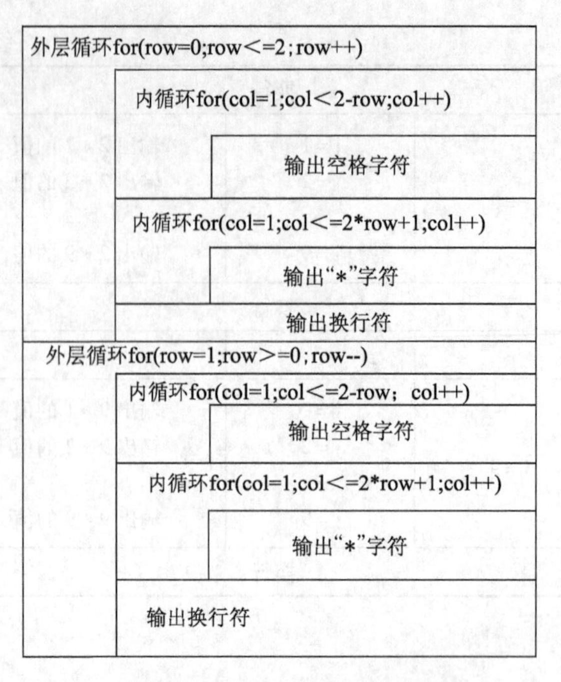

图 5-4 【案例 5.9】程序流程图

【源程序】

```
#include < stdio. h >
main( )
{ int row,col;
  for( row = 0; row <= 2; row ++ )             /* 控制前 3 行输出 */
    { for( col = 1; col <= 2 - row; col ++ )   /* 先输出相应空格 */
          printf(" ");
      for( col = 1; col <= 2 * row + 1; col ++ )  /* 再输出" * "字符 */
          printf(" * ");
      printf("\n");                           /* 换行输出 */
    }
for( row = 1; row >= 0; row -- )              /* 控制后 2 行输出 */
    { for( col = 1; col <= 2 - row; col ++ )
          printf(" ");
      for( col = 1; col <= 2 * row + 1; col ++ )
          printf(" * ");
      printf("\n");
    }
}
```

【案例 5.10】 百钱百鸡问题。

【分析】

利用穷举法,对鸡翁、鸡母、鸡雏可能的只数进行逐一的测试,测试条件为:共百只鸡,花百元钱。通过分析可知,3 种鸡可能的只数范围分别为:cock(0 ~ 20),hen(0 ~ 33),chick(0 ~ 100),其中注意鸡雏的只数要能被 3 整除。程序流程图如图 5-5 所示。

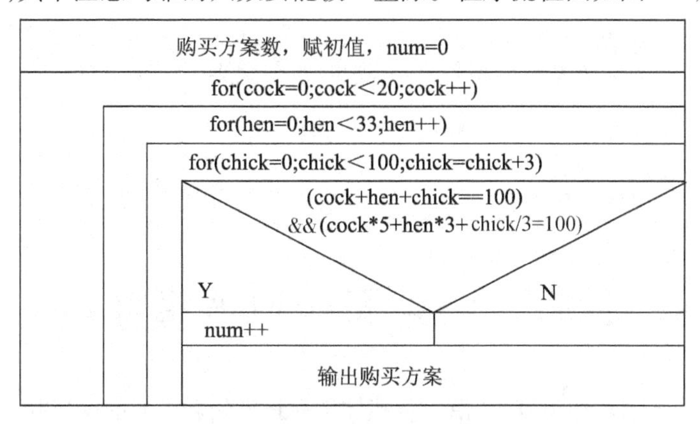

图 5-5 【案例 5.10】程序流程图

【源程序】

```
#include < stdio. h >
main( )
{ int cock,hen,chick;
  int num =0;                               /* 购买方案数 */
  for( cock =0;cock <20;cock ++ )
      for( hen =0;hen <33;hen ++ )
      for( chick =0;chick <100;chick = chick +3)
                                            /* 确保雏鸡只数是 3 的倍数 */
        if( ( cock + hen + chick == 100)&& (cock *5 + hen *3 + chick/3 ==100))
                                            /* 测试条件:百鸡且百钱 */
           { num ++ ;                       /* 按方案打印 */
             printf("方案%d:鸡翁%d,鸡母%d,鸡雏%d\n",num,cock,hen,chick);
           }
}
```

【运行结果】

方案 1:鸡翁 0,鸡母 25,鸡雏 75

方案 2:鸡翁 4,鸡母 18,鸡雏 78

方案 3:鸡翁 8,鸡母 11,鸡雏 81

方案 4:鸡翁 12,鸡母 4,鸡雏 84

【程序改进】

为了提高效率,利用条件,可以改进程序,把 3 重循环改成 2 重循环,程序段修改如下所示：

```
for(cock=0;cock<20;cock++)
  { for(hen=0;hen<33;hen++)
    { chick=100-cock-hen;
    if(chick%3==0&& cock*5+hen*3+chick/3==100)
      { num++;
      printf("方案%d:鸡翁 %d,鸡母 %d,鸡雏 %d\n",num,cock,hen,chick);
      }
    }
  }
```

5.5 break 和 continue 语句

为了使循环控制更加灵活,C 语言提供了 break 语句和 continue 语句。

5.5.1 break 语句

1. 一般格式

break 语句的一般格式如下：

```
break;
```

2. 功能

在循环语句和 switch 语句中,利用 break 语句可终止执行,跳出本层循环或 switch 语句结构。

说明：

(1) break 语句只能终止并跳出最近一层的结构。

(2) break 语句只能用于循环语句和 switch 语句中。

3. break 对循环控制的影响

break 语句在循环结构中的使用控制如下列程序段所示,箭头表示程序流程跳转的方向。

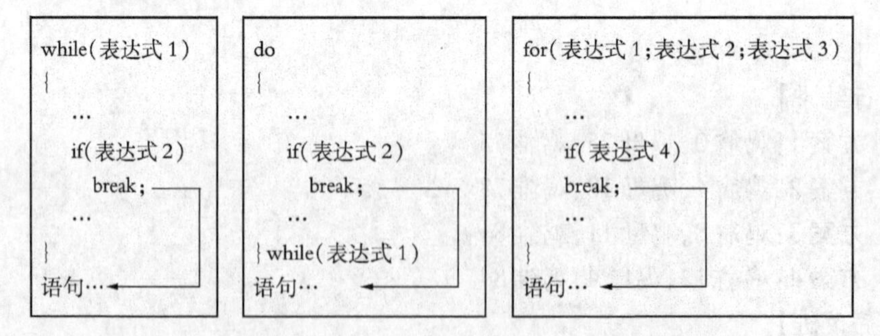

注意:(1) break 语句一般出现在循环体中的选择结构(if 语句)中。

(2) break 跳出的不是 if 语句,而是包含 if 语句的循环体。

【案例 5.11】 统计一个班学生的平均成绩。

【分析】

本题应该先得到每个学生的成绩,然后求和,再根据学生人数,求得平均成绩。学生成绩可通过键盘输入得到,通过循环结构,进行反复输入,可得班级全部学生的成绩。但是班级学生人数不定,也即循环次数不定,可以事先约定,当输入成绩为负值时,学生成绩输入结束。

具体算法描述如下:

(1) 定义变量。定义学生成绩 score 为实型;定义学生人数 num 为整型,初值为 0;定义成绩总和 sum 为实型,初值为 0;定义平均成绩 ave 为实型。

(2) 输入一个学生成绩,判断是否为负值,如果不是,则执行"sum = sum + score"且 num 加 1,否则执行步骤(4)。

(3) 重复步骤(2)。

(4) 循环结束。

(5) 计算 ave 并输出。

流程图如图 5-6 所示。

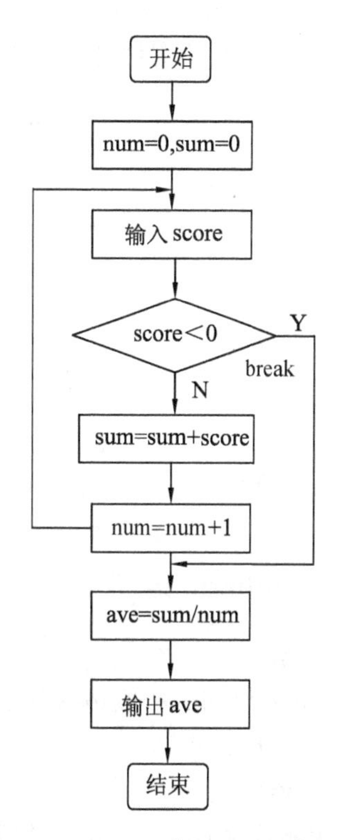

图 5-6 【案例 5.11】流程图

【源程序】

```
#include < stdio. h >
main( )
{ int num;
  float score, sum, ave;
  num = 0;
  sum = 0;
  while(1)                        /* 循环条件恒为 1,永远成立 */
  { scanf("% f",&score);
    if( score < 0)
        break;                    /* 当输入的成绩为负值时,结束循环 */
    else
      { sum = sum + score;        /* 累加成绩,求和 */
        num ++ ;                  /* 统计学生人数 */
      }
  }
  ave = sum/num;                  /* 计算平均成绩 */
  printf("The average is:% . 2f\n",ave);
```

```
}
```

对于循环嵌套结构中的 break 语句，需要注意的是，break 语句只能从最内层的循环，跳到外层循环，而不是终止所有循环，如下程序段中的箭头所示：

```
for( ;表达式 1; )
{
    …
    while(表达式 2)
    {
        …
        if(表达式 3)
            break;
        …
    }
    while循环后的第一条语句…
    …
}
```

5.5.2 continue 语句

1. 一般格式

continue 语句的一般格式如下：

    continue;

2. 功能

结束本次循环，跳过本层循环体中下面尚未执行的语句，进行是否执行下一次循环的条件判断。

说明：continue 语句只能用于循环语句中。

3. continue 语句对循环控制的影响

对比 break 语句，continue 语句在循环结构中的使用控制如下：

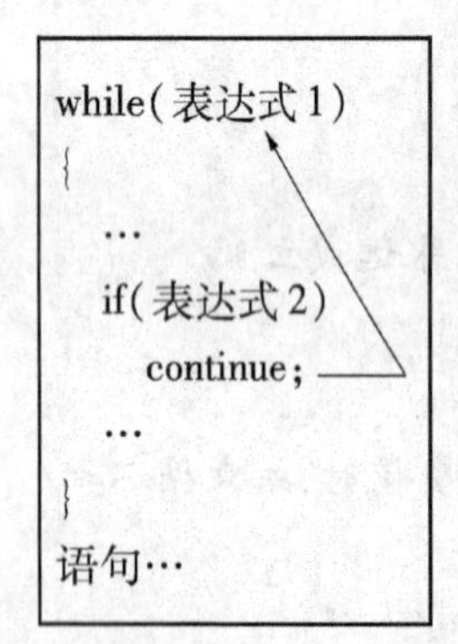

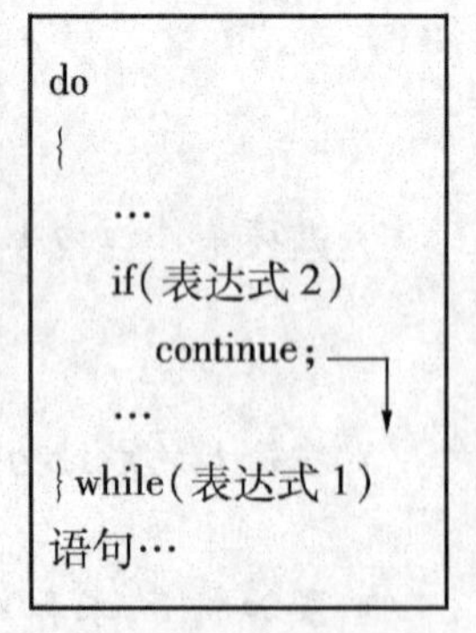

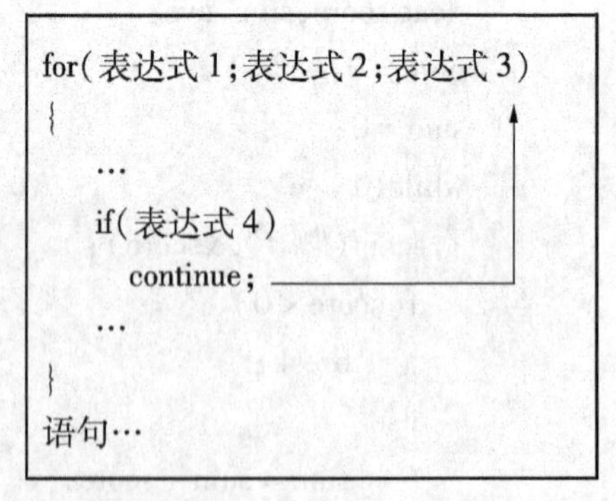

continue 语句对循环结构的控制说明：

(1) 对于 while 语句和 do-while 语句来说，遇到 continue 语句时，结束循环体中 if 语句下面未执行语句的执行，跳转到循环条件判断处(while 后面)，判断是否继续循环。

(2) 对于 for 语句来说，遇到 continue 语句时，流程跳转到表达式 3(即循环变量增值计算)处，计算表达式 3，再进行循环条件的判断。

【案例5.12】 把100～200之间不能被3整除的数输出。

【分析】

采用for循环结构实现。从数100开始逐个判断其是否能被3整除,如果不能,那么输出该数,如果能,那么不要输出并进入下一个数的判断,如此反复,直到数超过200为止。流程图如图5-7所示。

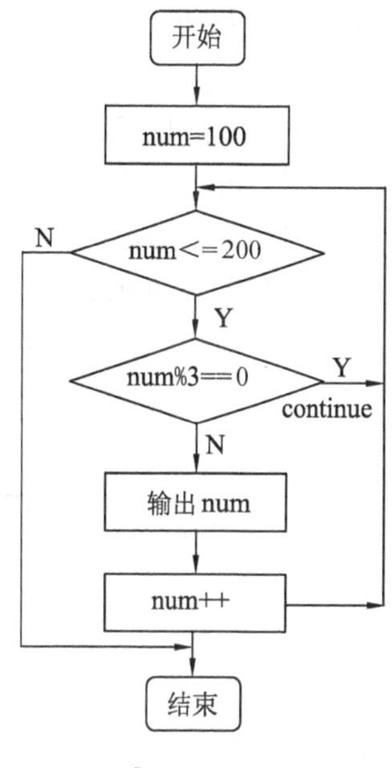

图5-7 【案例5.12】流程图

【源程序】

```
#include <stdio.h>
main()
{ int num;
  for(num=100;num<=200;num++)
    { if(num%3==0)
        continue;
      printf("%5d",num);
    }
}
```

【运算结果】

```
"D:\Debug\ex.exe"
  100  101  103  104  106  107  109  110  112  113  115  116  118  119  121  122
  124  125  127  128  130  131  133  134  136  137  139  140  142  143  145  146
  148  149  151  152  154  155  157  158  160  161  163  164  166  167  169  170
  172  173  175  176  178  179  181  182  184  185  187  188  190  191  193  194
  196  197  199  200Press any key to continue
```

【思考】

(1) 如果要实现的是将100～200之间能被3整除的数输出,应该怎么样修改程序?

(2) 如果把continue语句换成break语句,会得到什么样的结果?

5.6 循环结构的典型应用

【案例5.13】 使用格里高利公式求π的近似值,要求精确到最后一项的绝对值小于10^{-6}。格里高利公式如下:

$$\frac{\pi}{4}=1-\frac{1}{3}+\frac{1}{5}-\frac{1}{7}+\cdots$$

【分析】

求π,即是求公式右侧的和再乘以4。要解决的问题是:求和项是一项正一项负的变化规律;每一个求和项均是分子为1,分母变化规律为加2;循环条件为求和项的绝对值小于10^{-6}。

具体算法描述如下:

(1) 定义变量。定义pi为实型,初值为0;定义求和当前项t为实型,初值为1;定义分母 n,初值为 1;定义正负符号 s,初值为 1。

(2) 判断 $|t| >= 10^{-6}$ 是否成立。如果成立,累加当前项,变换正负号,求得下一项;如果不成立,转向步骤(4)。

(3) 重复步骤(2)。

(4) 结束循环。

(5) 求解 pi 值并输出。流程图如图 5-8 所示。

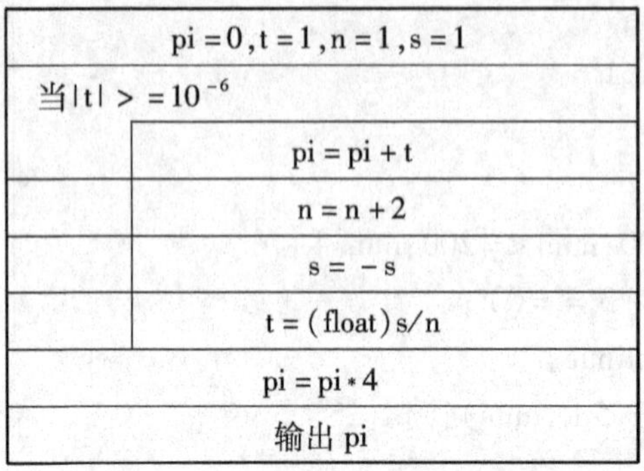

pi = 0, t = 1, n = 1, s = 1	
当 $|t| >= 10^{-6}$	
	pi = pi + t
	n = n + 2
	s = -s
	t = (float) s/n
pi = pi * 4	
输出 pi	

图 5-8 【案例 5.13】流程图

【源程序】

```
#include <stdio.h>
#include <math.h>
main()
{ int s = 1, n = 1;
  float pi = 0, t = 1;
  while(fabs(t) >= 1e-6)    /* 当求和项大于等于10^-6时,继续累加 */
    { pi = pi + t;
      n = n + 2;            /* 求得求和项的分母 */
      s = -s;               /* 改变正负号 */
      t = (float)s/n;       /* 为得到小数部分,所以使用强制类型转换 */
    }
  pi = pi * 4;
  printf("pi = %10.6f\n", pi);
}
```

【运行结果】

```
pi =  3.141594
```

【程序说明】

(1) fabs()为求绝对值函数,是 C 提供的库函数,调用时需在程序开头包含编译预处理命令"#include < stdio. h >"。

(2) 如果不使用强制类型转换,可把变量 n 的类型改成 float 型。

【案例 5.14】 判断一个整数是否是素数。

【分析】

素数是指只能被1和它本身整除的数。采取的算法如下：

让m被2到$\sqrt{m}$除，如果m能被2~$\sqrt{m}$之中任何一个整数整除，则提前结束循环，此时i必然小于或等于k（即$\sqrt{m}$）；如果m不能被2~k（即$\sqrt{m}$）之间的任一整数整除，则在完成最后一次循环后，i还要加1，因此i=k+1，然后才终止循环。在循环之后判别i的值是否大于或等于k+1，若是，则表明未曾被2~k之间任一整数整除过，因此表示该数是素数。

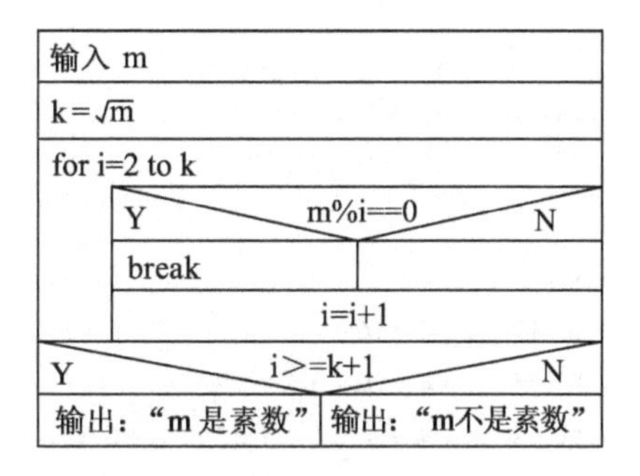

图5-9 【案例5.14】流程图

【源程序】

```
#include <stdio.h>
#include <math.h>
main()
{ int i,m,k;
  printf("Please input a integer:");
  scanf("%d",&m);
  k=sqrt(m);
  for(i=2;i<=k;i++)
      if(m%i==0)
          break;
  if(i>=k+1)
      printf("%d is a prime number! \n",m);
  else
      printf("%d is not a prime number! \n",m);
}
```

【运行结果】

第一次：

```
Please input a integer:17↙
17 is a prime number!
```

第二次：

Please input a integer:39↙

39 is not a prime number!

【程序说明】

通过"i>=k+1"条件判断就能得出i是否是素数，因为在循环结构中，如果if条件成立，循环提前结束，i的值小于等于k，也即意味着除了1和它本身之外，还有其他数能整除m，也即该数不是素数；如果循环直到结束，if条件还没有成立的话，这时i的值为k+1，对于"i>=k+1"条件是成立的，也即意味着除了1和它本身之外，m不能被其他数整除，是素数。

【案例5.15】 编程打印九九乘法表。

```
1*1=1
2*1=2  2*2=4
3*1=3  3*2=6   3*3=9
4*1=4  4*2=8   4*3=12  4*4=16
5*1=5  5*2=10  5*3=15  5*4=20  5*5=25
6*1=6  6*2=12  6*3=18  6*4=24  6*5=30  6*6=36
7*1=7  7*2=14  7*3=21  7*4=28  7*5=35  7*6=42  7*7=49
8*1=8  8*2=16  8*3=24  8*4=32  8*5=40  8*6=48  8*7=56  8*8=64
9*1=9  9*2=18  9*3=27  9*4=36  9*5=45  9*6=54  9*7=63  9*8=72  9*9=81
```

【分析】

观察九九乘法表得出，输出9行9列，使用循环嵌套实现。外层循环控制输出几行，内层循环控制每一行上乘法运算的输出，每一行输出乘法运算的个数即为所在的行号，且运算结果即为行号乘以列号所得。程序流程图如图5-10所示。

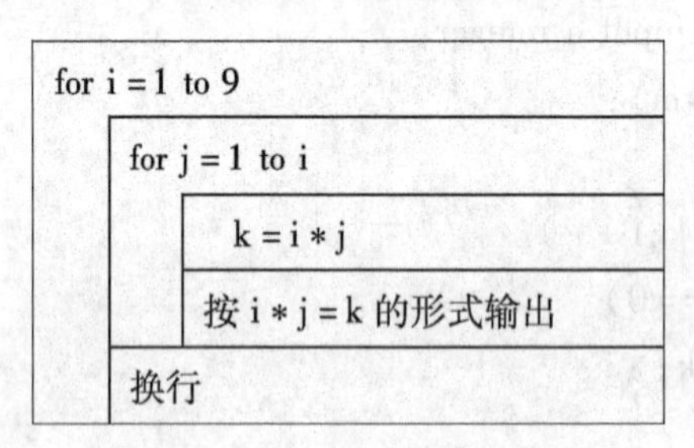

图5-10 【案例5.15】流程图

【源程序】

```
#include <stdio.h>
main()
{ int i,j,k;
  for(i=1;i<=9;i++)                        /*控制行*/
    { for(j=1;j<=i;j++)                    /*控制列输出*/
        { k=i*j;
          printf("%d*%d=%-3d",i,j,k);     /*左对齐输出*/
```

```
        }
        printf("\n");                    /* 换到下一行等待输出 */
    }
}
```

【运行结果】

```
"D:\Debug\ex.exe"
1*1=1
2*1=2  2*2=4
3*1=3  3*2=6  3*3=9
4*1=4  4*2=8  4*3=12 4*4=16
5*1=5  5*2=10 5*3=15 5*4=20 5*5=25
6*1=6  6*2=12 6*3=18 6*4=24 6*5=30 6*6=36
7*1=7  7*2=14 7*3=21 7*4=28 7*5=35 7*6=42 7*7=49
8*1=8  8*2=16 8*3=24 8*4=32 8*5=40 8*6=48 8*7=56 8*8=64
9*1=9  9*2=18 9*3=27 9*4=36 9*5=45 9*6=54 9*7=63 9*8=72 9*9=81
Press any key to continue
```

【思考】

(1) 如果改成上三角的形式输出九九乘法表,应如何修改程序?

```
1*1= 1 1*2= 2 1*3= 3 1*4= 4 1*5= 5 1*6= 6 1*7= 7 1*8= 8 1*9= 9
       2*2= 4 2*3= 6 2*4= 8 2*5=10 2*6=12 2*7=14 2*8=16 2*9=18
              3*3= 9 3*4=12 3*5=15 3*6=18 3*7=21 3*8=24 3*9=27
                     4*4=16 4*5=20 4*6=24 4*7=28 4*8=32 4*9=36
                            5*5=25 5*6=30 5*7=35 5*8=40 5*9=45
                                   6*6=36 6*7=42 6*8=48 6*9=54
                                          7*7=49 7*8=56 7*9=63
                                                 8*8=64 8*9=72
                                                        9*9=81
```

(2) 那么换成下面一种形式输出,又该如何修改?

```
1*1=1  1*2=2  1*3=3  1*4=4  1*5=5  1*6=6  1*7=7  1*8=8  1*9=9
2*1=2  2*2=4  2*3=6  2*4=8  2*5=10 2*6=12 2*7=14 2*8=16 2*9=18
3*1=3  3*2=6  3*3=9  3*4=12 3*5=15 3*6=18 3*7=21 3*8=24 3*9=27
4*1=4  4*2=8  4*3=12 4*4=16 4*5=20 4*6=24 4*7=28 4*8=32 4*9=36
5*1=5  5*2=10 5*3=15 5*4=20 5*5=25 5*6=30 5*7=35 5*8=40 5*9=45
6*1=6  6*2=12 6*3=18 6*4=24 6*5=30 6*6=36 6*7=42 6*8=48 6*9=54
7*1=7  7*2=14 7*3=21 7*4=28 7*5=35 7*6=42 7*7=49 7*8=56 7*9=63
8*1=8  8*2=16 8*3=24 8*4=32 8*5=40 8*6=48 8*7=56 8*8=64 8*9=72
9*1=9  9*2=18 9*3=27 9*4=36 9*5=45 9*6=54 9*7=63 9*8=72 9*9=81
```

【案例 5.16】 输入年、月、日,计算该日是当年的第几天。

【分析】

求输入的日期是该年的第几天。假设1月1日为第一天。需要求得该月之前所有月份的天数,还要加上是几号,如果月份超过2月且是闰年的话,还要在天数之上加1,才是最终的天数。以2013年3月1日为例,3月之前有1月和2月,且2013年不是闰年,所以总天数=31(1月份的天数)+28(二月份的天数)+1(1号)=60,即2013年3月1日为该年的第60天。流程图如图5-11所示。

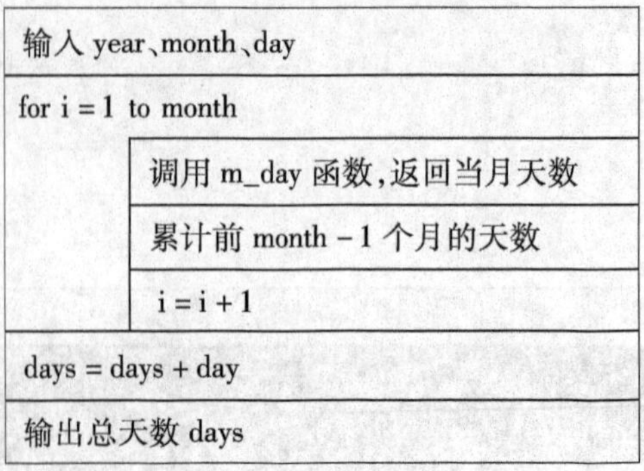

输入 year、month、day	
for i = 1 to month	
	调用 m_day 函数,返回当月天数
	累计前 month - 1 个月的天数
	i = i + 1
days = days + day	
输出总天数 days	

图 5-11 【案例 5.16】流程图

【源程序】

```
#include < stdio. h >
int m_day( int year,int month)   /* 此函数是给定年、月,计算此月有多少天 */
{ if ((year% 4 ==0 && year% 100!=0) && (year% 400 ==0))
                                /* 判断某一年是否是闰年的条件 */
  switch(month)
  {
  case 1: case 3: case 5: case 7: case 8: case 10: case 12: return 31;
  case 4: case 6: case 9: case 11: return 30;
  case 2: return 29;            /* 闰年的 2 月有 29 天 */
  }
  else
  switch(month)
  {
  case 1: case 3: case 5: case 7: case 8: case 10: case 12: return 31;
  case 4: case 6: case 9: case 11: return 30;
  case 2: return 28;
  }
}
main( )
{ int year,month,day,days =0;
  int i;
  printf("Please input year&month&day: \n");
  scanf("% d% d% d",&year,&month,&day);
  for(i =1;i < month;i ++ )     /* 求输入月份之前所有月份的总天数 */
      days + =m_day(year,i);
  days = days + day;      /* 再加上该月的日期,算得输入日期在本年中的天数 */
  printf("% d\n",days);
```

```
}
```

【运行结果】

```
Please input year & month & day:
2013  2  23↙
54
```

【程序说明】

m_day( )为用户自定义函数,功能是根据年份和月份得到该月的天数。使用时,通过"days + = m_day(year,i);"函数调用的形式,使得程序流程跳转到 m_day( )函数中去执行该函数中的语句,通过 return 语句返回到函数调用处(即主函数中),通过反复调用,变化月份,就可得到相应月份的天数,再经过累加,就可求得该月之前所有月份的总天数。

本章小结

循环结构的特点是,在给定条件成立时,重复执行某程序段,直到条件不成立为止。while 循环用于在给定条件为真的情况下重复执行一组操作,while 循环先判断后执行。do-while 循环先执行后判断,因此循环将至少执行一次。for 循环中有三个表达式,表达式 1 通常用来给循环变量赋初值;表达式 2 通常是循环条件;表达式 3 用来更新循环变量的值。

构造循环结构时,需要修改循环变量的值以改变循环条件,否则有可能形成死循环。循环嵌套必须将内层循环完整地包含在外层循环中。break 语句用于 do-while、while、for 循环中时,可使程序终止循环而执行循环后面的语句。在多层循环中,一个 break 语句只向外跳一层。continue 语句的作用是跳过循环体中剩余的语句而执行下一次循环。

习 题 5

一、填空题

1. 下述程序用"辗转相除法"计算两个整数 m 和 n 的最大公约数。该方法的基本思想是:计算 m 和 n 相除的余数,如果余数为 0 则结束,此时的被除数就是最大公约数。否则,将除数作为新的被除数,余数作为新的除数,继续计算 m 和 n 相除的余数,判断是否为 0,等等,请填空使程序完整。

```
main ( )
{ int m,n,w;
  scanf("% d,% d",&m,&n);
  while(n) {
      w = ________;
      m = ________;
      n = ________;
  }
  printf("% d",m);
}
```

2. 下面程序的功能是输出 1 ~ 100 之间每位数的乘积大于每位数的和的数,请填空使程序完整。

```
main ( )
{ int n,k=1,s=0,m ;
  for(n=1;n<=100;n++)
  { k=1 ; s=0 ;
    ________;
    while (________)
    { k*=m%10;
      s+=m%10;
      ________;
    }
      if (k>s) printf("%d",n);
  }
}
```

3. 下面程序接受键盘上的输入,直到按回车键为止,这些字符被原样输出,但若有连续的一个以上的空格时只输出一个空格,请填空使程序完整。

```
main( )
{ char cx , front='\0' ;
  while(________!='\n') {
    if(cx!=' ') putchar(cx) ;
    if(cx==' ')
      if (________)
        putchar(________)
    front=cx ;
}
```

4. 在三种循环结构中,先执行循环操作内容(即循环体),后判断控制循环条件的循环结构是________循环结构。

5. 三种循环语句都能解决循环次数已经确定的循环,其中________循环语句最适合。

二、选择题

1. 下列叙述正确的是(　　)。

A. do-while 语句构成的循环不能用其他语句构成的循环代替

B. do-while 语句构成的循环只能用 break 语句退出

C. 用 do-while 语句构成的循环,在 while 后的表达式为非零时结束循环

D. 用 do-while 语句构成的循环,在 while 后的表达式为零时结束循环

2. 已知:int t=0; while (t=1) {...},则下列叙述正确的是(　　)。

A. 循环表达式的值为0　　　　B. 循环表达式不合法

C. 循环表达式的值为1　　　　D. 以上说法都不对

3. 若 i、j 已定义为 int 类型,则下列程序段中内循环体的执行次数是(　　)。

```
for (i=5;i;i--)
    for (j=0;j<4;j++)
    { printf("%d\n",i); }
```

A. 20　　B. 24　　C. 25　　D. 30

4. 若程序执行时的输入数据是“2473”,则下述程序的输出结果是(　　)。

```
#include <stdio.h>
void main()
{ int cs;
  while((cs=getchar())!='\n')
  { switch(cs-'2')
    { case 0:
      case 1: putchar(cs+4);
      case 2: putchar(cs+4); break;
      case 3: putchar(cs+3);
      default: putchar(cs+2);
    }
  }
}
```

A. 668977　　B. 668966　　C. 6677877　　D. 6688766

5. 下列程序执行后 sum 的值是(　　)。

```
#include <stdio.h>
main( )
{ int i,sum;
  for(i=1;i<6;i++)   sum+=i;
  printf("%d\n",sum);
}
```

A. 15　　B. 14　　C. 不确定　　D. 0

6. 下列程序的输出结果是(　　)。

```
#include <stdio.h>
main( )
{  int a=0,j;
   for(j=0;j<4;j++)
   { switch( j )
     { case 0:
       case 3:a+=2;
       case 1:
       case 2:a+=3;
       default:a+=5;
```

```
        }
      }
    printf("% d\n",a);
    }
```

A. 36　　B. 13　　C. 10　　D. 20

7. 下列程序的输出结果是(　　)。

```
#include < stdio. h >
main( )
{ int i;
  for(i = 1;i <6;i ++)
  { if(i% 2)  {printf("#");continue;}
    printf("*");
  }
  printf("\n");
}
```

A. #*#*#　　B. #####　　C. *****　　D. *#*#*

8. 下列程序的运行结果是(　　)。

```
#include < stdio. h >
void main( )
{   int i,s =1;
    for(i =1;i <50;i ++)
       if (!(i% 5)&&!(i% 3))
           s + =i;
    printf("% d\n",s);
}
```

A. 409　　B. 277　　C. 91　　D. 1

9. 下列程序的运行结果是(　　)。

```
#include < stdio. h >
void main( )
{  int i,j,m =55;
   for(i =1;i <=3;i ++)
       for (j =3;j <=i;j ++)
           m = m% j;
       printf("% d\n",m);
}
```

A. 0　　B. 2　　C. 1　　D. 3

10. 执行下面的程序后,a 的值为(　　)。

```
main ( )
```

```
{ int a,b;
  for(a=1,b=1;a<=100;a++)
    { if(b>=20) break;
      if(b%3==1)
        { b+=3;
          continue;
        }
      b-=5;
    }
}
```

A. 7　　B. 8　　C. 9　　D. 10

三、编程题

1. 编程显示100~200之间能被7除余2的所有整数。

2. 编程完成下列功能:有一堆零件(100~200个之间),如果以4个零件为一组进行分组,则多2个零件;如果以7个零件为一组进行分组,则多3个零件;如果以9个零件为一组进行分组,则多5个零件。请编程求解这堆零件总数。

3. 编程求 $\sum_{n=1}^{10} n!$。

4. 有一分数序列:$\frac{2}{1},\frac{3}{2},\frac{5}{3},\frac{8}{5},\frac{13}{8},\frac{21}{13}$,求出这个数列的前20项之和。

5. 猴子吃桃问题。猴子第一天摘下若干个桃子,当即吃了一半,还不过瘾,又多吃了一个。第二天早上又将剩下的桃子吃掉一半,又多吃了一个。以后每天早上都吃了前一天剩下的一半零一个。到第10天早上想再吃时,发现就只剩一个桃子了。求第一天共摘的桃子数。

6. 打印出所有的"水仙花数"。所谓"水仙花数",是指一个3位数,其各位数字立方和等于该数本身。例如,153是一水仙花数,因为 $153=1^3+5^3+3^3$。

7. 编程求Fibonacci数列的前40个数。该数列的生成方法为:f1=1,f2=1,即从第3个数开始,每个数等于前2个数之和。

8. 当一个数的因子之和等于该数本身时(因子不包括该数本身),称该数为完数。试编程求出1000之内的所有完数(例如,6是一个完数,因为6=1+2+3)。

9. 编制一个简单的成绩管理程序:输入班中所有学生的某门课成绩,计算该门课程的平均成绩,并完成成绩的百分制和等级制的转换,统计取得各等级成绩的学生人数。

10. 输入一行字符,分别统计出其中英文字母、空格、数字和其他字符的个数。

11. 编制程序,输出由"*"组成的正三角形,边长n由用户输入。例如,n=4时的图形如下:

基础篇综合案例——输出万年历

一、案例概述

输入年份、月份,计算得到的是这一天是星期几;给定年、月,计算此月有多少天。

二、设计思路

本程序运用的万年历的计算公式:d = a - 1 + (a - 1)/4 - (a - 1)/100 + (a - 1)/400 + c。其中,a 为年;c 为该日期在本年中的天数;d 取整数,当 d/7 的余数是 0 时,表示是星期天,余数是 1 时,表示是星期一,依此类推。

三、主要知识点

综合运用 if_else、switch 语句构成选择结构,用 for、while 语句构成循环语句。

四、程序清单

```
#include <stdio.h>
int m_day(int year,int month)      /*此函数是给定年、月,计算此月有多少天*/
{ if ((year%4==0 &&year%100!=0) || (year%400==0))
  switch(month)
  { case 1: case 3: case 5: case 7: case 8: case 10: case 12: return 31;
    case 4: case 6: case 9: case 11: return 30;
    case 2: return 29;
  }
else
    switch(month)
    { case 1: case 3: case 5: case 7: case 8: case 10: case 12: return 31;
      case 4: case 6: case 9: case 11: return 30;
      case 2: return 28;
    }
}
int main()
{ int year,month;
  int i, days=0, d, day=0;
  printf ("Enter the year and month:\n");
  scanf ("%d %d", &year, &month );
  for(i=1;i<month; i++)
    days+=m_day(year,i);
```

```
    d = year - 1 + (year - 1)/4 - (year - 1)/100 + (year - 1)/400 + days + 1;
    printf("%d - %d\n",year,month);
    printf(" Sun Mon Tue Wed Thu Fri Sat\n");
    for(i = 0;i < d%7;i ++)
    printf(" ");
    for(i = 1;i <= 7 - d%7;i ++)
      { day ++;
        printf("%5d",day);
      }
    printf("\n");
    while(1)
      { for(i = 1;i <= 7;i ++)
          { day ++;
            if(day > m_day(year,month))
            printf("%5d",day);
          }
        printf("\n");
      }
}
```

五、设计结果说明

1. 设计优点:充分利用了所学的 C 语言知识,运用了函数的调用、循环语句以及 return 语句,使得编程更加有条理。程序简单易懂,结构清晰。

2. 设计不足:在编写程序时,由于考虑到时间和受所学知识的限制,只能输入年份、月份,计算得到的是这一天是星期几;给定年、月,计算此月有多少天;而并不能输入公历的年、月、日,输出农历年、月、日,或者输入农历节气,输出当年农历的年、月、日及公历年、月、日。

进 阶 篇

知识目标

- 掌握数组的定义、初始化及引用方法
- 掌握字符串处理函数的功能
- 掌握函数的分类
- 掌握自定义函数的定义、申明方法
- 掌握函数的调用方法
- 掌握实参、形参的概念及数据传递原理
- 掌握带参宏定义的方法

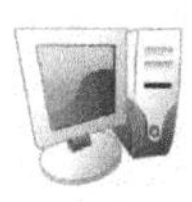

技能目标

- 能运用一维数组解决排序等问题
- 能运用二维数组解决矩阵转置、计算若干门课程的平均成绩等问题
- 能运用字符数组解决国家排名等问题
- 能运用自定义函数求最大最小数、简易计算器等问题

第 6 章 数　　组

在前面的学习中，我们学过的数据类型都是简单数据类型，它们的特点是一个该类型的变量只能对应一个数据，变量的操作显得较单一，变量名与变量值是一对一的关系。

在程序设计中，为了处理方便，有时需要把相同类型的一组数据进行操作，这就要求把该类型的若干变量按有序的形式组织起来。这些按序排列的同类数据元素的集合称为数组。数组是一个由若干同类型变量组成的集合，是程序中最常用的结构数据类型，引用这些变量时可用同一个名字。数组均由连续的存储单元组成，数组有上界和下界，数组元素在上下界内是连续的，最低地址对应于数组的第一个元素，最高地址对应于最后一个元素。数组可以是一维的，也可以是多维的。由于 C 语言对每个数组元素都会分配相应的存储空间，所以不要不切实际地声明一个太大的数组。

6.1 一维数组

6.1.1 一维数组的定义

在 C 语言程序设计中，数组可以有一个或者一个以上的下标，下标的个数称为数组的维数，只有一个下标的数组称为一维数组，一维数组在使用前必须先进行定义。

定义一维数组的方式如下：

[存储类别]　类型标识符　数组名 [常量表达式];

其中：

(1) “存储类别”可以是 auto、static、register、extern 之一。

(2) “类型标识符”是任一种基本数据类型或构造数据类型，如 int、float、char 等。

(3) 数组名是用户定义的数组标识符。

(4) 常量表达式是仅由常数或符号常数组成的表达式，表示数据元素的个数，也称为数组的长度或维界。

例如：

```
int data[10];      /*定义了一个一维整型数组 data，它有 10 个元素*/
float bow[10];     /*定义了一个一维实型数组 bow，它有 10 个元素*/
char char[20];     /*定义了一个一维字符型数组 char，它有 20 个元素*/
```

说明：

（1）数组的类型实际上是指数组元素的取值类型。对于同一个数组，其所有元素的数据类型都是相同的。

（2）数组名的命名规则和变量名相同，应符合标识符命名规则。

（3）数组名不能与其他变量名相同。

（4）方括号中常量表达式表示数组元素的个数。例如，array[5]表示数组 array 有 5 个元素。数组元素的下标是从 0 开始的，这是初学数组时最容易出错的地方，定义的数组 array[5]中并没有数组元素 array[5]，其 5 个元素分别为 array[0]、array[1]、array[2]、array[3]、array[4]。

（5）在方括号中不能用变量来表示元素的个数，但是可以是整型常数或整型表达式。

（6）允许在同一个类型说明中说明多个数组和多个变量。

6.1.2 一维数组的初始化

与一般变量类似，数组也可以在定义时给数组元素赋值，即数组的初始化。给数组元素赋值的方法除了用赋值语句对数组元素逐个赋值外，还可采用初始化赋值和动态赋值的方法。数组初始化是在编译阶段进行的。这样将减少运行时间，提高效率。

初始化赋值的基本形式如下：

    类型标识符 数组名[常量表达式] = {value0,value1,…};

其中，在{}中的各数据值即为各元素的初值，各值之间用逗号间隔。例如：

```
int a[10] = { 0,1,2,3,4,5,6,7,8,9 };
```

编译时，编译系统会自动地从第一个元素开始，将花括号中的常数顺序存放在各个数组元素的存储单元中。上例中，相当于：a[0] =0;,a[1] =1;,…,a[9] =9;。

C 语言规定：

（1）如果赋初值的{}中的常数个数少于数组元素个数时，只给前面部分元素赋值，同时编译程序会自动以 0 来补不足。例如：

```
int a[10] = {0,1,2,3,4};
```

由于数组 a 有 10 个元素，初值只有 5 个，这表示只给 a[0] ~ a[4]这 5 个元素赋值，而后 5 个元素自动赋值 0。

（2）在赋初值的过程中，只能给数组元素逐个赋值，不能给数组整体赋值。

例如，给 10 个元素全部赋值 1，只能写为：

```
int a[10] = {1,1,1,1,1,1,1,1,1,1};
```

而不能写为：

```
int a[10] =1;
```

（3）若要给全部数组元素赋值，则在数组说明中，可以不给出数组元素的个数。

例如：

```
int a[5] = {1,2,3,4,5};
```

可写为：

```
int a[] = {1,2,3,4,5};
```

(4) 不允许初值的个数多于定义的数组元素的个数,也不允许用跳过逗号的方式来省略某些数组元素值。例如:

```
int a[5] = {1,2,3,4,5,6};
int a[5] = {1,,2,3,4};
```

都是不允许的。

6.1.3 一维数组元素的引用

数组元素是组成数组的基本单元。对数组进行访问时,只能对数组的某一个元素进行单独的访问,而不是对整个数组的全部数据进行访问,一维数组元素的引用格式如下:

数组名[下标表达式]

其中,下标表达式可以是一个整型常量或整型表达式。如果下标表达式为小数,C在编译时将自动取整。例如,a[5]或a[i+j]都是合法的数组元素。

数组元素通常也称为下标变量。必须先定义数组,才能使用下标变量。在C语言中,只能逐个地使用下标变量,而不能一次引用整个数组。即数组a[5]的数组名a并不代表整个数组的具体值,它只代表数组在内存中的首地址,即代表数组元素a[0]在内存中的地址。

例如,输出有10个元素的数组,必须使用循环语句逐个输出各下标变量:

```
for(i=0;i<10;i++)
    printf("%d",a[i]);
```

而不能用一个语句输出整个数组,如"printf("%d",a);"这样的写法是错误的。

【案例6.1】 建立数组a[10],分别给10个数组元素赋值,并按照由大到小的顺序输出。

【源程序】

```
#define MAX 10
#include <stdio.h>
int main()
{ int i,a[MAX];
  for(i=0;i<MAX;i++)
      a[i]=i;
  for(i=MAX-1;i>=0;i--)
      printf("%d",a[i]);
  return 0;
}
```

【运行结果】

9 8 7 6 5 4 3 2 1 0

【程序说明】

在程序的开头,使用了语句"#define MAX 10"来定义符号常量MAX,在以后使用MAX的地方,程序编译时都将用10去替换MAX。程序中的第一个for循环语句给a数组各元素进行赋值,然后用第二个 for 循环语句输出 a 数组各元素。

6.1.4 一维数组的应用举例

一维数组的应用非常广泛,下面列举实例说明。

【案例6.2】 将一个数组中的元素按照逆序重新存放。例如,原来的顺序是10,12,11,18,1,要求改为1,18,11,12,10。

【源程序】

```
#define N 5
#include <stdio.h>
int main()
{ int a[N],i,temp;
  printf("enter array a:\n");
  for(i=0;i<N;i++)
      scanf("%d",&a[i]);
  printf("array a:\n");
  for(i=0;i<N;i++)
      printf("%4d",a[i]);
  for(i=0;i<N/2;i++)            /*循环的作用是将对称的元素的值互换*/
  {   temp=a[i];
      a[i]=a[N-i-1];
      a[N-i-1]=temp;
  }
  printf("\nNow,array a:\n");
  for(i=0;i<N;i++)
      printf("%4d",a[i]);
  printf("\n");
  return 0;
}
```

【运行结果】

```
enter array a:
  22 25 12 57 1↙
array a:
  22 25 12 57 1
Now,array a:
  1 57 12 25 22
```

【案例6.3】 在计算机组装维修比赛中,输入10名选手的成绩,要求计算最高分和最低分。

【源程序】

```
#define N 10
#include < stdio. h >
int main( )
{ int a[N],i,max,min;
  for(i = 0;i < N;i ++ )
     scanf("% d",&a[i]);
  min = max = a[0];
  for(i = 1;i < N;i ++ )
    { if(a[i] < min) min = a[i];
      if(a[i] > max) max = a[i];
    }
   printf("Maximum values is % d\n",max);
   printf("Minimum values is % d\n",min);
   return 0;
}
```

【运行结果】

```
89 87 82 84 85 79 76 91 82 70 ↙
Maximum values is 91
Minimum values is 70
```

【案例 6.4】 在计算机组装维修比赛中，输入 10 名选手的成绩，将 10 名选手的成绩用选择法按由小到大的顺序排序。

【分析】

选择法排序思路：从 n 个数中找出最小的数和第一个数交换，然后再从后面的 n - 1 个数中找出最小的数和第二个数交换，重复 n - 1 次。为了便于算法的实现，考虑用一个一维数组来存放这 10 个整型数，排序的过程中数据始终在这个数组中。

【源程序】

```
#define N 10
#include < stdio. h >
int main( )
{ int i,j,k,m,score[N];
  for(i = 0;i < N;i ++ )
  scanf("% d",&score[i]);
  for(i = 0;i < N - 1;i ++ )
    { k = i;
      for(j = i + 1;j < N;j ++ )
         if(score[k] > score[j])
          k = j;
```

```
            m = score[i];
            score[i] = score[k];
            score[k] = m;
            }
        for(i = 0;i < N;i ++ )
            printf("% 5d",score[i]);
        printf("\n");
        return 0;
    }
```

【运行结果】

```
89 87 80 84 85 79 76 91 82 70 ↙
70 76 79 80 82 84 85 87 89 91
```

6.2 二维数组

二维数组是具有两个下标的数组,逻辑上可以把二维数组看成是一个具有行和列的二维表格或矩阵。二维数组也可以用统一的数组名来标识,第一个下标表示行,第二个下标表示列,下标都是从0开始。

6.2.1 二维数组的定义

前面介绍的数组只有一个下标,称为一维数组,其数组元素也称为单下标变量。在实际问题中有很多数值是二维的或多维的,因此C语言允许构造多维数组。多维数组元素有多个下标,以标识它在数组中的位置,所以也称为多下标变量。本小节只介绍二维数组,多维数组可由二维数组类推而得到。

二维数组定义的一般形式如下:

[存储类别] 类型标识符 数组名[常量表达式1][常量表达式2];

其中,常量表达式1表示第一维下标的长度,常量表达式2表示第二维下标的长度。

例如,要定义一个大小为2行3列的整型数组a,用如下语句实现:

```
int a[2][3];
```

该语句说明了一个2行3列的数组,数组名为a,其下标变量的类型为整型。该数组的下标变量共有2×3个,即如下矩阵:

	第1列	第2列	第3列
第1行	a[0][0]	a[0][1]	a[0][2]
第2行	a[1][0]	a[1][1]	a[1][2]

用矩阵的方式表示二维数组,是逻辑上的概念,能形象地表示出行列关系,但是数组元素在内存中是连续存放的,是线性的。在C语言中,二维数组是按行排列的。

例如,a[2][3]先存放a[0]行,再存放a[1]行。每行中有三个元素也是依次存放。由于数组 a 说明为 int 类型,该类型占 2 个字节的内存空间,所以每个元素均占有 2 个字节。

从本质上来说,二维数组可以理解为一维数组的一维数组,即二维数组也是一个特殊的一维数组,这个数组的每一个数组元素都是一个一维数组。

6.2.2 二维数组的初始化

二维数组的初始化,是将全部初值放在一对花括号中,每一行的初值又分别放在一对内嵌的花括号中。例如:

```
int a[2][3] = {{1,2,4},{3,4,5},{2,4,6}};
```

其中代表每一行的内层花括号可以省略,即可直接写成:

```
int a[2][3] = {1,2,4,3,4,5,2,4,6};
```

与一维数组的初始化类似,二维数组的初始化允许每行花括号内的初值个数少于每一行中的数组元素个数,每行中后面的数组元素也可以自动赋初值 0。例如:

```
int a[2][3] = {{1,2,4},{3,4,5}};
```

等价于:

```
int a[2][3] = {{1,2,4},{3,4,5},{0,0,0}};
```

在 C 语言中,定义数组和表示数组元素时采用上例所述的方式,对数组初始化十分有用,使用方便,不易出错。

6.2.3 二维数组元素的引用

对二维数组的引用与一维数组的引用相似,只能对单个数组元素进行逐一引用,而不能用单行语句对整个数组全体成员进行一次性引用。二维数组元素的引用格式如下:

数组名[下标表达式 1][下标表达式 2]

例如:

```
int a[3][4];                    /* 定义 a 为 3×4 的二维数组 */
a[1][0] = 2;                    /* 对单个数组元素的引用 */
```

下标变量和数组说明在形式中有些相似,但这两者具有完全不同的含义。数组说明的方括号中给出的是某一维的长度,即可取下标的最大值;而数组元素中的下标是该元素在数组中的位置标识。前者只能是常量,后者可以是常量、变量或表达式。二维数组的操作一般由行循环和列循环来完成。

6.2.4 二维数组的应用举例

【案例 6.5】 一个学习小组有 5 个人,每个人有三门课程的考试成绩。求全组分科的平均成绩和各科总平均成绩。

课　程	张	王	李	赵	周
Math	80	61	59	85	76
C	75	65	63	87	77
Dbase	92	71	70	90	85

【分析】

设一个二维数组 a[5][3]存放5个人三门课程的成绩。再设一个一维数组 v[3]存放所求得各分科平均成绩,设变量 average 为全组各科总平均成绩。

【源程序】

```
#include <stdio.h>
void main()
{ int i,j,s=0,average,v[3],a[5][3];
  printf("input score:\n");
  for(i=0;i<3;i++)
    { for(j=0;j<5;j++)
        { scanf("%d",&a[j][i]);
          s=s+a[j][i];
        }
        v[i]=s/5;
        s=0;
    }
  average=(v[0]+v[1]+v[2])/3;
  printf("Math:%d\nC language:%d\nDbase:%d\n",v[0],v[1],v[2]);
  printf("Total:%d\n", average );
}
```

【运行结果】

```
input score:
80 61 59 85 76↙
75 65 63 87 77↙
92 71 70 90 85↙
Math:72
C language:73
Dbase:81
Total:75
```

【程序说明】

程序中首先用了一个双重循环。在内循环中依次读入某一门课程的各个学生的成绩,并把这些成绩累加起来,退出内循环后再把该累加成绩除以5送入 v[i]之中,这就是该门课程的平均成绩。外循环共循环三次,分别求出三门课程各自的平均成绩并存放在 v 数组之中。退出外循环之后,把 v[0]、v[1]、v[2]相加并除以3,即得到各科总平均成绩。最后按题意输出各个成绩。

【案例6.6】 打印出如右所示的杨辉三角形(打印10行)。

【分析】

规律为第 n 行有 n 个数字,每行的第1个和最后一个数字是1, 其他数字等于上一行的前列和同列的两个数字之和，可以用二维数组存储数据。数组元素的取值规律为第1列或对角线上的元素值为1，即 j==0 或者 i==j 时，执行语句“a[i][j]=1;”。其他情况下，执行语句“a[i][j]=a[i-1][j]+a[i-1][j-1]”。注意：程序中数组元素赋值后会立即输出，这样可以少一次循环。

```
1
1 1
1 2 1
1 3 3 1
1 4 6 4 1
… … …
```

【源程序】

```
#define N 10
#include <stdio.h>
void main( )
{ int a[N][N],i,j;
  for(i=0;i<N; ++i)
      for(j=0;j<=i; ++j)
        { if(j==0||i==j)
              a[i][j]=1;
          else
              a[i][j]=a[i-1][j]+a[i-1][j-1];
          printf("%5d",a[i][j]);
          if(i==j)
              printf("\n");
        }
}
```

【运行结果】

```
1
1 1
1 2 1
1 3 3  1
1 4 6  4  1
1 5 10 10 5    1
1 6 15 20 15   61
1 7 21 35 35   21  7  1
1 8 28 56 70   56  28 8  1
1 9 36 84 126 126 84 36 9 1
```

【**案例6.7**】 利用二维数组实现矩阵的转置。

【分析】

矩阵的转置是数学中常用的运算，矩阵在程序中可以用二维数组来表示，矩阵的行、列数分别是数组的第一、第二下标，从而实现矩阵元素与数组元素的一一对应。

【源程序】

```
#define ROW 3
```

```
#define COL 4
#include < stdio. h >
void main( )
{ int matrixA[ROW][COL],matrixB[COL][ROW] ;
  int i,j;
  printf("Enter elements of the matrixA,\n");
  printf("% d * % d:\n",ROW,COL);
  for(i =0;i < ROW;i ++ )
    { for(j =0;j < COL;j ++ )
        { scanf("% d",&matrixA[i][j]); }
    }
   printf("MatrixA > > > \n");
   for(i =0;i < ROW;i ++ )
     { for(j =0;j < COL;j ++ )
         { printf("% 8d",matrixA[i][j]); }
       printf("\n");
     }
   for(i =0;i < ROW;i ++ )
     { for(j =0;j < COL;j ++ )
       { matrixB[j][i] = matrixA[i][j] ; }                /*转置*/
     }
   printf("MatrixB,");
   printf("% d * % d:\n",COL,ROW);
   for(i =0;i < COL;i ++ )
     { for(j =0;j < ROW;j ++ )
        { printf("% 8d",matrixB[i][j]); }
        printf("\n");
     }
 }
```

【运行结果】

```
Enter elements of the matrixA,
3 * 4:
1  2  3  4↙
2  3  4  5↙
3  4  5  6↙
MatrixA > > >
            1  2  3  4
            2  3  4  5
```

3 4 5 6

MatrixB,4 * 3:

1 2 3

2 3 4

3 4 5

4 5 6

6.3 字符数组

6.3.1 字符数组的定义与初始化

1. 字符数组的定义

字符数组是指数组的元素类型是字符型,字符数组中的一个元素存放一个字符。定义字符数组的方法与前面介绍的数值数组的定义方法类似。字符数组的定义形式如下:

```
char 数组名[常量表达式];                    /*定义一维字符数组*/
char 数组名[常量表达式1][常量表达式2];      /*定义二维字符数组*/
```

例如,下面语句定义了两个字符数组:

```
char c[10];
char c[5][10];
```

其中,c[10]可以存放1个长度不超过9个字符的字符串;c[5][10]可以存放5个字符串,每个字符串长度不超过9个字符。每个字符串的末尾有一个零字符,即"\0",零字符要占用一个字节的存储单元。

2. 字符数组的初始化

对字符数组的初始化,是把各个字符依次赋给数组中各个元素的过程,即字符数组的初始化赋值。例如:

```
char c[10] = {'c', '', 'p', 'r', 'o', 'g', 'r', 'a', 'm'};
```

赋值后数组c的状态为c[0]的值为"c";c[1]的值为" ";c[2]的值为"p";c[3]的值为"r";c[4]的值为"o";c[5]的值为"g";c[6]的值为"r";c[7]的值为"a";c[8]的值为"m";其中c[9]未赋值,由系统自动赋予"0"值。

如果字符数组在定义时不进行初始化,则字符数组中的元素值是无法预料的。如果字符个数大于字符数组长度,则出现语法错误。如果提供的赋初值的个数与字符数组的长度相同,则在定义字符数组时可以省略数组长度。例如:

```
char c[ ] = {'c', '', 'p', 'r', 'o', 'g', 'r', 'a', 'm'};
```

数组c的长度自动为9。在赋初值的字符个数比较多的时候用这种方法较为方便。

【案例6.8】 字符数组初始化举例。

【源程序】

```
#include <stdio.h>
```

```
void main( )
{ int i,j;
  char a[ ][5] = {{'B','A','S','I','C',},{'d','B','A','S','E'}};
  for(i =0;i < =1;i ++ )
     { for(j =0;j < =4;j ++ )
          printf("% c",a[i][j]);
       printf("\n");
     }
}
```

【运行结果】

```
BASIC
dBASE
```

【程序说明】

本例的二维字符数组由于在初始化时全部元素都赋以初值,因此一维数组下标的长度可以不加以说明。

6.3.2 字符串处理函数

由于字符串有其特殊性,很多常规的操作都不能用处理数值型数据的方法来完成,如赋值、比较等。

此外,字符串还有一些特殊的操作,如计算字符串长度、查找字符串的子串和字符串的连接等。

因此,C 语言提供了丰富的字符串处理函数,大致可分为字符串的输入、输出、合并、修改、比较、转换、复制、搜索等几类。使用这些函数可大大减轻编程的负担。用于输入/输出的字符串函数,在使用前应包含头文件"stdio. h";使用其他字符串函数,则应包含头文件"string. h"。

下面来看几个最常用的字符串函数。

1. 字符串输出函数 puts

其格式如下:

```
puts (字符数组名);
```

其作用是将一个字符串(以"\0"结束的字符序列)输出到终端,即在屏幕上显示该字符串。

例如:

```
#include < stdio. h >
void main( )
{ char c[ ] ="BASIC\ndBASE";
  puts(c);
}
```

输出:

```
BASIC
dBASE
```

从上例可以看出，puts 函数中可以使用转义字符，因此输出结果成为两行。puts 函数完全可以用 printf 函数取代。当需要按一定格式输出时，通常使用 printf 函数。

2. 字符串输入函数 gets

其格式如下：

gets(字符数组名)；

其作用是从标准输入设备键盘输入一个字符串。本函数得到一个函数值，即为该字符数组的首地址。

例如：

```
#include <stdio.h>
void main()
{ char str[15];
  gets(str);
  puts(str);
}
```

输入：

C language↙

将输入的字符串"C language"送给字符数组 str[15]。

输出：

C language

可以看出，当输入的字符串中含有空格时，输出仍为全部字符串。说明 gets 函数并不以空格作为字符串输入结束标志，而只以回车作为输入结束标志。这与 scanf 函数不同。

3. 字符串连接函数 strcat

其格式如下：

strcat (字符数组名 1，字符数组名 2)；

其作用是将字符数组 2 中的字符串连接到字符数组 1 中字符串的后面，并删去字符串 1 后的串结束标志"\0"。本函数返回值为字符数组 1 的首地址。

例如：

```
#include <stdio.h>
#include <string.h>
void main()
{ char str1[30] ="My sister is ";
  int str2[10];
  gets(str2);
  strcat(str1,str2);
  puts(str1);
}
```

输入：

helen↙

将输入的字符串“helen”与字符数组strl[30]中的字符串连接。

输出：

My sister is helen

本例把初始化赋值的字符数组与动态赋值的字符串连接起来。要注意的是，字符数组1应定义足够的长度，否则不能全部装入被连接的字符串。

4. 字符串拷贝函数strcpy

其格式如下：

strcpy(字符数组名1,字符数组名2)；

其作用是将字符数组2中的字符串拷贝到字符数组1中，串结束标志“\0”也一同拷贝。字符数组名2也可以是一个字符串常量，这时相当于将一个字符串赋予一个字符数组。

例如：

```
#include <stdio.h>
#include <string.h>
void main()
{ char str1[15],str2[] ="C Language";
  strcpy(str1,str2);
  puts(str1);
  printf("\n");
}
```

输出：

C Language

本函数要求字符数组1应有足够的长度，否则不能全部装入所拷贝的字符串。

5. 字符串比较函数strcmp

其格式如下：

strcmp(字符数组名1,字符数组名2)；

其作用是按照ASCII码值大小比较两个数组中的字符串，直到出现不同字符或遇到'\0'为止。若全部字符相同，则认为相等；若出现不相同的字符，则以第一个不相同的字符的比较结果为准。函数值为比较的结果。本函数也可用于比较两个字符串常量，或比较数组和字符串常量。

例如：

```
#include <stdio.h>
#include <string.h>
void main()
{ char str1[20],str2[20];
  gets(str1);
  gets(str2);
```

```
    k = strcmp( str1 ,str2) ;
    if(k >0)
        printf("str1 > str2\n");
    else if(k ==0)
        printf("str1 = str2\n");
    else
        printf("str1 < str2\n");
}
```

本例中将 str1 和 str2 从左至右逐个比较字符的 ASCII 码值,直到出现不同的字符或遇到'\0'为止。若 str1 > str2,则函数返回正整数;若 str1 = str2,则函数返回 0;若 str1 < str2,则函数返回负整数。

6. 测字符串长度函数 strlen

其格式如下:

```
strlen(字符数组名);
```

其作用是测字符串的实际长度(不含字符串结束标志"\0"),并作为函数返回值。

例如:

```
#include <stdio.h>
#include <string.h>
void main()
{ int len;
  char str[] ="people";
  len = strlen(str);
  printf("The length of the string is %d\n",len);
}
```

输出:

```
The length of the string is 6
```

6.3.3 字符数组的应用举例

【案例 6.9】 从键盘上任意输入 5 个学生的姓名,按字典排序,并输出排在最前面的学生的姓名。

【分析】

学生的姓名就是一个字符串,应用字符数组来存放。所谓按字典顺序,就是将字符串按照由小到大的顺序排列。

【源程序】

```
#include <stdio.h>
#include <string.h>
#define NAME_LEN 80
#define NUM 5
```

```
void main ( )
{ char stu[NAME_LEN], min[NAME_LEN];
  int i;
  printf("Please input 5 students' names:\n" );
  gets(stu);                          /* 输入第一个字符串 */
  strcpy(min, stu);                   /* 将其作为最小字符串保存 */
  for(i =1; i <NUM; i ++ )
    { gets(stu);                      /* 依次输入其余的字符串 */
      if(strcmp(stu, min)<0)          /* 比较字符串大小 */
         strcpy(min, stu);            /* 将较小的字符串复制给 min */
    }
  printf ("The student's name is %s.\n", min);
}
```

【运行结果】

```
Please input 5 students' names:
Peter↙
Helen↙
Mary↙
Oliver↙
Jimmy↙
The student's name is Helen.
```

【案例 6.10】 输入 5 个国家的名称,并按字母顺序排列输出。

【分析】

五个国家名应用一个二维字符数组来处理。然而 C 语言规定,可以把一个二维数组当成多个一维数组处理,因此本题又可以按 5 个一维数组处理, 而每一个一维数组就是一个国家名字符串。用字符串比较函数比较各一维数组的大小,并排序,输出结果即可。

【源程序】

```
#include <stdio.h>
main( )
{ char st[20],cs[5][20];
  int i,j,p;
  printf("input country's name:\n");
  for(i =0;i <5;i ++ )
  gets(cs[i]);
  printf("\n");
  for(i =0;i <5;i ++ )
    { p =i;strcpy(st,cs[i]);
      for(j =i +1;j <5;j ++ )
```

```
            if(strcmp(cs[j],st)<0) {p=j;strcpy(st,cs[j]);}
            if(p!=i)
              { strcpy(st,cs[i]);
                strcpy(cs[i],cs[p]);
                strcpy(cs[p],st);
              }
            puts(cs[i]);
          }
        printf("\n");
    }
```

【运行结果】

```
input country's name:
germany↙
england↙
france↙
portugal↙
bhutan↙

bhutan
england
france
germany
portugal
```

【程序说明】

(1) 在本程序的第一个for语句中,用gets函数输入5个国家名字符串。因C语言允许把一个二维数组按多个一维数组处理,本程序说明cs[5][20]为二维字符数组,可分为5个一维数组:cs[0]、cs[1]、cs[2]、cs[3]、cs[4]。因此,在gets函数中使用cs[i]是合法的。

(2) 在第二个for语句中又嵌套了一个for语句组成双重循环。这个双重循环完成按字母顺序排序的工作。在外层循环中把字符数组cs[i]中的国家名字符串拷贝到数组st中,并将下标i赋予p。进入内层循环后,把st与cs[i]以后的各字符串作比较,若有比st小者,则把该字符串拷贝到st中,并将其下标赋予p。内循环完成后,若p不等于i,说明有比cs[i]更小的字符串出现,因此交换cs[i]和st的内容。至此已确定了数组cs的第i号元素的排序值。然后输出该字符串。在外循环全部完成之后即完成全部排序和输出。

6.4 数组典型应用举例

【案例6.11】 数制转换:按照指定的输入数制的值对输入的数值进行转换。

【源程序】

```
#include < stdio. h >
main( )
{ int i =0,j,m,n,md,mb;
  int bt[20];
  printf("输入基数:");
  scanf("% d",&mb);
  printf("输入数值:");
  scanf("% d",&md);
  n = md;
  do
    { m = n;
      bt[i ++ ] = m% mb;
      n = m/mb;
    }while(n >= mb);
   printf("% d 转化为% d 进制为",md,mb);
   printf("% d",n);
   for(j = i - 1;j >= 0;j -- )
       printf("% d",bt[j]);
   printf("\n");
}
```

【运行结果】

```
输入基数:2↙
输入数值:8↙
8 转化为2 进制为1000
```

【案例6.12】 字符串模糊查询:程序提示用户输入关键字,在已有字符串数据中进行查找,如果有相等的就输出,否则输出"找不到相关信息!"。

【分析】

字符串模糊查询常用于数据库中,对两个字符串从左向右进行比较,本例中由函数strq( )实现字符串模糊查询,查询时忽略字母的大小写。

【源程序】

```
#include < stdio. h >
int strq(char s1[ ],char s2[ ]);
main( )
{ int n,i,f =0;
  char s1[10][10] = {"李冰","张群","越海峰","张萍","吴兵","李月梅","陈群飞"};
  char s2[10];
  printf("字符串模糊查询\n\n");
```

```
    printf("输入姓名:");
    scanf("% s",&s2);
    for(i =0;i <10;i ++)
      { n = strq(s1[i],s2);
        if(n ==0)
          { printf("% s\n",s1[i]);
            f =1;
          }
      }
    if(f ==1)
      printf("找不到相关信息\n");
}
int strq(char s1[],char s2[])
{ int i;
  char c1,c2;
  for(i =0;;i ++)
    { c1 =s1[i];
      c2 =s2[i];
      if(c1 >'A'&&c1 < ='Z')
        c1 =c1 -'A' +'a';
      if(c2 >'A'&&c2 < ='Z')
        c2 =c2 -'A' +'a';
      if(c1 != c2 || c1 =='\0' || c2 =='\0')
        break;
    }
  if(c1 =='\0' || c2 =='\0')
    return 0;
  else if(c1 >c2)
  return 1;
  else return  -1;
}
```

【运行结果】

字符串模糊查询

输入姓名:胡兵↙

找不到相关信息

本章小结

数组是可以在内存中连续存储多个元素的构造型数据,数组中的所有元素必须属于相同的数据类型。数组必须先声明后使用。数组元素通过数组下标访问,一维数组可以在定义时进行初始化,也可以用一个循环动态赋值,二维数组可以在定义时初始化,也可用嵌套循环动态赋值,二维数组可以看作是由一维数组嵌套构成。字符数组用来存储和处理一个字符串。字符串与字符数组的区别是字符串的末尾有一个空字符'\0'以标识字符串结束。字符数组可以逐个引用,也可以整体引用。在 string.h 中定义了很多字符串处理函数,比较常用的有 strcpy()、strcat()、strcmp()和 strlen()。

习 题 6

一、选择题

1. 在C语言中,引用数组元素时,其数组下标的数据类型允许是(   )。

A. 整型常量　　B. 整型表达式

C. 整型常量或整型表达式　　D. 任何类型的表达式

2. 若有定义"int a[10];",则对数组a元素的引用正确的是(   )。

A. a[10]　　B. a[3.5]　　C. a(5)　　D. a[10-10]

3. 下列能对一维数组a进行正确初始化的语句是(   )。

A. int a[10] = {0,0,0,0,0};　　B. int a[10] = {};

C. int a[] = {0};　　D. int a[10] = {10*1};

4. 若有定义"int a[3][4];",则对数组a元素的引用正确的是(   )。

A. a[2][4]　　B. a[1,3]　　C. a(5)　　D. a[10-10]

5. 下列能对二维数组a进行正确初始化的语句是(   )。

A. int a[2][] = {{1,0,1},{5,2,3}};

B. int a[][3] = {{1,2,3},{4,5,6}};

C. int a[2][4] = {{1,2,3},{4,5},{6}};

D. int a[][3] = {{1,0,1},{},{1,1}};

6. 若二维数组a有m列,则计算任一元素a[i][j]在数组中位置的公式为(   )。(设a[0][0]位于数组的第一个位置上)

A. i*m+j　　B. j*m+i　　C. i*m+j-1　　D. i*m+j+1

7. 若有说明"int a[][3] = {1,2,3,4,5,6,7};",则数组a第一维的大小是(   )。

A. 2　　B. 3　　C. 4　　D. 无确定值

8. 下列程序段的输出结果是(   )。

```
int k,a[3][3] = {1,2,3,4,5,6,7,8,9};
for(k=0;k<3;k++) printf("%d",a[k][2-k]);
```

A. 3 5 7　　B. 3 6 9　　C. 1 5 9　　D. 1 4 7

9. 下列语句用于对s进行初始化,其中不正确的是(   )。

A. char s[5] = {"abc"};　　B. char s[5] = {'a','b','c'};

C. char s[5]=" ";　　　　D. char s[5]="abcdef";

10. 下列程序段的输出结果是(　　)。

```
char c[5]={'a','b','\0','c','\0'};
printf("%s",c);
```

A. 'a''b'　　B. ab　　C. ab c　　D. abc

11. 若有两个字符数组a、b,则下列输入语句正确的是(　　)。

A. gets(a,b);　　　　B. scanf("%s%s",a,b);

C. scanf("%s%s",&a,&b);　　　　D. gets("a"),gets("b");

12. 判断字符串a和b是否相等,应当使用(　　)。

A. if(a==b)　　　　B. if(a=b)

C. if(strcpy(a,b))　　　　D. if(strcmp(a,b))

13. 判断字符串a是否大于b,应当使用(　　)。

A. if(a>b)　　　　B. if(strcmp(a,b))

C. if(strcmp(b,a)>0)　　　　D. if(strcmp(a,b)>0)

14. 下列有关字符数组的描述错误的是(　　)。

A. 字符数组可以存放字符串

B. 字符串可以整体输入/输出

C. 可以在赋值语句中通过赋值运算对字符数组整体赋值

D. 不可以用关系运算符对字符数组中的字符串进行比较

15. 下列程序的输出结果是(　　)。

```
main ( )
{ char ch[7]="12ab56";
  int i,s=0;
  for(i=0;ch[i]>'0'&& ch[i]<='9';i+=2)
     s=10*s+ch[i]-'0';
  printf("%d\n",s);
}
```

A. 1　　B. 1256　　C. 12ab56　　D. ab

二、填空题

1. 数组是一组具有________的元素组成的有序的数据集合,在内存中按照元素的________进行存储。

2. 组成数组的数据统称为________,数组用一个统一的名称来标识这些元素,这个名称是________。

3. 对于数组a[10],数组名a实际上是代表该数组的________。

4. 字符串处理函数包含在________文件中。

5. 字符串用一维数组形式进行存储,它以________结尾。

6. 若有定义“double x[3][5];”,则x数组中行下标的下限为________,列下标的下限为________。

7. 若有定义“int a[3][4] = {{1,2},{0},{4,6,8,10}};”,则初始化后,a[1][2]的值为________,a[2][1]的值为________。

8. 为字符串S1输入"Hello World!",其语句为________________________。

9. 将字符串S1复制到字符串S2中,其语句为________________________。

10. 调用函数strlen("ab\n\\012\\")的返回值为________。

三、判断题

1. 已知语句“int a[7] = {5,6,7};”,由于数组长度与初值个数不同,故该语句不正确。

2. 只有两个字符串所包含的字符个数相同时,才能比较字符串的大小。

3. 利用语句“int a[10] = {};”可对一维数组a进行初始化。

4. “char a[][] = {0,1,2,3,4,5,6};”不是正确的数组说明语句。

5. 调用函数strlen("hello\ock\obye")的返回值为12。

四、编程题

1. 从键盘上任意输入10个数据,编写程序,实现将其中最大数与最小数的位置对调后,再输出调整后的数组。

2. 从键盘上任意输入10个整数,从第3个元素开始直到最后一个元素,依次向前挪动一个位置,输出移动后的结果。

3. 将两个整型数组按升序值排序,然后将它们合并成一个大的数组,仍按升序排序。

4. 输入一个5×5的矩阵,求两条对角线上的各元素之和,并求两条对角线上行标和列标均为偶数的各元素之积。

5. 利用“*”和空格在屏幕上输出一个菱形,组成菱形边的“*”数由键盘输入。

6. 找出一个二维数组中的鞍点,数组也可能没有鞍点。所谓鞍点,即该位置上的元素在该行最大,在该列最小。

第7章 模块化程序设计——函数

人类处理一些复杂的问题时，通常会采用分而治之的策略来解决，即把一个大的问题分成若干个小的子问题来解决。同样，在程序设计过程中面对一个复杂的问题，通常也采用类似的方法，将原始问题分解成若干个易于求解的小问题，每一个小问题都用一个功能较独立的程序模块来处理。上述所说的功能较独立的模块，在C语言中通过函数可以实现。函数是C源程序的基本模块，通过对函数模块的调用实现特定的功能，而实用程序往往由多个函数组成。

C语言使用函数具有如下优点：

(1) 通过代码的重用，避免编写不必要的重点的代码。例如，如果在程序中需要多次使用某种特定的功能，那么只需要编写一个合适的函数即可，程序可以在任何需要的地方调用该函数，并且此函数可以在不同的程序中调用，避免了大量重复的程序段，提高了程序的开发效率。

(2) 函数使得程序更加模块化，层次结构更清晰，便于程序的编写、阅读和调试。

7.1 函数的分类

在C语言中，我们可以从多个不同的角度对函数进行分类。

(1) 从函数定义的角度看，函数可分为库函数和用户自定义函数两种。

① 库函数。用户不必自己定义，而由系统本身提供的函数，可以直接调用(调用时只需在程序前包含该函数原型的头文件，即可在程序中直接调用)。如printf、scanf等函数均属此类。C语言提供了极为丰富的库函数，有字符类型分类函数、转换类函数、目录路径类函数、诊断类函数、图形类函数、输入/输出类函数、接口类函数、字符串类函数、内存管理类函数、数学类函数、日期和时间类函数等。

② 用户自定义函数。由用户按需要编写的函数。对于用户自定义函数，除了在程序中定义函数本身之外，还要在主调函数模块中对该被调函数进行类型说明，然后才能使用。

(2) 从函数是否有返回值的角度看，函数又可分为有返回值函数和无返回值函数两种。

① 有返回值函数。此类函数被调用执行完后将会返回一个执行结果(称为函数返回

值)。例如,abs()函数即属于此类函数。对于用户自定义函数,若有返回值,则必须在函数定义和函数说明中明确返回值的类型。

② 无返回值函数。此类函数调用执行完成后不返回函数值。由于函数无返回值,用户在定义此类函数时可指定它的返回类型为“空类型”,空类型的说明符为“void”。

7.2　函数的定义与调用

7.2.1　函数的定义

函数一般需先定义,才能被调用。函数的定义有两种方式:无参函数和有参函数。

1. 无参函数的定义形式

```
类型标识符　函数名()
{
  声明部分
  语句部分
}
```

其中,类型标识符和函数名称为函数头。类型标识符指明了此函数的类型,函数的类型实际上是函数返回值的类型。该类型标识符与前面介绍的各种说明符相同,当函数类型为 int 时,类型标识符 int 可以省略。函数名是由用户定义的标识符,为了提高程序的易读性,最好给函数一个见名知意的名字来反映该函数的功能。函数名后有一个空括号,其中无参数,但括号不可少。

{}中的内容称为函数体,函数的功能就是由这些语句来完成。在函数体中,声明部分是对函数体内部所用到的变量的类型说明。

例如:

```
int hello()
{ printf ("Hello,world \n");
  return 0;
}
```

由于无参函数不包含参数,主调函数不需要通过参数的形式把数据传递给被调函数。

2. 有参函数定义的一般形式

```
类型标识符　函数名(参数表列)
{
  声明部分
  语句部分
}
```

有参函数比无参函数多了一个内容,即参数表列。在定义函数时的参数称为形式参数(又称形参),参数的作用就是从主调函数向被调函数传递数据。它们可以是各种类型的变量,各参数之间用逗号间隔。

在进行函数调用时,主调函数将赋予这些形式参数实际的值。形参既然是变量,必须在形参表中给出形参的类型说明。

例如,定义一个函数,用于求两个数中的小数,可写为

```
int min(int a, int b)
{ if (a<b) return b;
  else return a;
}
```

函数头说明 min 函数是一个整型函数,其返回的函数值是一个整数。形参为 a、b,均为整型量。a、b 的具体值是由主调函数在调用时传送过来的。在{}中的函数体内,除形参外没有使用其他变量,因此只有语句而没有声明部分。在 min 函数体中的 return 语句是把 a(或 b)的值作为函数的值返回给主调函数。有返回值的函数中至少应有一个 return 语句。

在 C 程序中,一个函数的定义可以放在任意位置,既可放在主函数 main 之前,也可放在 main 之后。

由于有参函数包含参数,所以主调函数可以通过参数的方式把数据传递给被调用函数。

3. 空函数

另外,还有一种特殊的函数形式,即空函数。它的形式如下:

```
类型标识符 函数名()
  { }
```

此函数不执行任何操作,在主调函数中调用此类函数,表明这里要调用一个函数,而现在这个函数没有起作用,等以后扩充功能时补充上。这种做法使程序结构清晰,可读性好,以后扩充新功能方便,对程序结构影响不大。

7.2.2 函数的返回值

函数的返回值是指函数被调用之后,执行函数体中的程序段所取得的并返回给主调函数的值。函数的值只能通过 return 语句返回主调函数。return 语句的一般形式如下:

```
return 表达式;
```

或者:

```
return(表达式);
```

或者:

```
return;
```

return 语句具有两个重要用途:

(1) 使函数立即退出,程序的运行返回给调用者;

(2) 可以向调用者返回值。

return 语句的功能是计算表达式的值,并返回给主调函数。在函数中允许有多个 return 语句,但每次调用只能有一个 return 语句被执行,因此只能返回一个函数值。

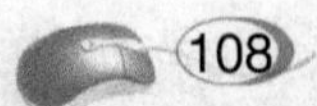

说明：

(1) 函数值的类型和函数定义中函数的类型应保持一致。如果两者不一致,则以函数类型为准,自动进行类型转换。

(2) 如函数值为整型,在函数定义时可以省去类型说明。

(3) 前面已介绍,不返回函数值的函数,可以明确定义为“空类型”,空类型标识符为“void”。例如,假设函数 s 并不向主函数返回函数值,可定义如下：

```
void s(int n)
{ … }
```

一旦函数被定义为空类型后,就不能在主调函数中使用被调函数的函数值了。例如,在定义 s 为空类型后,在主函数中执行下述语句：

```
sum = s(n);
```

就是错误的。

为了使程序有良好的可读性并减少出错, 凡不要求返回值的函数都应定义为空类型。

例如,判别一个整数数组中各元素的值,若大于0,则输出该值,若小于等于0,则输出0值。编程如下：

```
void nzp(int v)
{ if(v >0)
    printf("% d ",v);
  else
    printf("% d ",0);
}
main()
{ int a[5],i;
  printf("input 5 numbers\n");
  for(i =0;i <5;i ++)
    { scanf("% d",&a[i]);
      nzp(a[i]);
    }
}
```

7.2.3 函数声明与函数原型

在主调函数中调用某函数之前应对该被调函数进行说明(声明),这与在使用变量之前要先对变量进行说明是一样的。在主调函数中对被调函数作说明的目的是使编译系统知道被调函数返回值的类型,以便在主调函数中按此种类型对返回值作相应的处理。其一般形式如下：

类型说明符 被调函数名(类型 形参1,类型 形参2,…);

或为

类型说明符 被调函数名(类型,类型,…);

括号内给出了形参的类型和形参名,或只给出形参类型。这便于编译系统进行检错,以防止出现错误。

例如,取最大值函数 max 的说明如下:

```
int max(int a,int b);
```

或写为

```
int max(int,int);
```

C 语言中又规定在以下几种情况下可以省去主调函数中对被调函数的函数说明。

(1) 如果被调函数的返回值是整型或字符型时,可以不对被调函数作说明,而直接调用。这时系统将自动对被调函数返回值按整型处理。

(2) 当被调函数的函数定义出现在主调函数之前时,在主调函数中也可以不对被调函数再作说明而直接调用。

(3) 若在所有函数定义之前,在函数外预先说明了各个函数的类型,则在以后的各主调函数中,可不再对被调函数作说明。例如:

```
char str(int a);
float f(float b);
main()
{ … }
char str(int a)
{ … }
float f(float b)
{ … }
```

其中第一、二行对 str 函数和 f 函数预先作了说明。因此,在以后各函数中无须对 str 和 f 函数再作说明就可直接调用。

对库函数的调用不需要再作说明,但必须把包含该函数的头文件用#include 命令包含在源文件头部。

7.2.4 函数的调用

在调用函数时,大多数情况下,主调函数和被调用函数之间有数据传递关系。这就是前面提到的有参函数。函数调用的一般形式如下:

函数名(实参表列);

如果函数有多个参数,则函数调用时实参表列包含多个实参,各参数间用逗号隔开。实参与形参的个数应相等,类型应匹配。实参与形参按顺序对应,一一传递数据。实际参数表中的参数可以是常数、变量或其他构造类型数据及表达式。如果函数没有参数,对无参函数调用时则无实际参数表。

【案例 7.1】 定义和使用求三角形面积函数的程序。

【源程序】

```
#include <math.h>
```

```
#include <stdio.h>
float area(float,float,float);
void main()
{ float a,b,c;
  printf("请输入三角形的三个边长值:\n");
  scanf("%f%f%f",&a,&b,&c);
  if(a+b>c&&a+c>b&&b+c>a&&a>0.0&&b>0.0&&c>0.0)
    printf("Area=% -7.2f\n",area(a,b,c));
}
/* 以下是计算任意三角形面积的函数 */
float area(float a,float b,float c)
{ float s,area_s;
  s=(a+b+c)/2.0;
  area_s=sqrt(s*(s-a)*(s-b)*(s-c));
  return(area_s);
}
```

【运行结果】

```
请输入三角形的三个边长值:
    3  4  5↙
    Area=␣␣␣6.00
```

在C语言中,可以用以下几种方式调用函数:

(1) 函数表达式。

函数作为表达式中的一项出现在表达式中,以函数返回值参与表达式的运算。这种方式要求函数是有返回值的。例如,“float x = area(a,b,c)”是一个赋值表达式,把area的返回值赋予变量x。

(2) 函数语句。

函数调用的一般形式加上分号即构成函数语句。例如,“printf ("%d",a);”、“scanf ("%d",&b);”都是以函数语句的方式调用函数。

(3) 函数作为另一个函数调用的实际参数出现。

这种情况是把该函数的返回值作为实参进行传送,因此,要求该函数必须是有返回值的。例如,“printf("%d",area(a,b,c));”是把area调用的返回值又作为printf函数的实参来使用。

7.2.5 形参与实参

前面已经介绍过,函数的参数分为形参和实参两种。形参出现在函数定义中,在整个函数体内都可以使用,离开该函数则不能使用。实参出现在主调函数中,进入被调函数后,实参变量也不能使用。形参和实参的功能是作数据传送。发生函数调用时,主调函数把实参的值传送给被调函数的形参,从而实现主调函数向被调函数的数据传送。

函数的形参和实参具有以下特点：

(1) 形参变量只有在被调用时才分配内存单元，在调用结束时，即刻释放所分配的内存单元。因此，形参只有在函数内部有效。函数调用结束返回主调函数后则不能再使用该形参变量。

(2) 实参可以是常量、变量、表达式、函数等，无论实参是何种类型，在进行函数调用时，它们都必须具有确定的值，以便把这些值传送给形参。因此应预先用赋值、输入等办法使实参获得确定值。

(3) 实参和形参在数量上、类型上、顺序上应严格一致，否则会发生"类型不匹配"的错误。

(4) 函数调用中发生的数据传送是单向的，即只能把实参的值传送给形参，而不能把形参的值反向地传送给实参。因此，在函数调用过程中，形参的值发生改变，而实参中的值不会变化。

【案例7.2】 形参不能影响实参的示例。

【源程序】

```
#include <stdio.h>
int swap(int a,int b)
{ int temp;
  temp = a;
  a = b;
  b = temp;
  printf("a = %d,b = %d\n",a,b);
}
void main()
{ int a,b;
  printf("input number\n");
  scanf("%d,%d",&a,&b);
  swap(a,b);
  printf("a = %d,b = %d\n",a,b);
}
```

【程序说明】

本程序中定义了一个函数swap，该函数的功能是交换两个参数的值。运算结果表明：该函数只交换了swap的两个形参，而主函数main中的a、b两个实参值并没有发生变化，可见实参的值不随形参的变化而变化。

注意：在函数调用过程中，为了能正确地进行参数的传递，必须注意实参与形参在个数及类型上的匹配，否则极易造成错误。

7.3 数组作为函数参数

数组可以作为函数的参数使用,进行数据传送。数组用作函数参数有两种形式:一种是把数组元素(下标变量)作为实参使用;另一种是把数组名作为函数的形参和实参使用。

7.3.1 数组元素作为函数参数

数组元素就是下标变量,它与普通变量并无区别。因此,它作为函数实参使用与普通变量是完全相同的,在发生函数调用时,把作为实参的数组元素的值传送给形参,实现单向的值传送。

【案例7.3】 判别一个整数数组中各元素的值,若大于0,则输出该值;若小于等于0,则输出0值。

【源程序】

```
#include <stdio.h>
void nzp(int v)
{ if(v>0)
    printf("%d ",v);
  else
    printf("%d ",0);
}
void main()
{ int a[5],i;
  printf("input 5 numbers\n");
  for(i=0;i<5;i++)
    { scanf("%d",&a[i]);
      nzp(a[i]);
    }
}
```

【程序说明】

本程序中首先定义一个无返回值函数 nzp,并说明其形参 v 为整型变量。在函数体中,根据 v 值输出相应的结果。在 main 函数中,用一个 for 语句输入数组各元素,每输入一个,就以该元素作实参调用一次 nzp 函数,即把 a[i]的值传送给形参 v,供 nzp 函数使用。

7.3.2 数组名作为函数参数

用数组名作函数参数与用数组元素作实参有几点不同:

(1) 用数组元素作实参时,只要数组类型和函数的形参变量的类型一致,那么作为下标变量的数组元素的类型也和函数形参变量的类型是一致的。因此,并不要求函数的形参也是下标变量。换句话说,对数组元素的处理是按普通变量对待的。用数组名作函数参数时,则要求形参和相对应的实参都必须是类型相同的数组,都必须有明确的数组说明。当形参和实参二者不一致时,即会发生错误。

(2) 在普通变量或下标变量作函数参数时,形参变量和实参变量是由编译系统分配的两个不同的内存单元,在函数调用时发生的值传送是把实参变量的值赋予形参变量。在用数组名作函数参数时,不是进行值的传送,即不是把实参数组的每一个元素的值都赋予形参数组的各个元素。因为实际上形参数组并不存在,编译系统不为形参数组分配内存。那么,数据的传送是如何实现的呢?我们曾介绍过,数组名就是数组的首地址。因此在数组名作函数参数时,所进行的传送只是地址的传送,也就是说,把实参数组的首地址赋予形参数组名。形参数组名取得该首地址之后,也就等于有了实在的数组。实际上是形参数组和实参数组为同一数组,共同拥有一段内存空间。

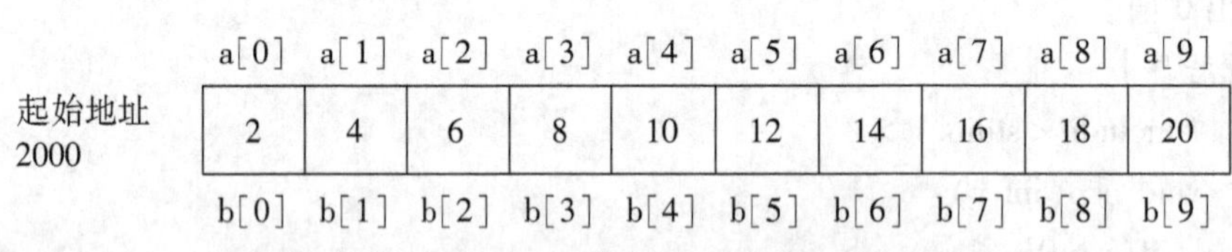

图 7-1　形参数组和实参数组共同占有内存单元

图 7-1 说明了这种情形。图中设 a 为实参数组,类型为整型。a 占有以 2000 为首地址的一块内存区。b 为形参数组名。当发生函数调用时,进行地址传送,把实参数组 a 的首地址传送给形参数组名 b,于是 b 也取得该地址 2000。于是 a、b 两数组共同占有以 2000 为首地址的一段连续内存单元。从图中还可以看出,a 和 b 下标相同的元素实际上也占相同的两个内存单元(整型数组每个元素占 2 个字节)。例如,a[0]和 b[0]都占用 2000 和 2001 单元,当然 a[0]等于 b[0]。类推则有 a[i]等于 b[i]。

【案例 7.4】 数组 a 中存放了一个学生 5 门课程的成绩,求其平均成绩。

【源程序】

```
#include <stdio.h>
float aver(float a[5])
{ int i;
  float av,s=a[0];
  for(i=1;i<5;i++)
      s=s+a[i];
  av=s/5;
  return av;
}
void main()
{ float sco[5],av;
```

```
    int i;
    printf("\ninput 5 scores:\n");
    for(i=0;i<5;i++)
      scanf("%f",&sco[i]);
    av=aver(sco);
    printf("average score is %5.2f",av);
  }
```

【程序说明】

本程序首先定义了一个实型函数 aver,有一个形参为实型的数组 a,长度为 5。在函数 aver 中,把各元素值相加求出平均值,返回给主函数。主函数 main 中首先完成数组 sco 的输入,然后以 sco 作为实参调用 aver 函数,函数返回值送 av,最后输出 av 值。从运行情况可以看出,程序实现了所要求的功能。

(3) 前面已经讨论过,在变量作函数参数时,所进行的值传送是单向的,即只能从实参传向形参,不能从形参传回实参。形参的初值和实参相同,而形参的值发生改变后,实参并不变化,两者的终值是不同的。而当用数组名作函数参数时,情况则不同。由于实际上形参和实参为同一数组,因此当形参数组发生变化时,实参数组也随之变化。当然这种情况不能理解为发生了"双向"的值传递。但从实际情况来看,调用函数之后实参数组的值将随形参数组值的变化而变化。

【案例 7.5】 求学生平均成绩。

【源程序】

```
float average(int stu[10], int n)
{ int i;
  float av,total=0;
  for(i=0; i<n; i++)
      total+=stu[i];
  av=total/n;
  return av;
}
#include <stdio.h>
float average(int stu[10], int n);
void main()
{ int score[10], i;
  float av;
  printf("Input 10 scores:\n");
  for(i=0; i<10; i++)
      scanf("%d", &score[i]);
  av=average(score,10);
  printf("Average is:%.2f", av);
```

```
    }
```

【程序说明】

在本程序中,函数 average 的形参为整型数组 stu,长度为 10。在主函数中,实参数组 score 也为整型,长度也为 10。在主函数中,首先输入数组 score 的值,然后以数组名为实参调用 average 函数。从运行结果可以看出,数组 score 的初值和终值是不同的,数组 score 的终值和数组 average 是相同的。这说明实参、形参为同一数组,它们的值同时得以改变。

用数组名作为函数参数时还应注意以下几点:

① 形参数组和实参数组的类型必须一致,否则将引起错误。

② 形参数组和实参数组的长度可以不相同,因为在调用时,只传送首地址而不检查形参数组的长度。当形参数组的长度与实参数组不一致时,虽不至于出现语法错误(编译能通过),但程序执行结果将与实际不符。

【案例 7.6】 修改【案例 7.3】。

【源程序】

```
#include <stdio.h>
void nzp(int a[8])
{ int i;
  printf("\nvalues of array a are:\n");
  for(i=0;i<8;i++)
    { if(a[i]<0)a[i]=0;
      printf("%d ",a[i]);
    }
}
void main()
{ int b[5],i;
  printf("\ninput 5 numbers:\n");
  for(i=0;i<5;i++)
    scanf("%d",&b[i]);
  printf("initial values of array b are:\n");
  for(i=0;i<5;i++)
    printf("%d ",b[i]);
  nzp(b);
  printf("\nlast values of array b are:\n");
  for(i=0;i<5;i++)
    printf("%d ",b[i]);
}
```

【程序说明】

本程序与【案例 7.3】程序相比,nzp 函数的形参数组长度改为 8,在函数体中,for 语句的循环条件也改为 i<8。因此,形参数组 a 和实参数组 b 的长度不一致。编译能够通过,

但从结果看,数组 a 的元素 a[5]、a[6]、a[7]显然是无意义的。

(4) 在函数形参表中,允许不给出形参数组的长度,或用一个变量来表示数组元素的个数。例如,可以写为

```
void nzp(int a[ ])
```

或写为

```
void nzp(int a[ ],int n)
```

其中形参数组 a 没有给出长度,而由 n 值动态地表示数组的长度。n 的值由主调函数的实参进行传送。

由此,【案例 7.6】又可改为【案例 7.7】形式。

【案例 7.7】 修改【案例 7.6】。

【源程序】

```
#include < stdio. h >
void nzp(int a[ ],int n)
{ int i;
  printf("\nvalues of array a are:\n");
  for(i =0;i < n;i ++ )
    { if(a[i] <0) a[i] =0;
      printf("% d ",a[i]);
    }
}
main( )
{ int b[5],i;
  printf("\ninput 5 numbers:\n");
  for(i =0;i <5;i ++ )
    scanf("% d",&b[i]);
  printf("initial values of array b are:\n");
  for(i =0;i <5;i ++ )
    printf("% d ",b[i]);
  nzp(b,5);
  printf("\nlast values of array b are:\n");
  for(i =0;i <5;i ++ )
    printf("% d ",b[i]);
}
```

【程序说明】

本程序 nzp 函数形参数组 a 没有给出长度,由 n 动态确定该长度。在 main 函数中,函数调用语句为 nzp(b,5),其中实参 5 将赋予形参 n 作为形参数组的长度。

(5) 多维数组也可以作为函数的参数。在函数定义时,对形参数组可以指定每一维的长度,也可省去第一维的长度。因此,以下写法都是合法的:

```
int MA(int a[3][10])
```

或

```
int MA(int a[][10])
```

7.4 函数的嵌套调用与递归调用

7.4.1 函数的嵌套调用

C语言中不允许作嵌套的函数定义。因此,各函数之间是平行的,不存在上一级函数和下一级函数的问题。但是C语言允许在一个函数的定义中出现对另一个函数的调用,这样就出现了函数的嵌套调用,即在被调用函数中又调用其他函数。这与其他语言的子程序嵌套的情形是类似的。其关系可用图7-2表示。

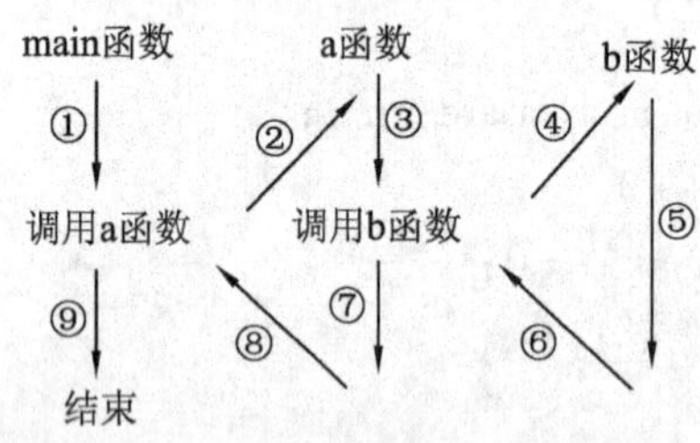

图7-2 函数的嵌套调用执引流程图

图7-2表示了两层嵌套的情形。其执行过程如下:

(1) 执行main函数的开头部分;

(2) 遇函数调用语句,调用a函数,流程转去执行a函数;

(3) 执行a函数的开头部分;

(4) 遇函数调用语句,调用b函数,流程转去执行b函数;

(5) 执行b函数,如果再无其他嵌套的函数,则完成b函数的全部操作;

(6) 返回到a函数中调用b函数的位置;

(7) 继续执行a函数中尚未执行的部分,直到a函数结束;

(8) 返回main函数中调用a函数的位置;

(9) 继续执行main函数的剩余部分,直到结束。

【案例7.8】 编程求出1^K+2^K+3^K+…+n^K之和。

【分析】 假定K为4,N为6。

【源程序】

```
#include <stdio.h>
#define K 4
#define N 6
void main ( )
{ printf("Sum of %dth powers of integers from 1 to %d =",K,N);
```

```
   printf ("%d\n" ,s_p(K,N));
}
int s_p(int k, int n)
{ int i,sum =0;
   for(i =1;i <=n;i ++)
      sum += powers(i,k);
   return(sum);
}
int powers(int m,int n)
{ int i,product =1;
   for(i =1;i <=n;i ++)
      product *= m;
   return(product);
}
```

【运行结果】

```
sum of 4th powers of integers from 1 to 6 =2275
```

【程序说明】

(1) 该程序由 main()、s_p()和 powers()三个函数组成,main()中调用 s_p()函数,该函数返回一个 int 型数值,而 s_p()函数中又调用 powers()函数,该函数也返回一个 int 型数值。从中可见,函数之间的嵌套调用在实际编程中是经常使用的。

(2) 在主函数中,调用 s_p()函数时,实参是两个符号常量 K 和 N,可见符号常量与一般常量一样都可作为函数的实参。本程序中的两次函数调用都属于传值调用,参数之间的信息传递是通过返回值来实现的。

7.4.2 递归函数

一个函数在它的函数体内调用它自身称为递归调用,这种函数称为递归函数。C 语言允许函数的递归调用。在递归调用中,主调函数又是被调函数。执行递归函数将反复调用其自身,每调用一次就进入新的一层。例如,有函数 f 如下:

```
int f(int x)
{ int y;
   z = f(y);
   return z;
}
```

这个函数是一个递归函数。但是运行该函数将无休止地调用其自身,这当然是不正确的。为了防止递归调用无终止地进行,必须在函数内有终止递归调用的手段。常用的办法是加条件判断,满足某种条件后就不再作递归调用,然后逐层返回。下面举例说明递归调用的执行过程。

【案例 7.8】 递归函数的举例。

【源程序】

```
# include < stdio. h >
void f( int n)
{ printf("调用函数 f(% d) \n",n);
  if(n ==1)
       printf("当 n == % d 时结束调用! \n",n);
  else
       f(n - 1);
}
int main( void)
{ f(5);
  return 0;
}
```

【运行结果】

```
调用函数 f(5)
调用函数 f(4)
调用函数 f(3)
调用函数 f(2)
调用函数 f(1)
当 n ==1 时结束调用!
```

【程序说明】

程序中给出的 f 函数是一个递归函数。主函数调用 f 函数后即进入 f 函数执行,如果 n ==1 时将结束函数的执行,否则就递归调用 f 函数自身。由于每次递归调用的实参为 n - 1,即把 n - 1 的值赋予形参 n,最后当 n - 1 的值为 1 时再作递归调用,形参 n 的值也为 1,将使递归终止。然后可逐层退回。

【案例 7.9】 用递归法计算 n!的值。

【分析】

用递归法计算 n! 可用下述公式表示:

n! = n * (n - 1) * (n - 2) * … * 1

n! = n * [(n - 1) * (n - 2) * … * 1]

n! = n * (n - 1)!

【源程序】

```
#include < stdio. h >
unsigned Factorial( unsigned int n)
{ if(n ==0)
    return 1;                          /* 对于0 的阶乘,当 n =0 时,递归返回 */
  else
    return n * Factorial( n - 1);     /* 递归调用 */
```

```
}
void main()
{ int n=3;
  printf("3! =%d",Factorial(n));
}
```

【程序说明】

本程序求3!。在主函数中的调用语句为Factorial,进入Factorial函数后,由于n=3,不等于0或1,故执行"return Factorial(n-1)*n;"语句,即Factorial(3-1)*3。该语句对Factorial作递归调用,即Factorial(2)。

进行2次递归调用后,Factorial函数形参取得的值变为1,故不再继续递归调用而开始逐层返回主调函数。Factorial(1)的函数返回值为1,Factorial(2)的返回值为1*2=2,Factorial(3)的返回值为2*3=6。

【案例7.9】也可以不用递归的方法来完成。如可以用递推法,即从1开始乘以2,再乘以3……直到n。递推法比递归法更容易理解和实现。但是有些问题则只能用递归算法才能实现。典型的问题是Hanoi塔问题。

【案例7.10】 Hanoi塔问题。

一块板上有三根针A、B、C。A针上套有64个大小不等的圆盘,大的在下,小的在上。要把这64个圆盘从A针移动C针上,每次只能移动一个圆盘,移动可以借助B针进行。但在任何时候,任何针上的圆盘都必须保持大盘在下,小盘在上。求移动的步骤。

【分析】

设A针上有n个盘子。

如果n=1,则将圆盘从A上直接移动到C上。

如果n=2,则

① 将A上的n-1(等于1)个圆盘移到B上;

② 再将A上的一个圆盘移到C上;

③ 最后将B上的n-1(等于1)个圆盘移到C上。

如果n=3,则

A. 将A上的n-1(等于2,令其为n')个圆盘移到B(借助于C)上,步骤如下:

① 将A上的n'-1(等于1)个圆盘移到C上。

② 将A上的一个圆盘移到B上。

③ 将C上的n'-1(等于1)个圆盘移到B上。

B. 将A上的一个圆盘移到C上。

C. 将B上的n-1(等于2,令其为n')个圆盘移到C(借助A)上,步骤如下:

① 将B上的n'-1(等于1)个圆盘移到A。

② 将B上的一个盘子移到C。

③ 将A上的n'-1(等于1)个圆盘移到C。

到此,完成了3个圆盘的移动过程。

从上面分析可以看出,当n≤2时,移动的过程可分解为三个步骤:

第一步　把 A 上的 n - 1 个圆盘移到 B 上；

第二步　把 A 上的一个圆盘移到 C 上；

第三步　把 B 上的 n - 1 个圆盘移到 C 上，其中第一步和第三步是类同的。

当 n = 3 时，第一步和第三步又分解为类同的三步，即把 n′ - 1 个圆盘从一个针移到另一个针上，这里的 n′ = n - 1。显然这是一个递归过程。

【源程序】

```
#include <stdio.h>
void move(int n,int x,int y,int z)
{ if(n==1)
      printf("%c-->%c\n",x,z);
  else
  { move(n-1,x,z,y);
    printf("%c-->%c\n",x,z);
    move(n-1,y,x,z);
  }
}
void main()
{ int h;
  printf("\ninput number:\n");
  scanf("%d",&h);
  printf("the step to moving %2d diskes:\n",h);
  move(h,'a','b','c');
}
```

【运行结果】

```
input number:
4↙
the step to moving 4 diskes:
a→b
a→c
b→c
a→b
c→a
c→b
a→b
a→c
b→c
b→a
c→a
```

b→c

a→b

a→c

b→c

【程序说明】

从上述程序中可以看出，move函数是一个递归函数，它有四个形参：n、x、y、z。n表示圆盘数，x、y、z分别表示三根针。move函数的功能是把x上的n个圆盘移动到z上。当n==1时，直接把x上的圆盘移至z上，输出x→z。若n!=1，则分为三步：递归调用move函数，把n-1个圆盘从x移到y；输出x→z；递归调用move函数，把n-1个圆盘从y移到z。在递归调用过程中n=n-1，故n的值逐次递减，最后n=1时，终止递归，逐层返回。

7.5 变量的作用域

C语言中所有变量都有自己的作用域，申明变量的类型不同，其作用域也不同。按照作用域的范围可分为两种，即局部变量和全局变量。

7.5.1 局部变量

局部变量也称为内部变量。局部变量是在函数内部定义说明的。其作用域仅限于函数内，离开该函数后再使用这种变量是非法的。

例如：

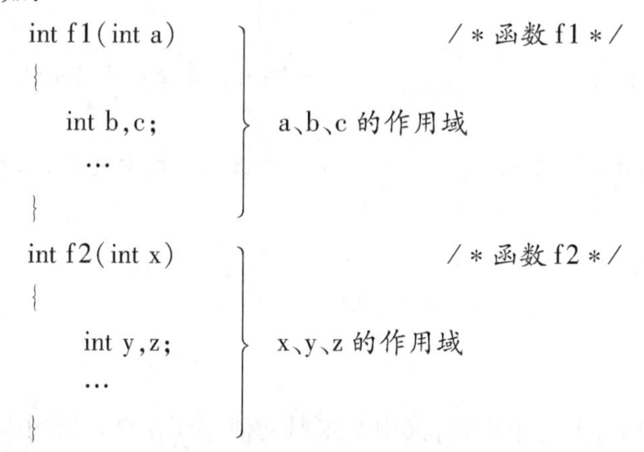

```
int f1(int a)            /* 函数 f1 */
{
    int b,c;             a、b、c 的作用域
     …
}
int f2(int x)            /* 函数 f2 */
{
     int y,z;            x、y、z 的作用域
     …
}
```

在函数f1内定义了三个变量，a为形参，b、c为一般变量。在f1的范围内，a、b、c有效，或者说a、b、c变量的作用域限于f1内。同理，在函数f2内定义了三个变量，x为形参，y、z为一般变量。在f2的范围内，x、y、z有效，或者说x、y、z变量的作用域限于f2内。

关于局部变量的作用域的几点说明：

(1) 主函数中定义的变量也只能在主函数中使用，不能在其他函数中使用。同时，主函数中也不能使用其他函数中定义的变量。因为主函数也是一个函数，它与其他函数是平行关系。这一点是与其他语言不同的，应予以注意。

（2）形参变量是属于被调函数的局部变量，实参变量是属于主调函数的局部变量。

（3）允许在不同的函数中使用相同的变量名，它们代表不同的对象，分配不同的单元，互不干扰，也不会发生混淆。

（4）在复合语句中也可定义变量，其作用域只在复合语句范围内。

例如：

```
main()
{ int s,a;                          ┐
  …                                 │
  { int b;          ┐               │
    s = a + b;      │ b的作用域      │ s、a的作用域
    …               │               │
  }                 ┘               │
  …                                 │
}                                   ┘
```

【案例7.11】 复合语句中定义的一个变量与复合语句外的一个变量同名，通过实例观察变量的作用域。

【源程序】

```
1    #include <stdio.h>
2    void main()
3    { int i = 2, j = 3, k;
4      k = i + j;
5      { int k = 8;
6        printf("%d\n",k);                  /*输出复合语句中变量k的值*/
7      }
8        printf("%d\n%d\n",i,k);            /*输出主函数中变量i、k的值*/
9    }
```

【运行结果】

```
8
3   5
```

【程序说明】

本程序在main中定义了i、j、k三个变量，其中k未赋初值。而在复合语句内又定义了一个变量k，并赋初值为8。应该注意这两个k不是同一个变量。在复合语句外由main定义的k起作用，而在复合语句内则由在复合语句内定义的k起作用。因此程序第4行的k为main所定义，其值应为5。第6行输出k值，该行在复合语句内，由复合语句内定义的k起作用，其初值为8，故输出值为8。第8行要求输出i、k值。i是在整个程序中都是有效的，第3行对i赋值为3，故输出也为3。而第8行已在复合语句之外，输出的k应为main所定义的k，此k值由第4行已获得为5，故输出也为5。

7.5.2　全局变量

全局变量也称为外部变量,它是在函数外部定义的变量。它不属于哪一个函数,而是属于一个源程序文件。其作用域是整个源程序。在函数中使用全局变量,一般应作全局变量说明。只有在函数内经过说明的全局变量才能使用。全局变量的说明符为 extern。但在一个函数之前定义的全局变量,在该函数内使用可不再加以说明。

例如:

```
int a,b;                    /*定义外部变量a、b*/
void f1()                   /*定义函数f1*/
{…}
float x,y;                  /*定义外部变量x、y*/
int f2()                    /*定义函数f2*/
{…}
main()                      /*主函数*/
{…}
```

由上例可知:a、b、x、y 都是在函数外部定义的外部变量,都是全局变量。但 x、y 定义在函数 f1 之后,而在 f1 内又无对 x、y 的说明,所以它们在 f1 内无效。a、b 定义在源程序最前面,因此在 f1、f2 及 main 内不加说明也可使用。

【案例 7.12】　全局变量使用实例。

【源程序】

```
#include <stdio.h>
void add(int);
int num;
void main()
{ int n=5;
  add(n);
  printf("%d\n",num);            /*输出6*/
}
void add(num)                    /*形式参数没有指定类型*/
{ num++;
  printf("%d\n",num);            /*输出6*/
}
```

【运行结果】

```
6
6
```

【程序说明】

在【案例 7.12】中的 main()和 add()函数中并没有声明 num,但是在最后输出的时候却要求输出 num,这是由于在程序的开始声明了 num 是全局变量,也就是在所有函数里都可以使用这个变量。这时候一个函数里改变了变量的值,其他函数里的值也会出现影响。上面的例子输出都是6,因为在add()函数里改变了num的值,由于num是全局变量,就好像它们两个函数共用一个变量,所以在main()函数里的num也随之改变了。

【案例7.13】 外部变量与局部变量同名实例。

【源程序】

```
#include < stdio.h >
int a =3,b =5;                          /*a,b为外部变量*/
int max(int a,int b)                    /*a,b为局部变量*/
{ int c;
  c = a > b? a:b;
  return(c);
}
void main()
{ int a =8;
  printf("% d\n",max(a,b));
}
```

【运行结果】

8

【程序说明】

如果同一个源文件中,外部变量与局部变量同名,则在局部变量的作用范围内,外部变量被"屏蔽",即它不起作用。

7.6 变量的存储类型和生存期

在C语言中,每个变量都有两个属性:数据类型和存储类别。存储类别从变量值存在的时间(即生存期)角度来分,可以分为静态存储方式和动态存储方式。静态存储方式是指在程序开始执行时分配存储单元,程序执行完毕才释放所占的存储单元,在程序的运行期间分配固定的存储空间的方式。动态存储方式是指在程序运行期间根据需要进行动态的分配存储空间的方式。

变量按存储类型分类,具体分为如下四种:自动变量auto、寄存器变量register、静态变量static、外部变量extern。

7.6.1 自动变量

在一个函数中说明的变量,其类型缺省为自动类,是动态地分配存储空间的,数据存储在动态存储区中。函数中的形参和在函数中定义的变量(包括在复合语句中定义的变量)都属此类,在调用该函数时系统会给它们分配存储空间,在函数调用结束时就自动释放这些存储空间。这类局部变量称为自动变量。自动变量用关键字auto作存储类别的声明。

例如：

```
int f(int a)                         /*定义f函数,a为参数*/
{auto int x,y=3;                     /*定义x、y为自动变量*/
 …
}
```

a是形参,x、y是自动变量,对y赋初值3。执行完f函数后,自动释放a、x、y所占的存储单元。

关键字auto可以省略,若auto不写则隐含定为“自动存储类别”,属于动态存储方式。一个自动变量是局部范围的,仅仅定义此变量的函数知道此变量,其他函数可以有同一名字的变量,但它们是独立的变量,并且可能存储在不同的内存位置。

7.6.2 外部变量

外部变量(即全局变量)是在函数的外部定义的,它的作用域为只限于从定义处到文件终了。如果在定义点之前的函数想引用该外部变量,则应该在引用之前用关键字extern对该变量作“外部变量声明”,表示该变量是一个已经定义的外部变量。有了此声明,就可以从“声明”处起,合法地使用该外部变量。

【案例7.14】 用关键字extern声明外部变量,扩展其作用域。

【源程序】

```
#include <stdio.h>
int max(int x,int y)
{ int z;
  z=x>y? x:y;
  return(z);
}
void main()
int max(int,int);
{ extern A,B;
  printf("%d\n",max(A,B));
}
```

【运行结果】

```
int A=13,B=-8;
```

【程序说明】

在本程序文件的最后一行定义了外部变量A、B,但由于外部变量定义的位置在函数main之后,因此本来在main函数中不能引用外部变量A、B,现在我们在main函数中用extern对A和B进行“外部变量声明”,就可以从“声明”处起,合法地使用外部变量A和B。

7.6.3 静态变量

有时希望函数中的局部变量的值在函数调用结束后不消失而保留原值,这时就应该指定局部变量为"静态局部变量",用关键字 static 进行声明。

【案例 7.15】 观察静态局部变量的值。

【源程序】

```
#include <stdio.h>
void varfunc()
{ int var =0;
  static int static_var =0;
  printf("\n:var equal %d \n",var);
  printf("\n:static var equal %d \n",static_var);
  printf("\n");var++;static_var++;
}
void main()
{ int i;
  for(i =0;i <3;i ++)
  varfunc();
}
```

【运行结果】

```
:var equal 0
:static var equal 0
:var equal 0
:static var equal 1
:var equal 0
:static var equal 2
```

静态局部变量属于静态存储类别,在静态存储区内分配存储单元,在程序整个运行期间都不释放。静态局部变量在编译时赋初值,即只赋初值一次;而对自动变量赋初值是在函数调用时进行,每调用一次函数重新给一次初值,相当于执行一次赋值语句。如果在定义局部变量时不赋初值的话,则对静态局部变量来说,编译时自动赋初值0(对数值型变量)或空字符(对字符变量)。

【案例 7.16】 打印 1 ~5 的阶乘值。

【源程序】

```
int fac(int n)
{ static int f =1;
  f =f * n;
  return(f);
}
```

```
void main()
{ int i;
  for(i =1;i <=5;i ++)
  printf("% d! =% d\n",i,fac(i));
}
```

【运行结果】

```
1! =1
2! =2
3! =6
4! =24
5! =120
```

7.6.4 寄存器变量

通常变量是存在计算机内存中的。如果变量被存在CPU的寄存器中，在寄存器中可以比在内存中更快地访问和操作变量。为了提高效率，C语言允许将局部变量的值放在CPU的寄存器中，这种变量称为寄存器变量，用关键字register作声明。

【案例7.17】 寄存器变量使用示例。

【源程序】

```
int factor(int n)
{ register int i,f =1;
  for(i =1;i <=n;i ++)
      f =f * i;
  return(f);
}
void main()
{ int i;
  printf("% d! =% d\n",i,factor(3));
}
```

注意：(1) 只有局部自动变量和形式参数可以作为寄存器变量。

(2) 一个计算机系统中的寄存器数目有限，不能定义任意多个寄存器变量。

(3) 静态局部变量不能定义为寄存器变量。

本 章 小 结

函数是程序中的一个相对独立的单元或模块，程序在需要时可以任意多次地调用函数来完成特定功能，引入函数可以使程序更清晰、易维护、提高代码的重用性。C语言提供了极为丰富的内置函数，这些内置函数分门别类地放在不同的头文件中，要使用这些内置函数，只要在程序前包含相应的头文件即可。

自定义函数是用户在程序中根据需要而编写的函数，自定义函数的使用步骤包括：函数声明、函数定义和函数调用。无返回值函数的类型定义成 void,有返回值函数通过return语句返回调用结果,return 中表达式类型与函数定义类型兼容。函数定义时说明的参数称为形参,而函数调用时使用的参数称为实参,在函数调用时,实参将值传递给形参,如果形参与实参是数组名,则实参将数组首地址传递给形参。C 语言不支持嵌套定义,支持嵌套调用和递归调用。根据变量的作用域可以将变量划分为:局部变量和全局变量。根据变量的存储类型(决定生存期)将变量划分为:自动变量、寄存器变量、静态变量、外部变量。

习 题 7

一、选择题

1. 下列说法正确的是(　　)。

A. 用户若需要调用标准库函数,调用前必须重新定义

B. 用户可以重新定义标准库函数,若如此,该函数将失去原有定义

C. 系统不允许用户重新定义标准库函数

D. 用户若需要使用标准库函数,调用前不必使用预处理命令将该函数所在的头文件包含编译,系统会自动调用

2. 下列函数定义正确的是(　　)。

A.
```
double fun(int x, int y)
{ z = x + y ; return z ; }
```

B.
```
double fun(int x,y)
{ int z ; return z ;}
```

C.
```
fun(x,y)
{ int x, y ; double z ;
  z = x + y ; return z ; }
```

D.
```
double fun(int x, int y)
{ double z ;
  return z ; }
```

3. 下列说法正确的是(　　)。

A. 实参和与其对应的形参各占用独立的存储单元

B. 实参和与其对应的形参共占用一个存储单元

C. 只有当实参和与其对应的形参同名时才共同占用相同的存储单元

D. 形参是虚拟的,不占用存储单元

4. 下列说法不正确的是(　　)。

A. 实参可以是常量、变量或表达式

B. 形参可以是常量、变量或表达式

C. 实参可以为任意类型

D. 如果形参和实参的类型不一致,以形参类型为准

5. C 语言规定,简单变量做实参时,它和对应的形参之间的数据传递方式是(　　)。

A. 地址传递

B. 值传递

C. 由实参传给形参,再由形参传给实参

D. 由用户指定传递方式

6. C 语言规定,函数返回值的类型是由(　　)决定的。

A. return语句中的表达式类型　　B. 调用该函数时的主调函数类型

C. 调用该函数时系统临时　　D. 在定义函数时所指定的函数类型

7. 下列描述正确的是(　　)。

A. 函数的定义可以嵌套,但函数的调用不可以嵌套

B. 函数的定义不可以嵌套,但函数的调用可以嵌套

C. 函数的定义和函数的调用均不可以嵌套

D. 函数的定义和函数的调用均可以嵌套

8. 若用数组名作为函数调用的实参,传递给形参的是(　　)。

A. 数组的首地址　　B. 数组中第一个元素的值

C. 数组中全部元素的值　　D. 数组元素的个数

9. 下列说法不正确的是(　　)。

A. 在不同函数中可以使用相同名字的变量

B. 形式参数是局部变量

C. 在函数内定义的变量只在本函数范围内有定义

D. 在函数内的复合语句中定义的变量在本函数范围内有定义

10. 已知一个函数的定义如下:

```
double fun(int x, double y)
{…}
```

则该函数的函数原型声明正确的是(　　)。

A. double fun(int x,double y)　　B. fun(int x,double y)

C. double fun(int ,double);　　D. fun(x,y);

二、填空题

1. C语言函数返回类型的默认定义类型是________。

2. 函数的实参传递到形参有两种方式:________和________。

3. 在一个函数内部调用另一个函数的调用方式称为________。在一个函数内部直接或间接调用自身称为函数________的调用方式。

4. C语言变量按其作用域分为________和________,按其生存期分为________和________。

5. 凡在函数中未指定存储类别的局部变量,其默认的存储类别为________。

三、程序判断题

1. add函数的功能是:求两个参数的和。判断下面程序的正误,如果错误请改正过来。

```
void add(int a,int b)
{ int c ;
  c = a + b;
  return(c) ;
}
```

2. 函数fun的功能是:将长整型数中偶数位置上的数依次取出,构成一个新数返回。

例如,当 s 中的数为 87653142 时,则返回的数为 7512。判断下面程序的正误,如果错误请改正过来。

```
long fun(long s)
{ long t , sl =1;
  int d ;
  t =0 ;
  while(s >0)
  { d = s% 10;
    if(d% 2 =0)
    { t = d * sl + t;
      sl * = 10;
    }
    s\ = 10;
  }
    return (t);
}
```

四、编程题

1. 定义函数求 1 ~ n 之和,函数原型为 long sum(int n)。

2. 编写函数 int prime(int n),判断某一数是否为素数,若是,返回 1,否则,返回 0。然后编写主函数,实现统计 101 ~ 200 之间有多少个素数。

3. 定义一个函数,判读三个数能否构成三角形。若能构成,返回 1;否则,返回 0。

4. 设计一个函数,实现打印出如下图案(菱形)。

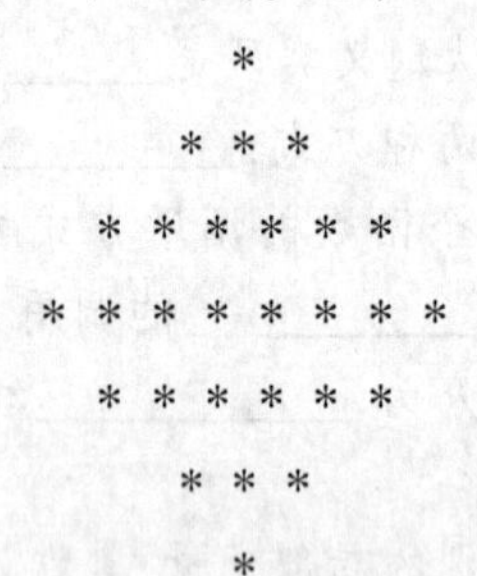

5. 编写一个函数,其功能是:输入一个字符串后按反序存放。在主函数中输入字符串,调用函数后输出。

第8章 编译预处理

C语言的预处理阶段是编译过程中的第一个阶段。预处理阶段的作用是对C语言源代码作加工处理,以便能够改善程序的设计环境,提高编程效率等。C语言中共有三种编译预处理指令,分别是宏定义、文件包含、条件编译。宏定义与文件包含指令比较常用。

预处理指令在C语言源代码中均以“#”开头,以区别于语句。

8.1 宏定义

宏定义是一种替换指令,负责把宏定义中的标识符替换为一个目标字符串。其定义格式如下:

#define　宏标识符　目标字符串

如果宏定义在一行内写不完,需要续写,可以在待续的行后面加一个反斜线\即可。

宏标识符的作用域从定义位置开始到被编译的源文件结束。如果要取消对宏标识符的定义,可以使用预处理指令#undef 宏标识符来完成。取消对宏标识符定义后,原有宏标识符失去作用域。

宏标识符替换只对单词操作,对用双引号括起来的单词以及用户标识符不起作用。

根据宏标识符是否可以带有参数,可以将宏定义分为无参宏定义和带参宏定义。

8.1.1 无参宏定义

无参宏的宏名后不带参数。其定义的一般形式如下:

#define 无参标识符　无参目标字符串

【案例8.1】 求圆的周长。

【源程序】

```
#define PI 3.1415                    /*定义圆周率为无参宏,即符号常量*/
#include <stdio.h>
void main()
{ float r, circumference;
  scanf("%f",&r);
  circumference =2 * PI * r;
```

```
    printf("circumference = \n",circumference);
}
```

【运行结果】

```
2↙
circumference = 12.566
```

【程序说明】

(1) 为了阅读方便,宏标识符一般采用大写字母进行命名。

(2) 源代码"circumference = 2 * PI * r;"在经过预处理后,宏标识符 PI 被替换,得到源代码如下:

```
circumference = 2 * 3.1415 * r;
```

define 宏定义指令通过这种标识符替换的方式能够有效地提高代码的可读性,并且能够简化代码的维护工作。若要修改圆周率 PI 的值,只需要修改宏定义即可。

8.1.2 带参宏定义

带参宏定义的一般形式如下:

```
#define 带参标识符 带参目标字符串
```

【案例 8.2】 求圆的面积。

【源程序】

```
#define PI 3.1415
#define SQUARE(R) PI * R * R
#include <stdio.h>
void main()
{ float r,s;
    scanf("%f",&r);
    s = SQUARE(r);
    printf("SQUARE = \n",s);
}
```

【运行结果】

```
2↙
SQUARE = 12.566
```

【程序说明】

(1) 宏定义中可以使用已经定义的宏标识符。"define SQUARE(R) PI * R * R"这个宏定义中使用到了已经定义的宏标识符 PI。

(2) 源代码中"s = SQUARE(r);"经过预处理以后被转换为代码"s = 3.1415 * r * r;",带参宏定义的代码转换过程是:遇到宏定义中的形参,按照目标字符串中定义的格式自左向右进行替换。

(3) 如果源代码中 SQUARE(r)调用过程变为 SQUARE(r+1),那么转换后的代码是"s = 3.1415 * r + 1 * r + 1;",等价于"s = 3.1415 * r + r + 1;"。

这明显与设计思路不一致。宏定义中的替换是原样替换，预处理过程不会作语法检查或者语义检查。要保证替换后语义不发生变化，可以在宏定义的过程中添加一对圆括号。将宏定义修改为“# define SQUARE(R) PI *(R)*(R),”预处理后代码“s = 3.1415 *(r+1)*(r+1);”。

同理，为了保证宏定义在替换以后能够作为一个整体考虑，整个目标字符串也要用一对括号括起来。

(4) 带参宏定义的功能可以使用函数来实现。带参宏定义是在预处理阶段完成的，有一个带参宏定义就有一次代码替换，不需要分配内存；函数是在执行阶段完成功能，在内存中展开代码并进行代码调用，多次调用函数带来多次代码执行。

8.2 文件包含

文件包含指令是用于把指定文件的内容包含到当前文件中的预编译指令。其定义格式如下：

```
#include "文件名"
```

或

```
#include <文件名>
```

预编译时，被包含的文件的全部内容被复制到当前文件中。如果被包含的文件名以引号形式括起来，那么编译器就在源代码所在位置查找该文件；如果该文件以尖括号括起来，那么编译器就直接到指定的目录中去查找该文件。

【案例8.3】 文件包含预处理指令的应用。

【源程序】

```
/* common.h */
#define PI 3.1415
/* file1.c */
#include "common.h"
#include "stdio.h"
 void main()
   { float r, circumference;
     scanf("%f",&r);
     circumference = 2 * PI * r;
     printf("circumference = \n",circumference);
   }
```

【程序说明】

由于使用了预处理指令 #include "common.h"，预处理完成以后，源代码“circumference = 2 * PI * r;”被转换为“circumference = 2 * 3.1415 * r;”。

说明：

(1) 一条文件包含指令只能包含一个文件，如果要包含多个文件，需要多次使用文件包含预处理指令。

(2) 一般来讲，文件包含预处理指令经常放在源代码的头部，因此常将被包含的文件称为头文件，文件扩展名以“.h”结尾。

(3) 文件包含指令可以嵌套，即在被包含的文件中可以包含另外一个文件。比如 #include "文件 1"，而在文件 1 中，也可以使用文件包含指令#include "文件 2"。

(4) 文件包含的优点在于可以把常见的变量定义等写在同一个文件中，以方便其他源代码文件的调用，减少代码维护量。如果共同包含的文件作了修改，那么所有引用该文件的源代码文件都要重新编译。

本章小结

编译预处理指令在C语言源代码中均以“#”开头。宏定义、文件包含、条件编译都属于编译预处理命令，宏定义与文件包含比较常用。带参数的宏定义只进行简单的替换，不分配存储空间，与函数定义和调用有区别。

习 题 8

一、填空题

1. 设有以下宏定义：

```
#define WIDTH 80
#define LENGTH   WIDTH +40
```

则执行语句“v = LENGTH * 20;”后，v 的值是________。

2. 下列程序的运行结果是________。

```
#define   AREA(r)   r * r
main()
{int x =1,y =2,t;
 t = AREA(x + y);
 printf("% d\n",t);
}
```

3. 下列程序的运行结果是________。

```
#define   EXCH(a,b)   {int t;t = a;a = b;b = t;}
main()
{ int   x =5,y =9;
  EXCH(x,y);
  printf("x = % d,y = % d\n",x,y);
}
```

4. 下列程序的运行结果是________。

```
#define   MIN(a,b)   a < b? a:b
main()
```

```
{ int m =2,n =4;
  printf("% d\n",MIN(m,n));
}
```

5. 设有如下宏定义:

```
#define MIN(x,y) (x)>(y)? (x):(y)
#define T(x,y,r) x*r*y/4
```

则执行以下语句后,s1 的值为________,s2 的值为________。

```
int a =1,b =3,c =5,s1,s2;
s1 = MIN(a =b,b -a);
s2 =T(a++,a* ++b,a +b +c);
```

6. 设有以下程序,为使之正确运行,请在空白处填入应包含的命令行。说明:try_me()函数在 myfile.txt 中有定义。

```
____________________
main()
{ printf("\n");
  try_me();
  printf("\n");
}
```

二、编程题

1. 输入两个整数,求它们的余数,用带参的宏来实现。

2. 试编写程序,求三个整数的最小值,分别用宏定义和函数实现。

3. 试编写程序,求圆的体积,分别用宏定义和函数实现。

4. 定义一个带参的宏 SWAP(x,y),实现两个整数的交换,并利用它将一维数组 a 和 b 的值进行交换。

进阶篇综合案例——简易计算器

项目要求

本项目要求：

(1) 能够实现两个数的算术运算功能(加、减、乘、除)。即依次输入第一个操作数、运算符、第二个操作数,然后输出运算结果。例如：输入 2、+、5,输出 2+5=7。

(2) 单运算符表达式运算。例如:输入 13*8,输出 13*8=104。

(3) 开发工具与运行环境。

① 操作系统:Windows XP/2000/ME/7 等。

② 开发工具:VC++ 6.0/TC2.0/TC3.0。

(4) 附加功能(不作要求)。

① 实现各类进制之间的转换,输入/输出格式根据个人理解确定。

② 带函数功能。

③ 良好的操作界面与提示信息。

总体设计

项目总体设计采用模块化的程序设计思路。根据项目要求,将需要实现的功能分解为多个模块,各模块要求内聚性高,偶合性低,具有单入口和单出口。

1. 功能模块划分

根据功能需求,将系统分成菜单显示模块(界面模块)、基本算术运算模块、单运算符表达式运算模块,附加功能可添加一个进制转换模块。功能模块如图 1 所示。

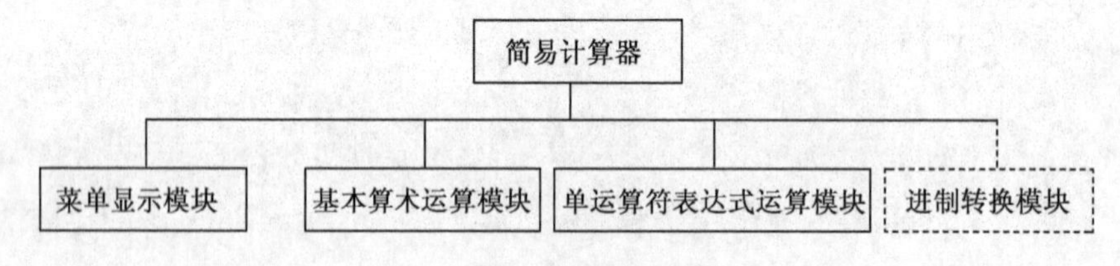

图 1　简易计算器功能模块图

(1) 菜单显示模块:用于显示计算器的主菜单,供用户进行功能选择。

(2) 基本运算模块:能根据用户的输入进行加、减、乘、除运算,并输出运算结果。

(3) 表达式运算模块:能根据用户输入的表达式进行计算,并输出运算结果。

(4) 进制转换模块:能根据用户的需要从某一进制转换成另一进制,并显示出来。

2. 计算器执行主流程(main)

计算器执行的主流程图如图 2 所示。首先进行相关初始化的操作,然后显示主菜单,等待用户的选择,根据用户的选择调用相应功能模块,相应功能模块执行完成后,继续显示主菜单,重复上述过程,直到选择退出功能,则结束计算器的运行。

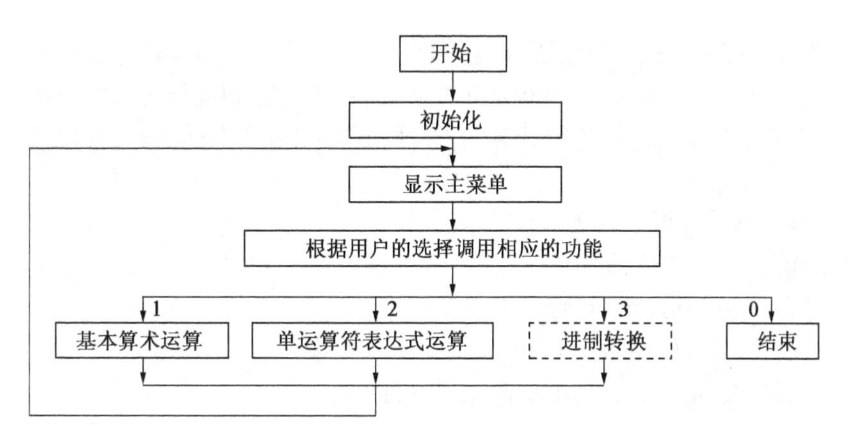

图 2　计算器主流程图

3．模块设计

模块设计包括模块的接口与功能设计，模块的接口指模块输入参数和输出结果。在C语言中，一般模块是用函数来实现的，因此模块的接口实际对应的就是函数的形式参数和返回值，模块的功能就是函数的功能。

（1）主菜单显示模块（界面模块）（disp）。

本计算器由于功能比较简单，所以用户界面只有主菜单一个界面，其他模块功能直接通过提示符显示相关提示信息。要求主界面菜单如下：

```
& & & & & & & & & & & & & & & & & & & & & & & & & & & & & & & & & & & & & & & &
&                              简易计算器                               &
&                                丁辉                                  &
& & & & & & & & & & & & & & & & & & & & & & & & & & & & & & & & & & & & & & & &
&                          1. 基本算术运算                               &
&                          2. 单运算符表达式运算                          &
&                          3. 进制转换                                   &
&                          0. 退出                                      &
& & & & & & & & & & & & & & & & & & & & & & & & & & & & & & & & & & & & & & & &
请选择相应功能代码(0~3)：
```

图 3　主菜单界面

根据上述功能需求，此模块的无需输入参数，也不需要返回值，仅要求在屏幕上显示图 3 所示的主菜单即可。模块定义：void disp(void)。

（2）基本算术运算模块（base_cal）。

此模块用来完成基本的加、减、乘、除运算，能根据用户的输入，选择其中一种运算，然后进行相应运算，并输出结果。当一次计算完成之后，需要进行询问继续进行运算还是返回，如果继续运算，则提示用户再次进行输入，重复上述过程；若不需要继续计算，则返回主函数。

模块的输入参数（形参）：模块要完成的运算所需要的运算对象是在模块内部进行输入的，因此，输入参数为空。

模块的输出（返回值）：同样计算结果直接在模块内进行显示，所以返回值为空。

模块定义：void base_cal(void)。

(3) 单运算符表达式运算模块(exp_cal)。

根据用户输入的表达式,先判断是何种运算符,再进行相应计算,并将计算结果进行输出,然后询问用户是否继续进行计算,若选择"是",则重复上述过程;若选择"否",则返回主函数。

模块的输入参数(形参):无。

模块的输出(返回值):无。

模块定义:void exp_cal(void)。

(4) 进制转换模块(num_convert)。

此为附加模块,请读者模仿前面的模块自行设计。

模块的实现

1. 主菜单显示模块(界面模块)(disp)

```
/*简易计算器程序*/
/*程序名:calculate.c*/
/*作者:dinghui*/
/*编程日期:2011-2-28*/
#include<stdio.h>
#include<stdlib.h>
main()
{char cChoice;
 disp();                          /*显示主界面(菜单)*/
 scanf("%c",&cChoice);            /*等待用户选择功能模块代号*/
 while(1)
    { switch(cChoice)             /*调用相应的模块*/
        { case '1': base_cal();
              break;
          case '2': exp_cal();
              break;
          case '3': num_convert();
              break;
          case '0': exit(0);
        }
        system("cls");            /*清屏*/
        disp();
        getchar();                /*空读*/
        scanf("%c",&cChoice);     /*等待用户选择功能模块代号*/
    }
 }
```

2. 显示模块(disp)

```
void disp(void)
{ printf("&&&&&&&&&&&&&&&&&&&&&&&&&&&&&&&&&&\n");
  printf("&              简易计算器              &\n");
  printf("&               丁    辉               &\n");
  printf("&&&&&&&&&&&&&&&&&&&&&&&&&&&&&&&&&&\n");
  printf("&          1. 基本算术运算             &\n");
  printf("&          2. 单运算符表达式运算       &\n");
  printf("&          3. 进制转换                 &\n");
  printf("&          0. 退出                     &\n");
  printf("&&&&&&&&&&&&&&&&&&&&&&&&&&&&&&&&&&\n");
  printf("请选择相应功能代码(0~3):");
}
```

3. 基本算术运算模块(base_cal)

```
void base_cal(void)
{ float fNum1,fNum2,fResult;          /*定义变量*/
  char cChoice;
  while(1)
  { system("cls");
    printf("基本算术计算器\n");   /*根据提示输入操作数和运算符*/
    printf("请输入第一个运算数:");
    scanf("%f",&fNum1);
    printf("请输入运算符(+、-、*、/):");
    cChoice=getchar();
    printf("请输入第二个运算数:");
    scanf("%f",&fNum2);
    switch(cChoice)            /*根据运算符进行相应的计算并输出结果*/
    { case '+':
      fResult=fNum1+fNum2;
      printf("(%0.2f)%c(%0.2f) =%0.2f\n",fNum1,cChoice,fNum2,
        fResult);
      break;
      case'-':
      fResult=fNum1-fNum2;
      printf("(%0.2f)%c(%0.2f) =%0.2f\n",fNum1,cChoice,fNum2,
        fResult);
      break;
      case'*':
```

```
            fResult = fNum1 * fNum2;
            printf("(%0.2f)%c(%0.2f) = %0.2f\n",fNum1,cChoice,fNum2,fResult);
            break;
            case'/':
            fResult = fNum1/fNum2;
            printf("(%0.2f)%c(%0.2f) = %0.2f\n",fNum1,cChoice,fNum2,fResult);
            break;
        }
    printf("继续计算吗? (Y/y):");                    /*询问是否继续*/
    cChoice = getchar();
    if(!(cChoice == 'Y'||cChoice == 'y'))
        break;
    }
}
```

4. 单运算符表达式运算模块(exp_cal)

```
void exp_cal(void)
{ float fNum1,fNum2,fResult;              /*定义变量*/
  int iFlag = 1;
  char cChoice,cOperator;
  while(1)
    { fNum1 = 0;
      fNum2 = 0;
      iFlag = 1;
      system("cls");
      printf("请输入一个表达式:\n");
      getchar();
      if((cChoice = getchar()) == '-')
                                        /*判定表达式的第一个字符是否是负号*/
          iFlag = -1;
      else
          fNum1 = cChoice - 48;
      while((cChoice = getchar()) <= '9'&& (cChoice) >= '0')
                                        /*读取第一个操作数*/
          {   fNum1 = fNum1 * 10 + cChoice - 48;  }
      fNum1 = fNum1 * iFlag;
      cOperator = cChoice;
```

```
iFlag = 1;
if((cChoice = getchar()) == '-')/* 判定第二个操作数的符号位 */
    iFlag = -1;
else
    fNum2 = cChoice - 48;
while((cChoice = getchar()) <= '9'&& (cChoice) >= '0')
                                        /* 读取第二个操作数 */
    {  fNum2 = fNum2 * 10 + cChoice - 48;  }
fNum2 = fNum2 * iFlag;
while((cChoice = getchar()) != '\n');
                                /* 对表达式后面的其他字符进行空读处理 */
switch(cOperator)
    {  case '+':
        fResult = fNum1 + fNum2;
        printf("(%.2f)%c(%0.2f) =%0.2f\n", fNum1, cOperator,
          fNum2,fResult);
        break;
        case '-':
         fResult = fNum1 - fNum2;
         printf("(%0.2f)%c(%0.2f) =%0.2f\n", fNum1, cOperator,
           fNum2,fResult);
         break;
        case '*':
         fResult = fNum1 * fNum2;
         printf("(%0.2f)%c(%0.2f) =%0.2f\n", fNum1, cOperator,
           fNum2,fResult);
         break;
        case '/':
         fResult = fNum1/fNum2;
         printf("(%0.2f)%c(%0.2f) =%0.2f\n", fNum1, cOperator,
           fNum2,fResult);
         break;
    }
printf("继续计算吗?(Y/y):");
cChoice = getchar();
if(!(cChoice == 'Y' || cChoice == 'y'))
    break;
}
```

```
    return;
}
```

改进建议

本计算器功能相对简单,并且假定用户在输入时不会出现不合法的数据。因此,此系统有待改进的地方还很多,例如:

(1) 完善进制转换模块。

(2) 改进用户界面。

(3) 增加新的功能。

(4) 增加输入数据的合法性检查。

提 升 篇

知识目标

- 掌握指针的概念及指针运算
- 掌握数组的指针及指向数组的指针变量
- 掌握指向数组的指针变量作为函数参数的调用原理
- 掌握结构体类型及结构体变量的定义方法
- 掌握指向结构体的指针变量的定义方法
- 掌握结构体成员的引用方法
- 掌握文件类型的定义
- 掌握文件操作的基本步骤
- 掌握文件读写函数及定位函数的格式及功能
- 掌握位运算规则
- 了解链表的定义及基本操作

技能目标

- 熟悉指针的基本运算
- 熟练运用指向数组的指针变量解决排序问题、数组逆置等问题
- 熟练运用结构体类型解决学生成绩管理、名片管理等数据类型的定义
- 能运用文件类型解决学生成绩管理、名片管理中数据的存储、读写等问题

第9章 指针

9.1 指针与指针变量

指针是C语言中广泛使用的一种数据类型。运用指针编程是C语言最主要的风格之一。利用指针变量可以表示各种数据结构;能很方便地使用数组和字符串;并能像汇编语言一样处理内存地址,从而编写出精练而高效的程序。指针极大地丰富了C语言的功能。学习指针是学习C语言中最重要的一环,能否正确理解和使用指针是我们是否掌握C语言的一个标志。同时,指针也是C语言中最为困难的一部分,在学习中除了要正确理解基本概念之外,还必须要多编程、多上机、多比较、多思考,在实践中掌握它。相信指针这个难关一定会突破。

9.1.1 内存、变量地址与指针

在计算机中,所有的数据都是存放在存储器中的。一般把存储器中的一个字节称为一个内存单元,不同的数据类型所占用的内存单元数不等,如整型数据占2个单元,字符数据占1个单元等。为了正确地访问这些内存单元,必须为每个内存单元编号。根据一个内存单元的编号即可准确地找到该内存单元。内存单元的编号也叫做地址。根据内存单元的编号或地址就可以找到所需的内存单元,通常也把这个地址称为指针。内存单元的指针和内存单元的内容是两个不同的概念,可以用一个通俗的例子来说明它们之间的关系。我们到银行去存取款时,银行工作人员将根据我们的帐号去找我们的存款单,找到之后在存单上写入存款、取款的金额。在这里,帐号就是存单的指针,存款数是存单的内容。对于一个内存单元来说,单元的地址即为指针,其中存放的数据才是该单元的内容。在C语言中,允许用一个变量来存放指针,这种变量称为指针变量。因此,一个指针变量的值就是某个内存单元的地址或称为某内存单元的指针。

如图9-1所示,设有字符变量c,其内容为"K"(ASCII码为十进制数75),c占用了011A号单元(地址用十六进数表示)。设有指针变量p,内容为011A,这种情况我们称为p指向变量c,或说p是指向变量c的指针。

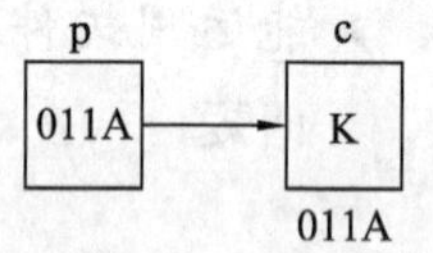

图9-1 指针p指向变量c

严格地说,一个指针是一个地址,是一个常量。而一个指针变量却可以被赋予不同的指针值,是变量。但常把指针变量简称为指针。为了避免混淆,我们约定:"指针"是指地址,是常量,"指针变量"是指取值为地址的变量。定义指针的目

的是为了通过指针去访问内存单元。

既然指针变量的值是一个地址,那么这个地址不仅可以是变量的地址,也可以是其他数据结构的地址。在一个指针变量中存放一个数组或一个函数的首地址有何意义呢?因为数组或函数都是连续存放的,通过访问指针变量取得了数组或函数的首地址,也就找到了该数组或函数。这样一来,凡是出现数组、函数的地方,都可以用一个指针变量来表示,只要该指针变量中赋予数组或函数的首地址即可。这样做将会使程序的概念十分清楚,程序本身也变得精练、高效。在C语言中,一种数据类型或数据结构往往都占有一组连续的内存单元。用“地址”这个概念并不能很好地描述一种数据类型或数据结构,而“指针”虽然实际上也是一个地址,但它却是一个数据结构的首地址,它是“指向”一个数据结构的,因而概念更为清楚,表示更为明确。这也是引入“指针”概念的一个重要原因。

变量的指针就是变量的地址。存放变量地址的变量是指针变量。即在C语言中,允许用一个变量来存放指针,这种变量称为指针变量。因此,一个指针变量的值就是某个变量的地址或称为某变量的指针。

为了表示指针变量和它所指向的变量之间的关系,在程序中用“*”符号表示“指向”。例如,如图9-2所示,i_pointer代表指针变量,而*i_pointer是i_pointer所指向的变量。

i_pointer　　*i_pointer
011A → 3　i
011A

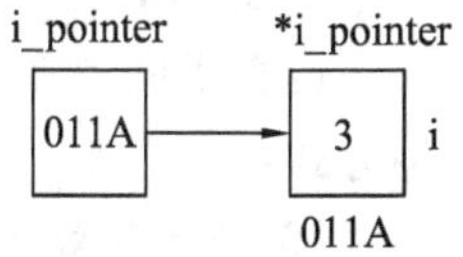

图9-2　i_pointer与*i_pointer的区别

因此,下面两个语句的作用相同:

```
i = 3;
* i_pointer = 3;              /* 将3赋给指针变量i_pointer所指向的变量 */
```

9.1.2 指针变量的定义与引用

对指针变量的定义包括三个内容:

① 指针类型说明,即定义变量为一个指针变量;

② 指针变量名;

③ 变量值(指针)所指向的变量的数据类型。

其一般形式如下:

类型说明符　*指针变量名;

其中,*表示这是一个指针变量,变量名即为定义的指针变量名,类型说明符表示本指针变量所指向的变量的数据类型。例如:

```
int *p1;
```

表示p1是一个指针变量,它的值是某个整型变量的地址。或者说p1指向一个整型变量。至于p1究竟指向哪一个整型变量,应由向p1赋予的地址来决定。

再如:

```
int *p2;            /* p2是指向整型变量的指针变量 */
float *p3;          /* p3是指向浮点型变量的指针变量 */
char *p4;           /* p4是指向字符型变量的指针变量 */
```

注意:一个指针变量只能指向同类型的变量,如p3只能指向浮点型变量,不能时而指向一个浮点型变量,时而又指向一个字符型变量。

指针变量同普通变量一样,使用之前不仅要定义说明,而且必须赋予具体的值。未经赋值的指针变量不能使用,否则将造成系统混乱,甚至死机。指针变量的赋值只能赋予地址,决不能赋予任何其他数据,否则将引起错误。在C语言中,变量的地址是由编译系统分配的,对用户完全透明,用户不知道变量的具体地址。

两个有关的运算符:

① &　取地址运算符。

② *　指针运算符(或称"间接访问"运算符)。

取地址运算符"&"可以加在变量和数组元素的前面,其意义是取出变量或数组元素的地址。因为指针变量也是变量,所以取地址运算符也可以加在指针变量的前面,其含义是取出指针变量的地址。

其一般形式如下:

& 变量名;

例如,&a 表示变量 a 的地址,&b 表示变量 b 的地址。变量本身必须预先说明。

设有指向整型变量的指针变量 p,如要把整型变量 a 的地址赋予 p,可以有以下两种方式:

① 指针变量初始化的方法。

```
int a;
int *p = &a;
```

② 赋值语句的方法。

```
int a;
int *p;
p = &a;
```

不允许把一个数赋予指针变量,故下面的赋值是错误的:

```
int *p;
p = 1000;
```

被赋值的指针变量前不能再加"*"说明符,如写为 *p = &a 也是错误的。

假设:

```
int i = 200, x;
int *ip;
```

我们定义了两个整型变量 i、x,还定义了一个指向整型数的指针变量 ip。i、x 中可存放整数,而 ip 中只能存放整型变量的地址。我们可以把 i 的地址赋给 ip:

```
ip = &i;
```

此时指针变量 ip 指向整型变量 i,假设变量 i 的地址为 1800,这个赋值可形象地理解为如图 9-3 所示的联系。

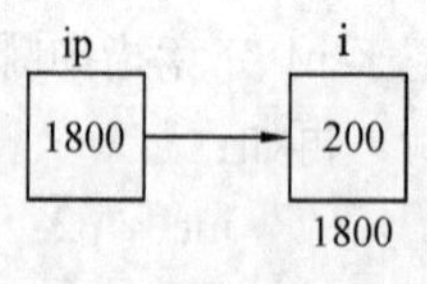

图 9-3　指针变量 ip 指向变量 i

以后我们便可以通过指针变量 ip 间接访问变量 i。例如:

```
x = *ip;
```

运算符 * 访问以 ip 为地址的存储区域,而 ip 中存放的是变量 i 的地址，因此，＊ip 访问的是地址为 1800 的存储区域（因为是整数，实际上是从 1800 开始的两个字节），它就是 i 所占用的存储区域，所以上面的赋值表达式等价于

```
x = i;
```

另外，指针变量和一般变量一样，存放在它们之中的值是可以改变的，也就是说，可以改变它们的指向，假设

```
int i,j, *p1, *p2;
i = 'a';
j = 'b';
p1 = &i;
p2 = &j;
```

则建立如图 9-4 所示的联系。

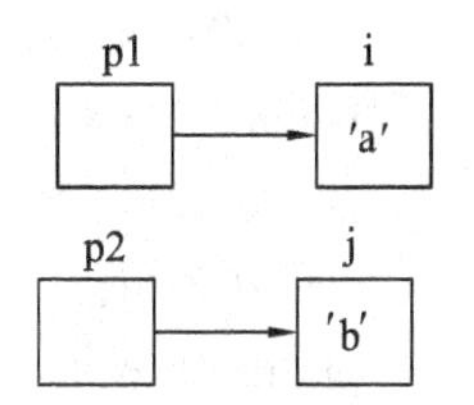

图 9-4 通过指针变量操作 i、j 的示意图

这时赋值语句：

```
p2 = p1;
```

就使 p2 与 p1 指向同一对象 i，此时 ＊p2 就等价于 i，而不是 j，如图 9-5 所示。

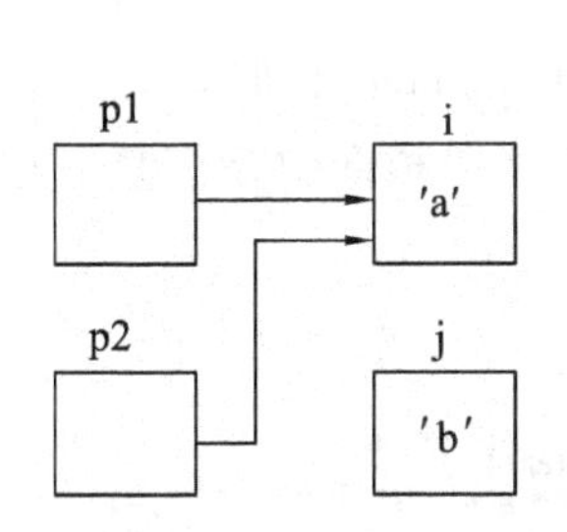

图 9-5 指针变量 p2 改为指向 i 的示意图

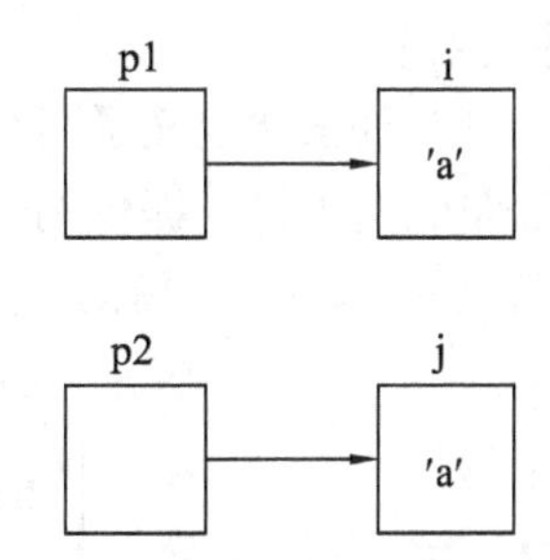

图 9-6 通过指针变量操作变量 j 的示意图

如果执行如下语句：

```
*p2 = *p1;
```

则表示把 p1 指向的内容赋给 p2 所指的区域，此时就变成如图 9-6 所示的情况。

通过指针访问它所指向的一个变量是以间接访问的形式进行的，所以比直接访问一个变量要费时间，而且不直观，因为通过指针要访问哪一个变量，取决于指针的值（即指向）。例如“＊p2 = ＊p1;”实际上就是“j = i;”，前者不仅速度慢，而且目的不明。但由于指针是变量，我们可以通过改变它们的指向，以间接访问不同的变量，这给程序员带来灵活性，也使程序代码编写更为简洁和有效。

指针变量可出现在表达式中，例如：

```
int x,y, *px = &x;
```

指针变量 px 指向整数 x，则 ＊px 可出现在 x 能出现的任何地方。例如：

```
y = *px +5;   /* 表示把 x 的内容加 5 并赋给 y */
y = ++ *px;   /* px 的内容加上 1 之后赋给 y, ++ *px 相当于 ++( *px) */
y = *px ++;   /* 相当于 y = *px; px ++; */
```

【案例 9.1】 指针变量应用案例。

【源程序】

```
1     #include <stdio.h>
2     main()
3     { int a,b;
4       int *pointer_1, *pointer_2;
5       a = 100; b = 10;
6       pointer_1 = &a;
7       pointer_2 = &b;
8       printf("%d,%d\n",a,b);
9       printf("%d,%d\n", *pointer_1, *pointer_2);
10    }
```

【运行结果】

```
100,10
100,10
```

【程序说明】

（1）在开头处虽然定义了两个指针变量 pointer_1 和 pointer_2，但它们并未指向任何一个整型变量。这里只是提供两个指针变量，规定它们可以指向整型变量。程序第6、7行的作用就是使 pointer_1 指向 a，pointer_2 指向 b。

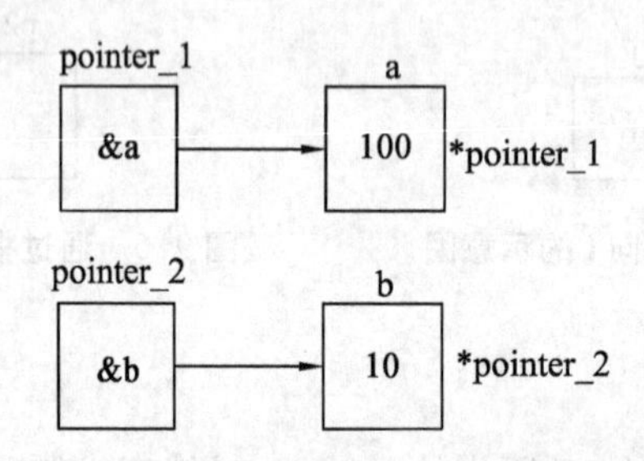

图9-7　利用＊指针操作 a、b 的示意图

（2）最后一行的＊pointer_1 和＊pointer_2 就是变量 a 和 b，故最后两个 printf 函数作用是相同的。

（3）程序中有两处出现＊pointer_1 和＊pointer_2，请区分它们的不同含义。

（4）程序第6、7行的"pointer_1 = &a"和"pointer_2 = &b"不能写成"＊pointer_1 = &a"和"＊pointer_2 = &b"。

【案例9.2】 输入 a 和 b 两个整数，按先大后小的顺序输出 a 和 b。

【源程序】

```
#include <stdio.h>
main()
{ int *p1, *p2, *p, a, b;
  scanf("%d,%d",&a,&b);
  p1 = &a; p2 = &b;
```

```
    if(a<b)
      {p=p1;p1=p2;p2=p;}
    printf("\na=%d,b=%d\n",a,b);
    printf("max=%d,min=%d\n",*p1,*p2);
  }
```

【运行结果】

```
10,20↙
a=10,b=20
max=20,min=10
```

9.1.3 指针变量作为函数参数

函数的参数不仅可以是整型、实型、字符型等数据，还可以是指针类型。它的作用是将一个变量的地址传送到另一个函数中。

【案例9.3】 将【案例9.2】用函数处理，而且用指针类型的数据作为函数的参数。

【源程序】

```
#include <stdio.h>
int swap(int *p1,int *p2)
  { int temp;
    temp = *p1;
    *p1 = *p2;
    *p2 = temp;
  }
  main()
{ int a,b;
    int *pointer_1, *pointer_2;
    scanf("%d,%d",&a,&b);
    pointer_1 = &a;pointer_2 = &b;
    if(a<b) swap(pointer_1,pointer_2);
    printf("\n%d,%d\n",a,b);
}
```

【运行结果】

```
10,20↙
20,10
```

【程序说明】

(1) swap是用户自定义函数，它的作用是交换两个变量(a和b)的值。swap函数的形参p1、p2是指针变量。程序运行时，先执行main函数，输入a和b的值。然后将a和b的地址分别赋给指针变量pointer_1和pointer_2，使pointer_1指向a，pointer_2指向b，如图9-8所示。

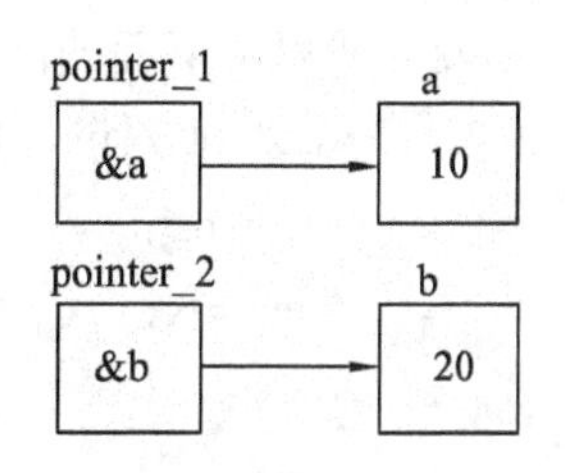

图9-8 分别用pointer_1、pointer_2指向a、b的示意图

（2）接着执行 if 语句，由于 a < b，因此执行 swap 函数。注意实参 pointer_1 和 pointer_2是指针变量，在函数调用时，将实参变量的值传递给形参变量。采取的依然是“值传递”方式。因此虚实结合后形参 p1 的值为 &a，p2 的值为 &b。这时 p1 和 pointer_1 都指向变量 a，p2 和 pointer_2 都指向变量 b。

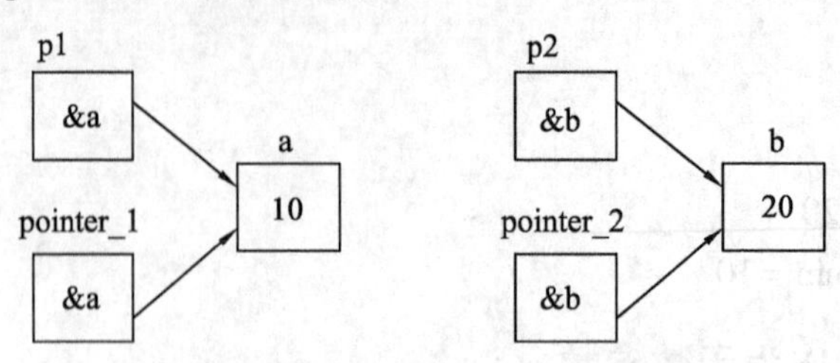

图 9-9　通过地址传递使 p1、p2 指向 a、b

（3）接着执行 swap 函数的函数体，使 ＊p1 和 ＊p2 的值互换，也就是使 a 和 b 的值互换。

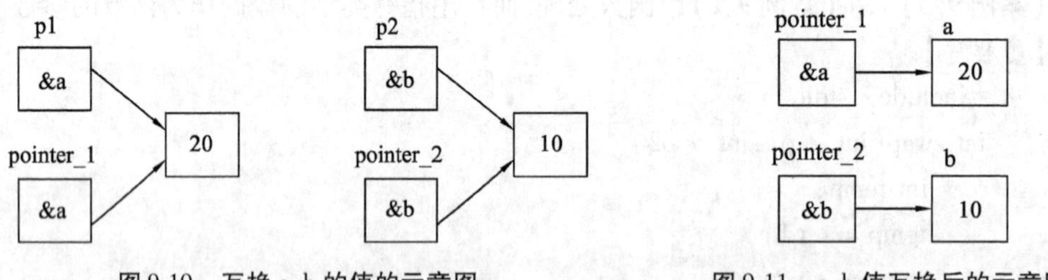

图 9-10　互换 a、b 的值的示意图　　**图 9-11　a、b 值互换后的示意图**

（4）函数调用结束后，p1 和 p2 不复存在（已释放），如图 9-11 所示。

（5）最后在 main 函数中输出的 a 和 b 的值是已经交换过的值。

【思考】

（1）请找出下列程序段的错误：

```
swap(int *p1,int *p2)
{int *temp;
 *temp = *p1;
 *p1 = *p2;
 *p2 = temp;
}
```

（2）请思考下面的函数能否实现 a 和 b 互换。

```
swap(int x,int y)
{int temp;
 temp = x;
 x = y;
 y = temp;
}
```

（3）如果在 main 函数中用“swap(a,b);”调用 swap 函数，会有什么结果呢？如

图 9-12 所示。

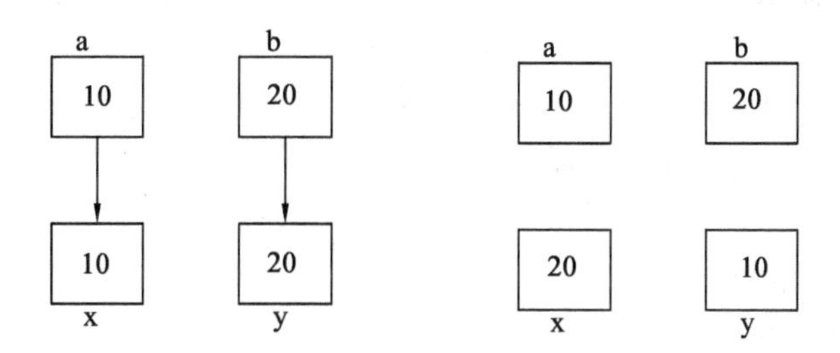

图 9-12 x、y 的值的交换不会影响 a、b 的示意图

【案例 9.4】 不能企图通过改变指针形参的值而使指针实参的值改变的实例。

【源程序】

```
#include <stdio.h>
int swap(int *p1,int *p2)
{ int *p;
  p=p1;
  p1=p2;
  p2=p;
}
main()
{ int a,b;
  int *pointer_1,*pointer_2;
  scanf("%d,%d",&a,&b);
  pointer_1=&a;pointer_2=&b;
  if(a<b) swap(pointer_1,pointer_2);
  printf("\n%d,%d\n",*pointer_1,*pointer_2);
}
```

【运行结果】

10,20↙
10,20

【程序说明】

其中的问题在于不能实现如图 9-13 所示的第四步(d)。

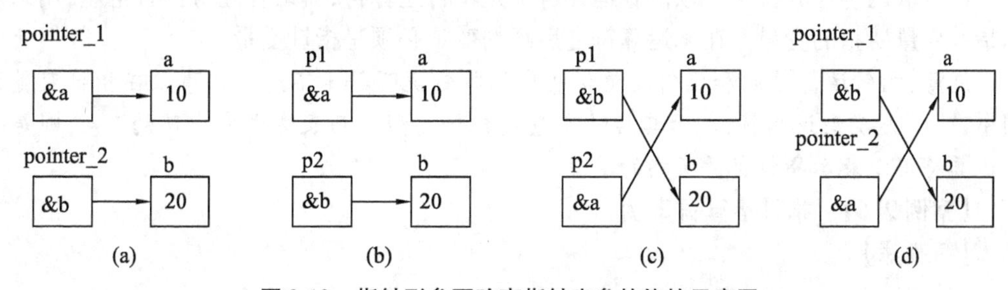

图 9-13 指针形参不改变指针实参的值的示意图

【案例 9.5】 输入 a、b、c 三个整数,按从大到小的顺序输出。

【源程序】

```
#include < stdio.h >
int swap(int *pt1,int *pt2)
{ int temp;
  temp = *pt1;
  *pt1 = *pt2;
  *pt2 = temp;
}
int exchange(int *q1,int *q2,int *q3)
{ if( *q1 < *q2)swap(q1,q2);
  if( *q1 < *q3)swap(q1,q3);
  if( *q2 < *q3)swap(q2,q3);
}
main()
{ int a,b,c, *p1, *p2, *p3;
  scanf("%d,%d,%d",&a,&b,&c);
  p1 = &a;p2 = &b; p3 = &c;
  exchange(p1,p2,p3);
  printf("\n%d,%d,%d \n",a,b,c);
}
```

【运行结果】

```
10,20,30↙
30,20,10
```

指针变量可以进行某些运算,但其运算的种类是有限的。它只能进行赋值运算和部分算术运算及关系运算。

1. 指针运算符

(1) 取地址运算符 &。取地址运算符 & 是单目运算符,其结合性为自右至左,其功能是取变量的地址。在 scanf 函数及前面介绍指针变量赋值中,我们已经了解并使用了 & 运算符。

(2) 取内容运算符 *。取内容运算符 * 是单目运算符,其结合性为自右至左,用来表示指针变量所指的变量。在 * 运算符之后跟的变量必须是指针变量。

注意:指针运算符 * 和指针变量说明中的指针说明符 * 不是一回事。在指针变量说明中,"*"是类型说明符,表示其后的变量是指针类型。而表达式中出现的"*"则是一个运算符用以表示指针变量所指的变量。

【案例 9.6】 指针运算符案例。

【源程序】

```
#include < stdio.h >
```

```
main( )
 { int a=5, *p=&a;
   printf ("%d", *p);
 }
```

【运行结果】

```
5
```

【程序说明】

表示指针变量p取得了整型变量a的地址。“printf("%d", *p);”语句表示输出变量a的值。

2. 指针变量的运算

(1) 赋值运算。

指针变量的赋值运算有以下几种形式:

① 指针变量初始化赋值,前面已作介绍。

② 把一个变量的地址赋予指向相同数据类型的指针变量。

例如:

```
int a, *pa;
pa=&a;      /*把整型变量a的地址赋予整型指针变量pa*/
```

③ 把一个指针变量的值赋予指向相同类型变量的另一个指针变量。

例如:

```
int a, *pa=&a, *pb;
pb=pa;      /*把a的地址赋予指针变量pb*/
```

由于pa、pb均为指向整型变量的指针变量,因此可以相互赋值。

④ 把数组的首地址赋予指向数组的指针变量。

例如:

```
int a[5], *pa;
pa=a;       /*数组名表示数组的首地址,故可赋予指向数组的指针变量pa*/
```

也可写成:

```
pa=&a[0]; /*数组第一个元素的地址也是整个数组的首地址,也可赋予pa*/
```

当然也可采取初始化赋值的方法:

```
int a[5], *pa=a;
```

⑤ 把字符串的首地址赋予指向字符类型的指针变量。

例如:

```
char *pc;
pc="C Language";
```

或用初始化赋值的方法:

```
char *pc="C Language";
```

这里应说明的是,并不是把整个字符串装入指针变量,而是把存放该字符串的字符数组的首地址装入指针变量。在后面还将详细介绍。

⑥ 把函数的入口地址赋予指向函数的指针变量。

例如：

```
int ( * pf)( );
pf = f;                          /* f 为函数名 */
```

(2) 加减算术运算。

对于指向数组的指针变量，可以加上或减去一个整数 n。设 pa 是指向数组 a 的指针变量，则 pa + n、pa - n、pa ++ 、++ pa、pa - - 、- - pa 运算都是合法的。指针变量加或减一个整数 n 的意义是把指针指向的当前位置（指向某数组元素）向前或向后移动 n 个位置。应该注意，数组指针变量向前或向后移动一个位置，和地址加 1 或减 1 在概念上是不同的。因为数组可以有不同的类型，各种类型的数组元素所占的字节长度是不同的。如指针变量加 1，即向后移动 1 个位置，表示指针变量指向下一个数据元素的首地址，而不是在原地址基础上加 1。例如：

```
int a[5], * pa;
pa = a;                          /* pa 指向数组 a,也是指向 a[0] */
pa = pa + 2;                     /* pa 指向 a[2],即 pa 的值为 &pa[2] */
```

指针变量的加减运算只能对数组指针变量进行，对指向其他类型变量的指针变量作加减运算是毫无意义的。

(3) 两个指针变量之间的运算。

只有指向同一数组的两个指针变量之间才能进行运算，否则运算毫无意义。

① 两指针变量相减。两指针变量相减所得之差是两个指针所指数组元素之间相差的元素个数。实际上是两个指针值（地址）相减之差再除以该数组元素的长度（字节数）。例如，pf1 和 pf2 是指向同一浮点数组的两个指针变量，设 pf1 的值为 2010H，pf2 的值为 2000H，而浮点数组每个元素占 4 个字节，所以 pf1 - pf2 的结果为(2000H - 2010H)/4 = 4，表示 pf1 和 pf2 之间相差 4 个元素。两个指针变量不能进行加法运算。例如，pf1 + pf2 毫无实际意义。

② 两指针变量进行关系运算。

指向同一数组的两指针变量进行关系运算可表示它们所指数组元素之间的关系。例如，“pf1 == pf2”表示 pf1 和 pf2 指向同一数组元素；“pf1 > pf2”表示 pf1 处于高地址位置；“pf1 < pf2”表示 pf1 处于低地址位置。

指针变量还可以与 0 比较。设 p 为指针变量，则“p == 0”表明 p 是空指针，它不指向任何变量；“p! = 0”表示 p 不是空指针。空指针是由对指针变量赋予 0 值而得到的。例如：

```
#define NULL 0
int * p = NULL;
```

对指针变量赋 0 值和不赋值是不同的。指针变量未赋值时，可以是任意值，是不能使用的，否则将造成意外错误。而指针变量赋 0 值后，则可以使用，只是它不指向具体的变量而已。

【案例 9.7】 指针变量之间的运算实例。

【源程序】

```
#include < stdio. h >
main( )
{ int a =10,b =20,s,t, * pa, * pb;    /* 说明 pa、pb 为整型指针变量 */
  pa = &a;                          /* 给指针变量 pa 赋值,pa 指向变量 a */
  pb = &b;                          /* 给指针变量 pb 赋值,pb 指向变量 b */
  s = * pa + * pb;                  /* 求 a +b 之和, * pa 就是 a, * pb 就是 b */
  t = * pa * * pb;                  /* 本行是求 a * b 之积 */
  printf("a = % d\nb = % d\na + b = % d\na * b = % d\n",a,b,a + b,a * b);
  printf("s = % d\nt = % d\n",s,t);
}
```

【运行结果】

```
a =10
b =20
a + b =30
a * b =200
s =30
t =200
```

【案例9.8】 指针变量之间的关系运算实例。

【源程序】

```
#include < stdio. h >
main( )
{ int a,b,c, * pmax, * pmin;           /* pmax,pmin 为整型指针变量 */
  printf("input three numbers:\n"); /* 输入提示 */
  scanf("% d% d% d",&a,&b,&c); /* 输入三个数字 */
  if(a > b){                          /* 如果第一个数字大于第二个数字 */
    pmax = &a;                        /* 指针变量赋值 */
    pmin = &b;                        /* 指针变量赋值 */
  }
  else
    { pmax = &b;                      /* 指针变量赋值 */
      pmin = &a;                      /* 指针变量赋值 */
    }
  if(c > * pmax) pmax = &c;          /* 判断并赋值 */
  if(c < * pmin) pmin = &c;          /* 判断并赋值 */
  printf("max = % d\nmin = % d\n", * pmax, * pmin);
                                      /* 输出结果 */
}
```

【运行结果】

```
input three numbers:
10  20  30↙
max = 30
min = 10
```

9.2 指针与数组

一个变量有一个地址,一个数组包含若干元素,每个数组元素都在内存中占用存储单元,它们都有相应的地址。所谓数组的指针,是指数组的起始地址,数组元素的指针是数组元素的地址。

9.2.1 指针与一维数组

一个数组是由连续的一块内存单元组成的。数组名就是这块连续内存单元的首地址。一个数组也是由各个数组元素(下标变量)组成的。每个数组元素按其类型不同占有几个连续的内存单元。一个数组元素的首地址也是指它所占有的几个内存单元的首地址。

定义一个指向数组元素的指针变量的方法,与以前介绍的指针变量相同。

例如:

```
int a[10];            /* 定义 a 为包含 10 个整型数据的数组 */
int *p;               /* 定义 p 为指向整型变量的指针 */
```

注意:因为数组为 int 型,所以指针变量也应为指向 int 型的指针变量。

对指针变量赋值:

```
p = &a[0];
```

把 a[0]元素的地址赋给指针变量 p。也就是说,p 指向 a 数组的第 0 号元素,如图 9-14所示。

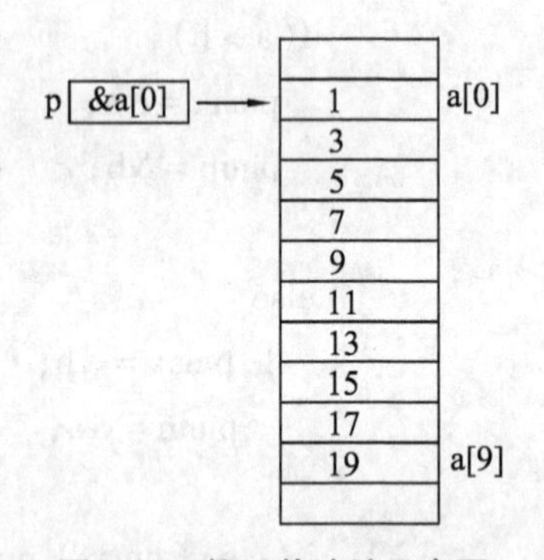

图 9-14 数组首地址示意图

C 语言规定,数组名代表数组的首地址,也就是第 0 号元素的地址。因此,下面两个语句等价:

```
p = &a[0];
p = a;
```

在定义指针变量时可以赋给初值:

```
int *p = &a[0];
```

它等效于:

```
int *p;
p = &a[0];
```

当然定义时也可以写成:

```
int *p = a;
```

如图9-14所示,我们可以看出有以下关系:

p、a、&a[0]均指向同一单元,它们是数组a的首地址,也是0号元素a[0]的首地址。

注意:p是变量,而a、&a[0]都是常量。在编程时应予以注意。

数组指针变量说明的一般形式如下:

　　类型说明符　*指针变量名;

其中类型说明符表示所指数组的类型。从一般形式可以看出,指向数组的指针变量和指向普通变量的指针变量的说明是相同的。

C语言规定:如果指针变量p已指向数组中的一个元素,则p+1指向同一数组中的下一个元素。

引入指针变量后,就可以用两种方法来访问数组元素了。

如果p的初值为&a[0],则

(1) p+i和a+i就是a[i]的地址,或者说,它们指向a数组的第i个元素。

(2) *(p+i)或*(a+i)就是p+i或a+i所指向的数组元素,即a[i]。例如,*(p+5)或*(a+5)就是a[5]。

(3) 指向数组的指针变量也可以带下标,如p[i]与*(p+i)等价。

根据以上叙述,引用一个数组元素可以用以下两种方法:

(1) 下标法,即用a[i]形式访问数组元素。在前面介绍数组时都是采用这种方法。

(2) 指针法,即采用*(a+i)或*(p+i)形式,用间接访问的方法来访问数组元素,其中a是数组名,p是指向数组的指针变量,其初值p=a。

图9-15　数组元素地址的表示

【案例9.9】 输出数组中的全部元素。

【分析法】

用以下4种方法输出数组中的全部元素。

(1) 用下标法。

```
#include <stdio.h>
main()
{ int a[10],i;
  for(i=0;i<10;i++)
    a[i]=i;
  for(i=0;i<10;i++)
    printf("a[%d]=%d\n",i,a[i]);
}
```

(2) 通过数组名计算元素的地址,找出元素的值。

```
#include <stdio.h>
main()
```

```
{ int a[10],i;
  for(i=0;i<10;i++)
      *(a+i)=i;
  for(i=0;i<10;i++)
     printf("a[%d]=%d\n",i,*(a+i));
}
```

(3) 用指针变量指向元素。

```
#include <stdio.h>
main()
{ int a[10],i,*p;
  p=a;
  for(i=0;i<10;i++)
      *(p+i)=i;
  for(i=0;i<10;i++)
     printf("a[%d]=%d\n",i,*(p+i));
}
```

(4) 用指针法对方法(3)进行改进。

```
#include <stdio.h>
main()
{ int a[10],i,*p=a;
  for(i=0;i<10;){
    *p=i;
    printf("a[%d]=%d\n",i++,*p++);
   }
}
```

4种方法的运行结果是一样的:

```
a[0]=0
a[1]=1
a[2]=2
a[3]=3
a[4]=4
a[5]=5
a[6]=6
a[7]=7
a[8]=8
a[9]=9
```

【程序说明】

(1) 指针变量可以实现本身的值的改变。如 p ++ 是合法的,而 a ++ 是错误的。因为 a 是数组名,它是数组的首地址,是常量。

(2) 要注意指针变量的当前值。请看下面的程序。

【案例 9.10】 找出下列程序中的错误。

【原程序】

```
#include <stdio.h>
main()
{ int *p,i,a[10];
  p=a;
  for(i=0;i<10;i++)
    *p++=i;
  for(i=0;i<10;i++)
     printf("a[%d]=%d\n",i,*p++);
}
```

【修改后的程序】

```
#include <stdio.h>
main()
{ int *p,i,a[10];
  p=a;
  for(i=0;i<10;i++)
   *p++=i;
  p=a;
  for(i=0;i<10;i++)
   printf("a[%d]=%d\n",i,*p++);
}
```

从上例可以看出,虽然定义数组时指定它包含 10 个元素,但指针变量可以指到数组以后的内存单元,系统并不认为非法。

上例中的 * p ++,由于 ++ 和 * 同优先级,结合方向自右而左,等价于 * (p ++)。

* (p ++) 与 * (++ p) 作用不同。若 p 的初值为 a,则 * (p ++) 等价 a[0], * (++ p) 等价 a[1]。

(* p) ++ 表示 p 所指向的元素值加 1。

如果 p 当前指向 a 数组中的第 i 个元素,则 * (p --) 相当于 a[i --]; * (++ p) 相当于 a[++ i]; * (-- p) 相当于 a[-- i]。

9.2.2 指针与二维数组

1. 二维数组的地址

设有整型二维数组 a[3][4] 如下:

0　1　2　3
4　5　6　7
8　9　10　11

它的定义如下：

int a[3][4] = {{0,1,2,3},{4,5,6,7},{8,9,10,11}};

设数组 a 的首地址为 1000，各下标变量的首地址及其值如图 9-16 所示。

1000 0	1002 1	1004 2	1006 3
1008 4	1010 5	1012 6	1014 7
1016 8	1018 9	1020 10	1022 11

图 9-16　数组各下标变量的首地址及其值

前面介绍过，C 语言允许把一个二维数组分解为多个一维数组来处理。因此数组 a 可分解为三个一维数组，即 a[0]、a[1]、a[2]。每个一维数组又含有四个元素，如图9-17所示。

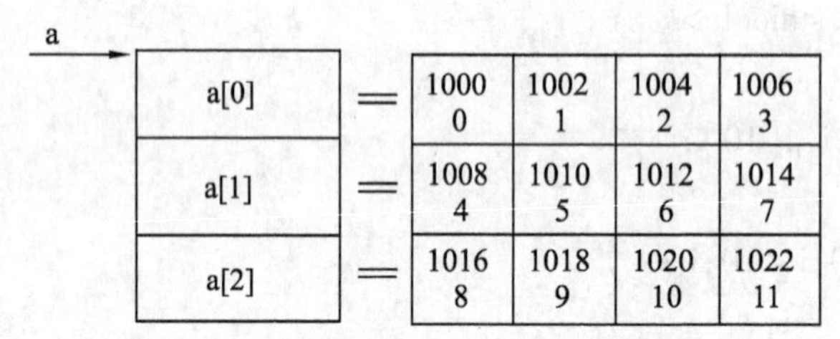

图 9-17　二维数组分为多个一维数值

例如，a[0]数组含有 a[0][0]、a[0][1]、a[0][2]、a[0][3]四个元素。

数组及数组元素的地址表示如下：

从二维数组的角度来看，a 是二维数组名，a 代表整个二维数组的首地址，也是二维数组 0 行的首地址，等于 1000。a+1 代表第一行的首地址，等于 1008，如图 9-18 所示。

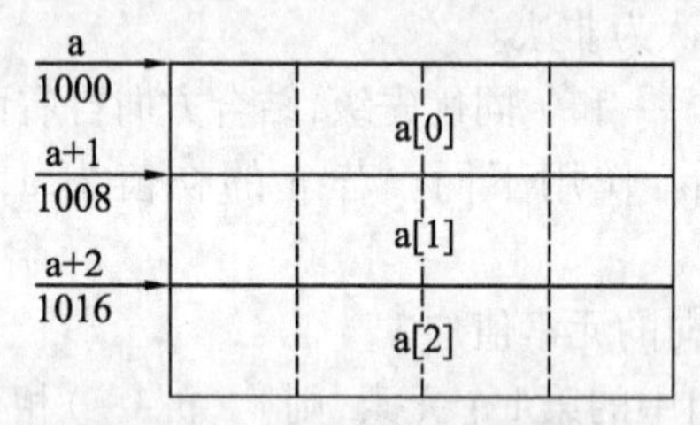

图 9-18　a、a+1、a+2 的首地址

a[0]是第一个一维数组的数组名和首地址，因此也为 1000。*(a+0)或*a 是与 a[0]等效的，它表示一维数组 a[0]0 号元素的首地址，也为 1000。&a[0][0]是二维数组 a 的 0 行 0 列元素首地址，同样是 1000。因此，a、a[0]、*(a+0)、*a、&a[0][0]是相等的。

同理,a+1 是二维数组第 1 行的首地址,等于 1008。a[1]是第二个一维数组的数组名和首地址,因此也为 1008。&a[1][0]是二维数组 a 的第 1 行第 0 列元素地址,也是 1008。因此 a+1、a[1]、*(a+1)、&a[1][0]是等同的。

由此可得出:a+i、a[i]、*(a+i)、&a[i][0]是等同的。

此外,&a[i]和 a[i]也是等同的。因为在二维数组中不能把 &a[i]理解为元素 a[i]的地址,不存在元素 a[i]。C 语言规定,它是一种地址计算方法,表示数组 a 第 i 行首地址。由此,我们得出:a[i]、&a[i]、*(a+i)和 a+i 也都是等同的。

另外,a[0]也可以看成是 a[0]+0,是一维数组 a[0]0 号元素的首地址,而 a[0]+1 则是 a[0]1 号元素的首地址,由此可得出,a[i]+j 则是一维数组 a[i]j 号元素的首地址,它等于 &a[i][j],如图 9-19 所示。

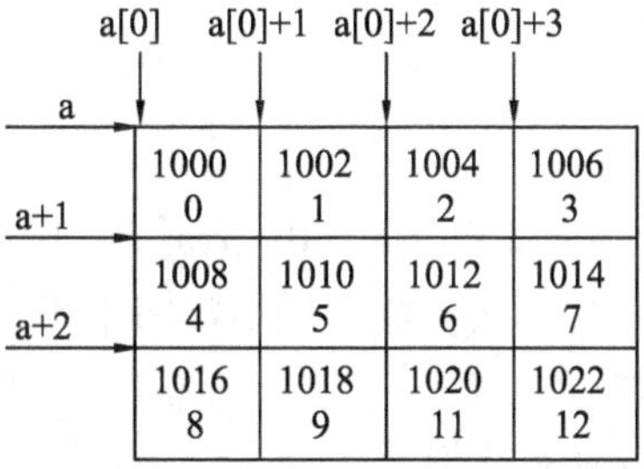

a[0]　a[0]+1　a[0]+2　a[0]+3

a　a+1　a+2

1000 0	1002 1	1004 2	1006 3
1008 4	1010 5	1012 6	1014 7
1016 8	1018 9	1020 11	1022 12

图 9-19　各数组元素的地址

由 a[i]=*(a+i),得 a[i]+j=*(a+i)+j。由于*(a+i)+j 是二维数组 a 的第 i 行第 j 列元素的首地址,所以,该元素的值等于*(*(a+i)+j)。

【案例 9.11】 输出二维数组有关的值。

【源程序】

```
#include <stdio.h>
main()
{ int a[3][4] = {0,1,2,3,4,5,6,7,8,9,10,11};
  printf("%d,",a);
  printf("%d,",*a);
  printf("%d,",a[0]);
  printf("%d,",&a[0]);
  printf("%d\n",&a[0][0]);
  printf("%d,",a+1);
  printf("%d,",*(a+1));
  printf("%d,",a[1]);
  printf("%d,",&a[1]);
  printf("%d\n",&a[1][0]);
  printf("%d,",a+2);
  printf("%d,",*(a+2));
  printf("%d,",a[2]);
```

```
        printf("%d,",&a[2]);
        printf("%d\n",&a[2][0]);
        printf("%d,",a[1]+1);
        printf("%d\n",*(a+1)+1);
        printf("%d,%d\n",*(a[1]+1),*(*(a+1)+1));
    }
```

【运行结果】

```
37814064,37814064,37814064,37814064,37814064
37814072,37814072,37814072,37814072,37814072
37814090,37814090,37814090,37814090,37814090
37814074,37814074
5,5
```

【程序说明】

由运行结果可以看出,a、*a、a[0]、&a[0]、&a[0][0]的存储地址一致,因此它们是相等的。同理,a+1、*(a+1)、a[1]、&a[1]、&a[1][0]也是等效的。在此不再加以讲解。

注意:每次编译分配的地址是不同的。

2. 指向二维数组的指针变量

把二维数组a分解为一维数组a[0]、a[1]、a[2]之后,设p为指向二维数组的指针变量,可定义为

```
int (*p)[4];
```

它表示p是一个指针变量,它指向包含4个元素的一维数组。若指向第一个一维数组a[0],其值等于a、a[0]或&a[0][0]等。而p+i则指向一维数组a[i]。从前面的分析可得出,*(p+i)+j是二维数组第i行第j列元素的地址,而*(*(p+i)+j)则是第i行第j列元素的值。

二维数组指针变量说明的一般形式如下:

类型说明符 (*指针变量名)[长度]

其中,"类型说明符"为所指数组的数据类型;"*"表示其后的变量是指针类型;"长度"表示二维数组分解为多个一维数组时,一维数组的长度,也就是二维数组的列数。应注意"(*指针变量名)"两边的括号不可少,如缺少括号,则表示是指针数组(本章后面介绍),意义就完全不同了。

【案例9.12】 用指针变量输出二维数组元素的值。

【源程序】

```
#include <stdio.h>
main()
{ int a[3][4]={0,1,2,3,4,5,6,7,8,9,10,11};
  int(*p)[4];
  int i,j;
```

```
    p = a;
    for(i = 0;i < 3;i ++ )
      {for(j = 0;j < 4;j ++ )
      printf("% 2d    ", * ( * (p + i) + j));
      printf("\n");
      }
}
```

【运行结果】

```
0  1  2  3
4  5  6  7
8  9  10  11
```

9.2.3 用指向数组的指针作为函数参数

数组名可以作为函数的实参和形参,例如:

```
main( )
{ int array[10];
  …
  f(array,10);
  …
}
f(int arr[ ],int n);
{ … }
```

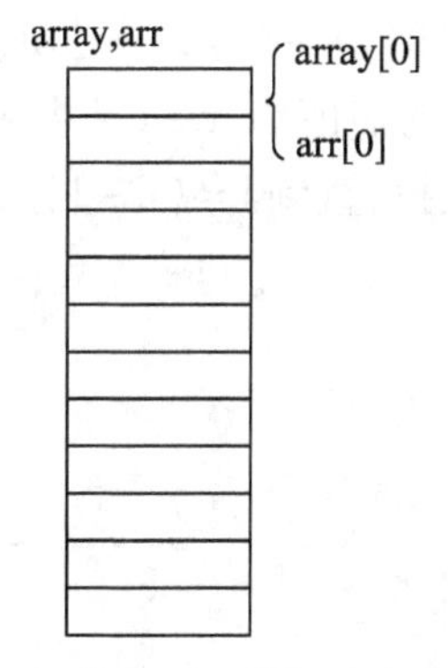

图 9-20 指向同一数组实参和形参

array 为实参数组名,arr 为形参数组名。在学习指针变量之后就更容易理解这个问题了。数组名就是数组的首地址,实参向形参传送数组名,实际上就是传送数组的地址,形参得到该地址后也指向同一数组,如图 9-20 所示。这就好像同一件物品有两个彼此不同的名称一样。

同样,指针变量的值也是地址,数组指针变量的值即为数组的首地址,当然也可作为函数的参数使用。

【案例 9.13】 计算平均分数。

【源程序】

```
#include < stdio. h >
float aver(float  * pa);
main( )
{ float sco[5],av, * sp;
  int i;
  sp = sco;
```

```
    printf("\ninput 5 scores:\n");
    for(i=0;i<5;i++) scanf("%f",&sco[i]);
    av=aver(sp);
    printf("average score is %5.2f\n",av);
  }
  float aver(float *pa)
  { int i;
    float av,s=0;
    for(i=0;i<5;i++) s=s+*pa++;
    av=s/5;
    return av;
  }
```

【运行结果】

```
input 5 scores:
60  70  50  80  90
average score is 10.00
```

【案例 9.14】 将数组 a 中的 n 个整数按相反顺序存放。

【分析】

将 a[0]与 a[n-1]对换,再将 a[1]与 a[n-2]对换……直到将 a[(n-1)/2]与 a[n-int((n-1)/2)]对换。用循环处理此问题,设两个"位置指示变量"i 和 j,i 的初值为 0,j 的初值为 n-1。将 a[i]与 a[j]交换,然后使 i 的值加 1,j 的值减 1,再将 a[i]与 a[j]交换,直到 i=(n-1)/2 为止,如图 9-21 所示。

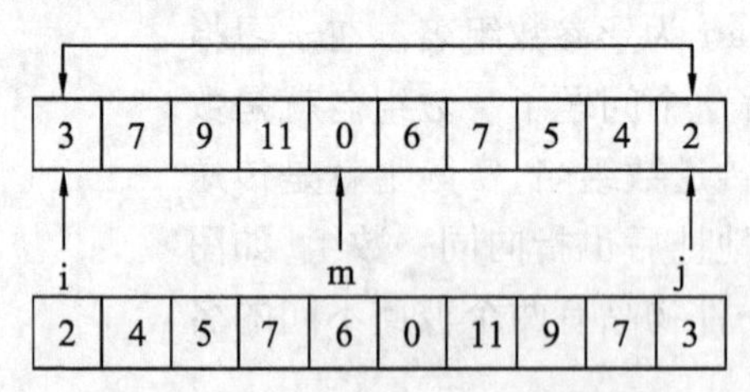

图 9-21 数值元素值交换示意图

【源程序】

```
#include <stdio.h>
void inv(int x[],int n)                     /*形参 x 是数组名*/
{ int temp,i,j,m=(n-1)/2;
  for(i=0;i<=m;i++)
    {j=n-1-i;
     temp=x[i];x[i]=x[j];x[j]=temp;
    }
  return;
```

```
}
main( )
{ int i,a[10] = {3,7,9,11,0,6,7,5,4,2};
  printf("The original array:\n");
  for(i =0;i <10;i ++)
    printf("%d,",a[i]);
  printf("\n");
  inv(a,10);
  printf("The array has been inverted:\n");
  for(i =0;i <10;i ++)
     printf("%d,",a[i]);
  printf("\n");
}
```

【运行结果】

```
The original array:
3,7,9,11,0,6,7,5,4,2,
The array has been inverted:
2,4,5,7,6,0,11,9,7,3,
```

【案例9.15】 对【案例9.14】可以作一些改动。将函数 inv 中的形参 x 改成指针变量。

【源程序】

```
#include <stdio.h>
void inv(int *x,int n)                          /*形参x为指针变量*/
{ int *p,temp,*i,*j,m = (n-1)/2;
  i = x;j = x + n - 1;p = x + m;
  for ( ;i <= p;i ++ ,j -- )
     {temp = *i; *i = *j; *j = temp;}
 return;
}
main( )
{ int i,a[10] = {3,7,9,11,0,6,7,5,4,2};
  printf("The original array:\n");
  for(i =0;i <10;i ++)
    printf("%d,",a[i]);
  printf("\n");
  inv(a,10);
  printf("The array has been inverted:\n");
  for(i =0;i <10;i ++)
```

```
        printf("%d,",a[i]);
    printf("\n");
    }
```

运行结果与【案例9.14】相同。

【案例9.16】 从10个数中找出其中的最大值和最小值。

【分析】

调用一个函数只能得到一个返回值,今用全局变量在函数之间"传递"数据。

【源程序】

```
#include <stdio.h>
int max,min;                                    /*全局变量*/
void max_min_value(int array[],int n)
{ int *p, *array_end;
  array_end = array + n;
  max = min = *array;
  for(p = array + 1;p < array_end;p ++)
    if( *p > max)max = *p;
    else if( *p < min)min = *p;
  return;
}
main()
{ int i,number[10];
  printf("enter 10 integer numbers:\n");
  for (i =0;i <10;i ++)
     scanf("%d",&number[i]);
  max_min_value(number,10);
  printf("\nmax = %d,min = %d\n",max,min);
}
```

【运行结果】

```
enter 10 integer numbers:
1  2  3  4  5  6  7  8  8  9
max =9,min =1
```

【程序说明】

(1) 将在函数max_min_value中求出的最大值和最小值放在max和min中。由于它们是全局变量,因此在主函数中可以直接使用。

(2) 函数max_min_value中的语句:

```
max = min = *array;
```

array是数组名,它接收从实参传来的数组number的首地址。*array相当于*(&array[0])。上述语句与"max = min = array[0];"等价。

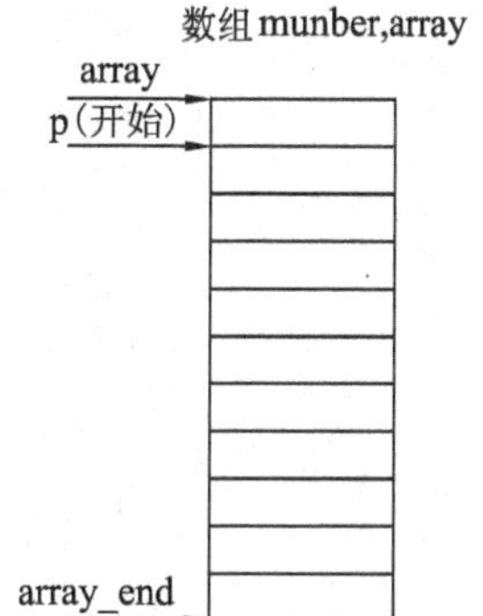

图9-22 利用指针求数组值操作示意图

(3) 在执行函数 max_min_value 中的 for 循环时,p 的初值为 array +1,也就是使 p 指向 array[1]。以后每次执行p ++,使 p 指向下一个元素。每次将 * p 和 max 与 min 比较,将大者放入 max,小者放入 min,如图 9-22 所示。

【案例 9.17】 可以对【案例 9.16】进行修改,函数 max_min_value 的形参 array 可以改为指针变量类型。实参也可以不用数组名,而用指针变量传递地址。

【源程序】

```
#include <stdio.h>
int max,min;                          /*全局变量*/
void max_min_value(int *array,int n)
{ int *p,*array_end;
  array_end = array + n;
  max = min = *array;
  for(p = array + 1;p < array_end;p ++)
    if( *p > max)max = *p;
    else if( *p < min)min = *p;
  return;
}
main()
{ int i,number[10],*p;
  p = number;                         /*使 p 指向 number 数组*/
  printf("enter 10 integer numbers:\n");
  for(i =0;i <10;i ++,p ++)
    scanf("%d",p);
  p = number;
  max_min_value(p,10);
  printf("\nmax =%d,min =%d\n",max,min);
}
```

归纳起来,如果有一个实参数组,想在函数中改变此数组的元素的值,实参与形参的对应关系有以下 4 种:

(1) 形参和实参都是数组名。

(2) 实参用数组,形参用指针变量。

(3) 实参、形参都用指针变量。

(4) 实参为指针变量,形参为数组名。

【案例 9.18】 用实参指针变量改写【案例 9.14】。

【源程序】

```
#include <stdio.h>
```

```
void inv(int *x,int n)
  { int *p,m,temp,*i,*j;
    m=(n-1)/2;
    i=x;j=x+n-1;p=x+m;
    for(;i<=p;i++,j--)
      {temp=*i;*i=*j;*j=temp;}
    return;
  }
main()
  { int i,arr[10]={3,7,9,11,0,6,7,5,4,2},*p;
    p=arr;
    printf("The original array:\n");
    for(i=0;i<10;i++,p++)
      printf("%d,",*p);
    printf("\n");
    p=arr;
    inv(p,10);
    printf("The array has been inverted:\n");
    for (p=arr;p<arr+10;p++)
      printf("%d,",*p);
    printf("\n");
  }
```

注意:main 函数中的指针变量 p 是有确定值的。即如果用指针变量作实参,必须先使指针变量有确定值,指向一个已定义的数组。

【案例 9.19】 用选择法对 10 个整数排序。

【源程序】

```
#include <stdio.h>
main()
  { int *p,i,a[10]={3,7,9,11,0,6,7,5,4,2};
    printf("The original array:\n");
    for (i=0;i<10;i++)
      printf("%d,",a[i]);
    printf("\n");
    p=a;
    sort(p,10);
    int
    for(p=a,i=0;i<10;i++)
      {printf("%d   ",*p);p++;}
```

```
    printf("\n");
}
int sort(int x[],int n)
{ int i,j,k,t;
    for(i=0;i<n-1;i++)
      {k=i;
      for(j=i+1;j<n;j++)
        if(x[j]>x[k])k=j;
      if(k!=i)
        {t=x[i];x[i]=x[k];x[k]=t;}
      }
}
```

【运行结果】

```
The original array:
3,7,9,11,0,6,7,5,4,2
11  9  7  7  6  5  4  3  2  0
```

【程序说明】

函数 sort 用数组名作为形参,也可改为用指针变量,这时函数的首部可以改为 int sort(int *x,int n),其他可一律不改。

9.2.4 指针与字符数组

在 C 语言中,可以用两种方法访问一个字符串。

(1) 用字符数组存放一个字符串,然后输出该字符串。

【案例 9.20】 定义一个字符数组,对它初始化,然后输出该字符串。

【源程序】

```
#include <stdio.h>
main()
{ char string[]="I love China!";
  printf("%s\n",string);
}
```

【运行结果】

```
I love China!
```

【程序说明】

和前面介绍的数组属性一样,string 是数组名,它代表字符数组的首元素的地址,如图 9-23 所示。

string →

单元	下标
I	string[0]
	string[1]
l	string[2]
o	string[3]
v	string[4]
e	string[5]
	string[6]
C	string[7]
h	string[8]
i	string[9]
n	string[10]
a	string[11]
!	string[12]
\0	

图 9-23　字符数组

string →

单元
I
l
o
v
e
C
h
i
n
a
!
\0

图 9-24　字符串

（2）用字符指针指向一个字符串。

【案例 9.21】　定义字符指针。

【源程序】

```
#include <stdio.h>
main()
{ char *string = "I love China!";
  printf("%s\n",string);
}
```

【程序说明】

对字符指针变量 string 初始化,实际上是把字符串第 1 个元素的地址(即存放字符串的字符数组的首元素地址)赋给 string,如图 9-24 所示。

字符串指针变量的定义说明与指向字符变量的指针变量说明是相同的。只能按对指针变量的赋值不同来区别。对指向字符变量的指针变量应赋予该字符变量的地址。

例如:

```
char c, *p = &c;
```

表示 p 是一个指向字符变量 c 的指针变量。

而

```
char *s = "C Language";
```

则表示 s 是一个指向字符串的指针变量,把字符串的首地址赋予 s。

上例中,首先定义 string 是一个字符指针变量,然后把字符串的首地址赋予 string(应写出整个字符串,以便编译系统把该串装入连续的一块内存单元,并把首地址送入 string)。程序中的

```
char *string = "I love China!";
```

等效于

```
char  * string;
string = "I love China!";
```

【案例9.22】 输出字符串中n个字符后的所有字符。

【源程序】

```
#include < stdio. h >
main( )
{ char  * ps = "this is a book";
  int n = 10;
  ps = ps + n;
  printf("% s\n",ps);
}
```

【运行结果】

```
book
```

【程序说明】

在程序中对ps初始化时,即把字符串首地址赋予ps,当执行语句“ps = ps + 10;”之后,ps指向字符“b”,因此输出为“book”。

【案例9.23】 在输入的字符串中查找有无“k”字符。

【源程序】

```
#include < stdio. h >
main( )
{ char st[20], * ps;
  int i;
  printf("input a string:\n");
  ps = st;
  scanf("% s",ps);
  for(i = 0;ps[i]! = '\0';i ++ )
    if(ps[i] == 'k')
        {printf("there is a 'k' in the string\n");
        break;
        }
  if(ps[i] == '\0') printf("there is no 'k' in the string\n");
}
```

【运行结果】

第一次:

```
input a string:
think you↙
There is a 'k' in the string
```

第二次:

```
input a string:
I am a student↙
There is no 'k' in the string
```

【案例 9.24】 将指针变量指向一个格式字符串,用在 printf 函数中,用于输出二维数组的各种地址表示的值。但在 printf 语句中用指针变量 PF 代替了格式串。这也是程序中常用的方法。

【源程序】

```
#include <stdio.h>
main()
  { static int a[3][4] = {0,1,2,3,4,5,6,7,8,9,10,11};
    char *PF;
    PF = "%d,%d,%d,%d,%d\n";
    printf(PF,a,*a,a[0],&a[0],&a[0][0]);
    printf(PF,a+1,*(a+1),a[1],&a[1],&a[1][0]);
    printf(PF,a+2,*(a+2),a[2],&a[2],&a[2][0]);
    printf("%d,%d\n",a[1]+1,*(a+1)+1);
    printf("%d,%d\n",*(a[1]+1),*(*(a+1)+1));
  }
```

【运行结果】

```
4202504,4202504,4202504,4202504,4202504
4202520,4202520,4202520,4202520,4202520
4202536,4202536,4202536,4202536,4202536
4202524,4202524
5,5
```

【案例 9.25】 把字符串指针作为函数参数使用。要求把一个字符串的内容复制到另一个字符串中,并且不能使用 strcpy 函数。函数 cpystr 的形参为两个字符指针变量。pss 指向源字符串,pds 指向目标字符串。注意表达式(*pds = *pss)! = '\0'的用法。

【源程序】

```
#include <stdio.h>
void cpystr(char *pss,char *pds)
{ while((*pds = *pss)!='\0')
    { pds++;
      pss++;
    }
}
main()
{ char *pa = "CHINA",b[10],*pb;
  pb = b;
```

```
    cpystr(pa,pb);
    printf("string a = %s\nstring b = %s\n",pa,pb);
}
```

【运行结果】

```
string a = CHINA
string b = CHINA
```

【程序说明】

在本例中,程序完成了两项工作:一是把 pss 指向的源字符串复制到 pds 所指向的目标字符串中;二是判断所复制的字符是否为'\0',若是,则表明源字符串结束,不再循环,否则,pds 和 pss 都加 1,指向下一字符。在主函数中,以指针变量 pa、pb 为实参,分别取得确定值后调用 cpystr 函数。由于采用的指针变量 pa 和 pss、pb 和 pds 均指向同一字符串,因此在主函数和 cpystr 函数中均可使用这些字符串。也可以把 cpystr 函数简化为以下形式:

```
cpystr(char *pss,char *pds)
  {while((*pds++ = *pss++)! = '\0');}
```

即把指针的移动和赋值合并在一个语句中。进一步分析还可发现'\0'的 ASCII 码为 0,对于 while 语句只看表达式的值为非 0 就循环,为 0 则结束循环,因此也可省去"! = '\0'"这一判断部分,而写为以下形式:

```
cpystr(char *pss,char *pds)
  {while(*pdss++ = *pss++);}
```

表达式的意义可解释为,源字符向目标字符赋值,移动指针,若所赋值为非 0 则循环,否则结束循环。这样使程序更加简洁。

【案例 9.26】 简化后的【案例 9.25】的程序。

【源程序】

```
#include <stdio.h>
void cpystr(char *pss,char *pds)
{ while(*pds++ = *pss++);}
main()
{ char *pa = "CHINA",b[10],*pb;
  pb = b;
  cpystr(pa,pb);
  printf("string a = %s\nstring b = %s\n",pa,pb);
}
```

用字符数组和字符指针变量都可实现字符串的存储和运算,但是两者是有区别的。在使用时应注意以下几个问题:

(1) 字符串指针变量本身是一个变量,用于存放字符串的首地址。而字符串本身是存放在以该首地址为首的一块连续的内存空间中并以'\0'作为串的结束。字符数组是由若干个数组元素组成的,它可用来存放整个字符串。

（2）对字符串指针方式：

```
char *ps="C Language";
```

可以写成：

```
char *ps;
ps="C Language";
```

而对数组方式：

```
static char st[]={"C Language"};
```

不能写成：

```
char st[20];
st={"C Language"};
```

而只能对字符数组的各元素逐个赋值。

从以上几点可以看出字符串指针变量与字符数组在使用时的区别，同时也可看出使用指针变量更加方便。

前面说过，当一个指针变量在未取得确定地址前使用是危险的，容易引起错误。但是对指针变量直接赋值是可以的，因为系统对指针变量赋值时要给以确定的地址，因此

```
char *ps="C Language";
```

或者

```
char *ps;
ps="C Language";
```

都是合法的。

9.3 指针数组

9.3.1 指针数组的定义

若一个数组的元素均为指针类型数据，则称为指针数组。指针数组是一组有序的指针的集合。指针数组的所有元素都必须是具有相同存储类型和指向相同数据类型的指针变量。

指针数组定义的一般形式如下：

类型说明符 *数组名[数组长度]；

其中，类型说明符为指针值所指向的变量的类型。例如：

```
int *pa[3];
```

表示 pa 是一个指针数组，它有三个数组元素，每个元素值都是一个指针，指向整型变量。

9.3.2 指针数组的应用举例

【案例 9.27】 通常可用一个指针数组来指向一个二维数组。指针数组中的每个元素被赋予二维数组每一行的首地址，因此也可理解为指向一个一维数组。

【源程序】

```
#include <stdio.h>
main()
{ int a[3][3] = {1,2,3,4,5,6,7,8,9};
  int *pa[3] = {a[0],a[1],a[2]};
  int *p = a[0];
  int i;
  for(i =0;i <3;i ++)
      printf("%d,%d,%d\n",a[i][2 - i], *a[i], *( *(a + i) + i));
  for(i =0;i <3;i ++)
      printf("%d,%d,%d\n", *pa[i],p[i], *(p + i));
}
```

【运行结果】

```
3,1,1
5,4,5
7,7,9
1,1,1
4,2,2
7,3,3
```

【程序说明】

在本例程序中,pa 是一个指针数组,三个元素分别指向二维数组 a 的各行。然后用循环语句输出指定的数组元素。其中 *a[i]表示第 i 行第 0 列元素值; *(*(a + i) + i)表示第 i 行第 i 列的元素值; *pa[i]表示第 i 行第 0 列元素值;由于 p 与 a[0]相同,故 p[i]表示第 0 行第 i 列的值; *(p + i)表示第 0 行第 i 列的值。读者可仔细领会元素值的各种不同的表示方法。

应该注意指针数组和二维数组指针变量的区别。这两者虽然都可用来表示二维数组,但是其表示方法和意义是不同的。二维数组指针变量是单个的变量,其一般形式中"(*指针变量名)"两边的括号必不可少。而指针数组类型表示的是多个指针(一组有序指针),在一般形式中" *指针数组名"两边不能有括号。例如:

```
int ( *p)[3];
```

表示一个指向二维数组的指针变量。该二维数组的列数为 3 或分解为一维数组的长度为 3。而

```
int *p[3];
```

表示 p 是一个指针数组,有三个下标变量 p[0]、p[1]、p[2],且均为指针变量。

指针数组也常用来表示一组字符串,这时指针数组的每个元素被赋予一个字符串的首地址。指向字符串的指针数组的初始化更为简单。例如,在【案例 9.28】中将介绍采用指针数组来表示一组字符串。

【案例 9.28】 指针数组作指针型函数的参数。

【源程序】

```
#include < stdio. h >
main( )
{ static char *name[ ] = { "Illegal day",
                            "Monday",
                            "Tuesday",
                            "Wednesday",
                            "Thursday",
                            "Friday",
                            "Saturday",
                            "Sunday"} ;
  char *ps;
  int i;
  char *day_name( char *name[ ],int n) ;
  printf("input Day No: \n") ;
  scanf("% d",&i) ;
  if(i <0) exit(1) ;
  ps = day_name( name ,i) ;
  printf("Day No:% 2d --> % s\n",i,ps) ;
}
char *day_name( char *name[ ],int n)
{ char *pp1 , *pp2;
  pp1 = *name;
  pp2 = *( name + n) ;
  return( (n <1 || n >7) ? pp1 :pp2) ;
}
```

【运行结果】

第一组:

```
input Day No:
1↙
Day No:1→Monday
```

第二组:

```
input Day No:
2↙
Day No:2→Tuesday
```

第三组:

……

第八组:

input Day No:
8↙
Day No:8→Illegal day

【程序说明】

在本例主函数中,定义了一个指针数组 name,并对 name 作了初始化赋值。其每个元素都指向一个字符串。然后又以 name 作为实参调用指针型函数 day_name,在调用时把数组名 name 赋予形参变量 name,输入的整数 i 作为第二个实参赋予形参 n。在 day_name 函数中定义了两个指针变量 pp1 和 pp2,pp1 被赋予 name[0]的值(即 * name),pp2 被赋予 name[n]的值(即 *(name + n))。由条件表达式决定返回 pp1 或 pp2 指针给主函数中的指针变量 ps。最后输出 i 和 ps 的值。

【案例 9.29】 输入 5 个国家的名称,并按字母顺序排列后输出。

【源程序】

```
#include <string.h>
main()
{ void sort(char *name[],int n);
  void print(char *name[],int n);
  static char *name[] = { "CHINA","AMERICA","AUSTRALIA",
                          "FRANCE","GERMAN"};
  int n =5;
  sort(name,n);
  print(name,n);
}
void sort(char *name[],int n)
{ char *pt;
  int i,j,k;
  for(i =0;i <n -1;i ++)
    { k =i;
     for(j =i +1;j <n;j ++)
        if(strcmp(name[k],name[j]) >0) k =j;
     if(k! =i)
      { pt =name[i];
        name[i] =name[k];
        name[k] =pt;
      }
    }
}
void print(char *name[],int n)
{ int i;
```

```
    for(i=0;i<n;i++) printf("%s\n",name[i]);
}
```

【运行结果】

```
AMERICA
AUSTRALIA
CHIAN
FRANCE
GERMAN
```

【程序说明】

(1) 在以前的例子中采用了普通的排序方法,逐个比较之后交换字符串的位置。交换字符串的物理位置是通过字符串复制函数完成的。反复的交换将使程序执行的速度很慢,同时由于各字符串(国名)的长度不同,又增加了存储管理的负担。用指针数组能很好地解决这些问题。把所有的字符串存放在一个数组中,把这些字符数组的首地址放在一个指针数组中,当需要交换两个字符串时,只须交换指针数组相应两元素的内容(地址)即可,而不必交换字符串本身。

(2) 本程序定义了两个函数:一个名为 sort 完成排序,其形参为指针数组 name,即为待排序的各字符串数组的指针,形参 n 为字符串的个数;另一个函数名为 print,用于排序后字符串的输出,其形参与 sort 的形参相同。在主函数 main 中,定义了指针数组 name 并作了初始化赋值。然后分别调用 sort 函数和 print 函数完成排序和输出。值得说明的是,在 sort 函数中,对两个字符串比较,采用了 strcmp 函数,strcmp 函数允许参与比较的字符串以指针方式出现。name[k]和 name[j]均为指针,因此是合法的。字符串比较后需要交换时,只交换指针数组元素的值,而不交换具体的字符串,这样将大大减少时间的开销,提高了运行效率。

9.4 指向指针的指针

如果一个指针变量存放的又是另一个指针变量的地址,则称这个指针变量为指向指针的指针变量。

在前面已经介绍过,通过指针访问变量称为间接访问。由于指针变量直接指向变量,所以称为“单级间址”。而如果通过指向指针的指针变量来访问变量,则构成“二级间址”,如图 9-25 所示。

从图 9-26 可以看到,name 是一个指针数组,它的每一个元素是一个指针型数据,其值为地址。数组名 name 代表该指针数组首元素的地址。name + i 是 mane[i]的地址。name + i就是指向指针型数据的指针(地址)。

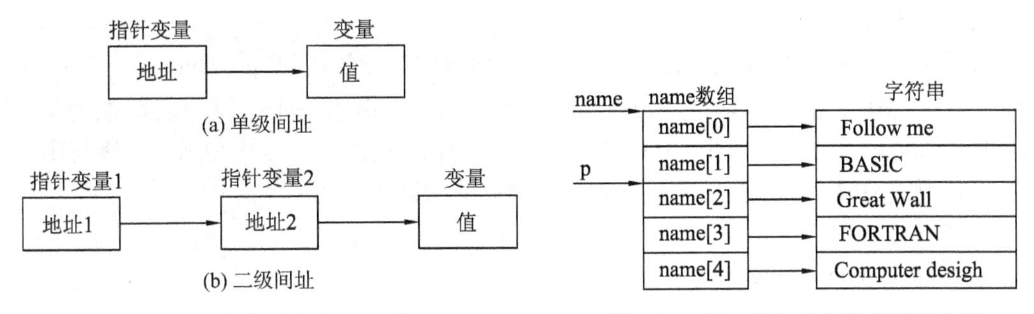

图 9-25 指针的指针示意图　　图 9-26 指向指针数组的指针示意图

怎样定义一个指向指针型数据的指针变量呢？例如：

```
char **p;
```

p 前面有两个 * 号，相当于 *（*p）。显然 *p 是指针变量的定义形式，如果没有最前面的 *，那就是定义了一个指向字符数据的指针变量。现在它前面又有一个 * 号，表示指针变量 p 是指向一个字符指针变量。*p 就是 p 所指向的另一个指针变量，如果有：

```
p = name + 2;
printf("%o\n", *p);
printf("%s\n", *p);
```

第一个 printf 函数语句输出 name[2]的值（它是一个地址），第二个 printf 函数语句以字符串形式（%s）输出字符串“Great Wall”。

【案例 9.30】 使用指向指针的指针的实例。

【源程序】

```
#include <stdio.h>
main()
{ char *name[] = {"Follow me","BASIC","Great Wall","FORTRAN",
       "Computer design"};
  char **p;
  int i;
  for(i =0;i <5;i ++)
  { p = name + i;
    printf("%s\n", *p);
  }
}
```

【运行结果】

```
Follow me
BASIC
Great Wall
FORTRAN
Computer design
```

【程序说明】

p是指向指针的指针变量,在第一次执行循环体时,赋值语句"p = nam + i;"使p指向name数组的0号元素name[0],*p是name[0]的值,即第一个字符串的起始地址,用printf函数输出第一个字符串(格式符为% s)。执行5次循环体,依次输出5个字符串。

【案例9.31】 一个指针数组的元素指向数据的简单实例。

【源程序】

```
#include <stdio.h>
main()
{ static int a[5] = {1,3,5,7,9};
  int *num[5] = {&a[0],&a[1],&a[2],&a[3],&a[4]};
  int **p,i;
  p = num;
  for(i = 0;i <5;i ++ )
    {printf("% d\t", **p);p ++ ;}
}
```

【运行结果】

```
1  3  5  7  9
```

【程序说明】

指针数组的元素只能存放地址。

9.5 main函数的参数

前面介绍的main函数都是不带参数的。因此main后的括号都是空括号。实际上,main函数可以带参数,这个参数可以认为是main函数的形式参数。C语言规定main函数的参数只能有两个,习惯上这两个参数写为argc和argv。因此,main函数的函数头可写成:

main(argc,argv)

C语言还规定,argc(第一个形参)必须是整型变量,argv(第二个形参)必须是指向字符串的指针数组。加上形参说明后,main函数的函数头应写成:

main(int argc,char *argv[])

由于main函数不能被其他函数调用,因此不可能在程序内部取得实际值。那么,在何处把实参值赋予main函数的形参呢?实际上,main函数的参数值是从操作系统命令行上获得的。当我们要运行一个可执行文件时,在DOS提示符下键入文件名,再输入实际参数即可把这些实参传送到main的形参中去。

DOS提示符下命令行的一般形式如下:

C:\>可执行文件名　参数　参数……;

但是应该特别注意的是,main的两个形参和命令行中的参数在位置上不是一一对应的。因为 main 的形参只有两个，而命令行中的参数个数原则上未加限制。argc 参数表示了命令行中参数的个数（注意：文件名本身也算一个参数），argc 的值是在输入命令行时由系统按实际参数的个数自动赋予的。

例如，输入命令行：

C:\>E24 BASIC foxpro FORTRAN

由于文件名 E24 本身也算一个参数，所以共有 4 个参数，因此 argc 取得的值为 4。argv 参数是字符串指针数组，其各元素值为命令行中各字符串（参数均按字符串处理）的首地址。指针数组的长度即为参数个数。数组元素初值由系统自动赋予。其表示如图 9-27 所示。

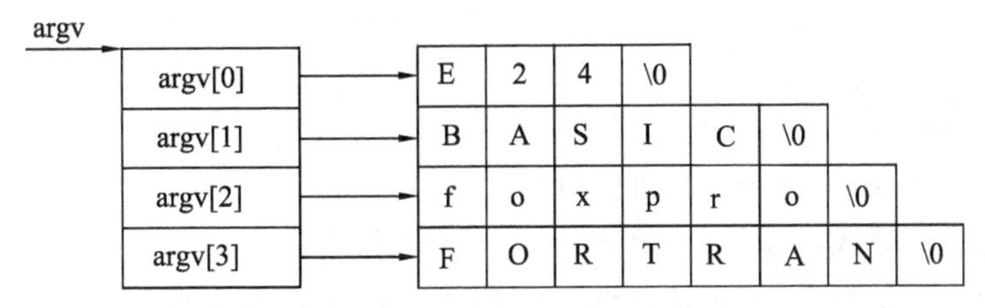

图 9-27 指针数组 argv 指向示意图

【案例 9.32】 带参数的 main 函数举例。

```
main(int argc,char *argv)
{
  while(argc-->1)
     printf("%s\n",*++argv);
}
```

本例是显示命令行中输入的参数。如果上例的可执行文件名为 E24.exe，存放在 A 驱动器的盘内。因此输入的命令行为

C:\>A:E24 BASIC foxpro FORTRAN

【运行结果】

```
BASIC
foxpro
FORTRAN
```

【程序说明】

该行共有 4 个参数，执行 main 时，argc 的初值即为 4。argv 的 4 个元素分为 4 个字符串的首地址。执行 while 语句，每循环一次 argv 值减 1，当 argv 等于 1 时停止循环，共循环三次，因此共可输出三个参数。在 printf 函数中，由于打印项 *++argv 是先加 1 再打印，故第一次打印的是 argv[1]所指的字符串 BASIC。第二、三次循环分别打印后两个字符串。而参数 E24 是文件名，不必输出。

本章小结

指针是一个变量，它存储另一个对象的内存地址。变量有直接访问和间接访问两种方式。将指针作为参数时，函数体内形参的改变将影响到实参的改变。指针和数组有着

密切的联系,数组名代表数组的起始地址,引用数组元素有下标法和指针法两种访问方式。指针算术运算的含义是指针的移动,将指针执行加上或者减去一个整数值 n 的运算相当于指针向前或向后移动 n 个数据单元。main 函数可以带参数。

习 题 9

一、选择题

1. 下列有关 main 函数的说明正确的是(　　)。

A. main(int argc,char * argv[ ])　　B. main(int abc,char ** abv)

C. main(int argc,char argv)　　D. main(int c,char v[ ])

2. 语句“int (*ptr)();”的含义是(　　)。

A. ptr 是指向一维数组的指针变量

B. ptr 是指向 int 型数据的指针变量

C. ptr 是指向函数的指针,该函数返回一个 int 型数据

D. ptr 是一个函数名,该函数的返回值是指向 int 型数据的指针

3. 有一函数 max(a,b),且已使函数指针变量 p 指向它,调用该函数的正确方法是(　　)。

A. p = max;　　B. *p = max;

C. p = max(a,b);　　D. *p = max(a,b);

4. 若有定义“int i,x[3][4];”,则不能将 x[1][1]的值赋给变量 i 的语句是(　　)。

A. i = x[1][1];　　B. i = *(*(x+1));

C. i = *(*(x+1)+1);　　D. i = *(x[1]+1);

5. 若有定义语句“int s[4][6],(*p)[6];”,则下列赋值语句正确的是(　　)。

A. p = t;　　B. p = s;　　C. p = s[2];　　D. p = t[3];

6. 若有以下定义和赋值语句,且 0≤i≤1,0≤j≤2,则下列对 s 数组元素地址的引用形式正确的是(　　)。

int s[2][3] = {0},(*p)[3],i,j; p = s;

A. (*(p+i))[j]　　B. *(p[i]) +j

C. *(*(p+i) +j)　　D. (p+i) +j

7. 若有定义“int c[5],*p = c;”,则下列对 c 数组元素地址的引用正确的是(　　)。

A. p+5　　B. c++

C. &c+1　　D. &c[0]

8. 若有定义“int x[5],*p = x;”,则不能代表 x 数组首地址的是(　　)。

A. x　　B. &x[0]　　C. &x　　D. p

9. 已知程序段“int i,j,*p = &i;”,则与“i = j;”等价的语句是(　　)。

A. i = *p;　　B. *p = *&j　　C. i = &j;　　D. i = **p;

10. 若有说明“char *pc[ ] = {"aaa","bbb","ccc","ddd"};”,则下列叙述正确的是(　　)。

A. *pc[0]代表的是字符串"aaa"　　B. *pc[0]代表的是字符串'a'

C. pc[0]代表的是字符串"aaa"　　　　D. pc[0]代表的是字符'a'

二、编程题

1. 试编写一函数,对输入的10个字符按由小到大的顺序排序,用指针做参数。

2. 用指向指针的方法对6个字符串排序输出(升序)。要求将排序单独编写成一个函数。数据在主函数中输入,最后在主函数中输出排序结果。

3. 输入五行文字,每行不超过40个字符。统计各行大写字母、小写字母、空格、数字以及其他字符的个数,用二维字符数组指针实现。

第10章 结构体、共同体与用户自定义类型

前面已经介绍了基本类型(或称简单类型)的变量(如整型、实型、字符型变量等),也介绍了一种构造类型数据——数组,数组中的各元素是属于同一类型的。

但是只有这些数据类型是不够的。有时需要将不同类型的数据组合成一个有机的整体,以便于引用。这些组合在一个整体中的数据是相互联系的。例如,对于一个包含姓名、性别、学号、数学成绩和英语成绩的一组学生的信息,该如何用C语言来描述呢?

如果使用基本数据类型,定义3个字符型(char)变量分别记录姓名、性别、学号,以及定义2个浮点型(float)变量分别记录数学成绩、英语成绩,这样,这组基本数据只能表示一个学生的信息,在实际运用中显然不可行。

使用数组,可以将一组学生的学号、姓名、性别、数学成绩和英语成绩分别用5个不同类型的一维数组来存放,相同下标的不同数组元素分别代表同一位学生的各项信息。这样可以进行相关的操作,但很难将这些数据联系起来,程序的理解也相对困难。

本章介绍的结构体可以很好地解决这种数据类型不同的一组相关数据的编程问题。在本章的最后,将介绍另外一种构造数据类型——共同体和一种基本数据类型——枚举类型。它们在特殊的应用场景中也发挥着不小的作用。

10.1 结构体类型变量的定义与引用

结构体类型简称结构体,属于构造数据类型。它和基本数据类型的共同点在于它也是一种数据类型,也是为了描述具有某种特点的信息。例如,整型数据类型是为了描述可以用数学上的整数表示的信息;结构体可以描述一个对象的一组信息。另外,既然都是数据类型,自然也都可以定义相应类型的变量。它们的不同点也是显而易见的,即基本数据类型是C语言预设的,用户无法修改这些数据的含义;而对于结构体,用户可以根据需要自定义。本节将介绍结构体类型变量的定义、初始化以及引用。

10.1.1 结构体类型变量的定义

声明一个结构体类型的一般形式如下:

```
struct 结构体类型名
{
```

```
        数据类型 结构成员 1;
        数据类型 结构成员 2;
        …
        数据类型 结构成员 n;
    };
```

通过这种形式就可以定义一种结构体类型,该类型的名称由关键字 struct 后的“结构体类型名”给出,而“数据类型”规定了结构体成员的数据类型,此数据类型可以是任何合法的 C 语言数据类型。“结构成员”由程序员根据需要自定义。

定义结构体的注意事项:

(1)“}”后面的分号不能省略。

(2)同一个数据类型的成员之间用逗号隔开。

例如,用结构体描述学生信息。

```
struct student                      /*定义名为 student 的结构体类型*/
{ char name[20];                    /*学生姓名*/
  char sex[7];                      /*学生性别*/
  char num[10];                     /*学生学号*/
  float mathscore,englishscore;     /*学生数学课、英语课成绩*/
};
```

(3)成员数据类型可以是 C 语言的任何数据类型,当然也可以是结构体类型。

```
struct date                         /*定义名为 date 的结构体类型*/
{ int year;                         /*年*/
  int month;                        /*月*/
  int day;                          /*日*/
};
struct studate
{ char name[20];                    /*学生姓名*/
  char sex[7];                      /*学生性别*/
  char num[10];                     /*学生学号*/
  struct date birthday;             /*学生生日*/
};
```

其中,studate 结构体的成员 birthday 是 date 类型,而 date 类型又是一个结构体类型。

注意: date 结构体的类型定义语句必须写在 studate 结构体类型定义语句之前,date 称为相对于 studate 的内嵌结构体,date 的成员名称可以和 studate 的成员名称相同。

(4)结构体类型的定义一般写在主程序的外部,即 main 函数之前。事实上,数据类型的定义一般都写在 main 函数之前。

(5)结构体类型定义仅仅是说明构成结构体类型的数据结构,即说明了此结构体内允许包含各成员的名称和成员的类型,并没有在内存中为其开辟任何存储空间。只有定义了结构体变量后,C 编译程序才为构成结构的各变量分配内存空间。例如,对于上面的定义,如果有一个变量是 date 类型,则系统为该变量分配 4 + 4 + 4 = 12 个字节,如果有一个变量是 studate 类型,则系统为该变量分配 20 + 7 + 10 + (4 + 4 + 4) = 49 个字节。也就是说,结构体变量在内存中所占空间长度等于各结构体成员所占空间长度之和(不考虑编译器的对齐处理,编译器的对齐处理参见 10.4.2 节)。

结构体类型变量简称为结构体变量,结构体变量的定义可以采用如下 3 种形式:

(1) 先定义结构体类型,再定义结构体类型变量。

```
struct  结构体类型名
{ 数据类型  结构成员 1;
  数据类型  结构成员 2;
  …
  数据类型  结构成员 n;
};
struct  结构体类型名  变量名 1,变量名 2,…,变量名 n;
```

例如:

```
struct student              /* 定义名为 student 的结构体类型 */
{ char name[20];            /* 学生姓名 */
  char sex[7];              /* 学生性别 */
  char num[10];             /* 学生学号 */
};
struct student stu1,stu2;   /* 定义 student 结构体类型变量 stu1、stu2 */
```

(2) 在定义结构体类型的同时定义结构体类型变量。

```
struct  结构体类型名
{ 数据类型  结构成员 1;
  数据类型  结构成员 2;
  …
  数据类型  结构成员 n;
}变量名 1,变量名 2,…,变量名 n;
```

例如:

```
struct student              /* 定义名为 student 的结构体类型 */
{ char name[20];            /* 学生姓名 */
  char sex[7];              /* 学生性别 */
  char num[10];             /* 学生学号 */
}stu1,stu2;                 /* 定义名为 student 的结构体类型变量 stu1、stu2 */
```

(3) 直接定义结构体类型变量。

```
struct
{ 数据类型  结构成员 1;
  数据类型  结构成员 2;
  …
```

```
    数据类型 结构成员 n;
  }变量名1,变量名2,…,变量名n;
```

例如:

```
struct                        /*定义结构体类型,但未取名*/
{ char name[20];              /*学生姓名*/
  char sex[7];                /*学生性别*/
  char num[10];               /*学生学号*/
}stu1,stu2;                   /*定义结构体类型变量stu1、stu2*/
```

其中,前两种方法都为所定义的结构体类型取了名字,这样就不只是变量 stu1、stu2 可以定义为这种类型,其他变量(如 stu3)也可以继续定义为 student 数据类型。只需在程序的适当位置进行定义:

```
struct student stu3;
```

因为第三种方法定义的结构体类型没有命名,所以不能将新的变量定义为该类型。

10.1.2　结构体类型变量的初始化

结构体变量的初始化是指在定义结构体变量的同时给各个成员赋初值。

(1) 一般结构体变量的初始化。

例如:

```
struct student
{ char name[20];
  char sex[7];
  char num[10];
};
struct student stu1 = {"zhoulanlan","female","1301001"};
struct student stu2 = {"meiyu","female","1301002"};
```

或

```
struct student
{ char name[20];
  char sex[7];
  char num[10];
} stu1 = {"zhoulanlan","female","1301001"},stu2 = {"meiyu","female","1301002"};
```

或

```
struct student
{ char name[20];
  char sex[7];
  char num[10];
} stu1 = {"zhoulanlan","female","1301001"};
struct student stu2 = {"meiyu","female","1301002"};
```

但不能写成:

```
struct student
{ char name[20];
  char sex[7];
  char num[10];
} stu1;
stu1 = {"zhoulanlan","female","1301001"};
```

(2) 带有嵌套结构体的结构体变量的初始化。

```
struct date                              /*定义名为 date 的结构体类型*/
{ int year;                              /*年*/
  int month;                             /*月*/
  int day;                               /*日*/
};
struct studate
{ char name[20];                         /*学生姓名*/
  char sex[7];                           /*学生性别*/
  char num[10];                          /*学生学号*/
  struct date birthday;                  /*学生生日*/
} stu1 = {"zhoulanlan","female","1301001",{10,25,1988}};
struct studate stu2 = {"meiyu","female","1301002",5,20,1989};
                                         /*内嵌的大括号{}可以省略*/
```

10.1.3 结构体类型变量的引用

对结构体变量的使用是以结构成员的引用为前提的。引用的方法如下:

结构体变量名.结构体成员名

如果在定义结构体变量时没有初始化或初始化后需要改变结构成员的值,那么就需要通过对结构成员的引用实现对结构成员的访问。例如,给 student 结构体类型的变量 stu1 的 name 赋值为“wangjian”:

```
stu1.name = "wangjian";
```

给 studate 结构体类型的变量 s1 的 name 赋值为"wangjian":

```
s1.name = "wangjian";
```

给 studate 结构体类型的变量 s1 的 birthday 赋值为 1975 年 1 月 10 日:

```
s1.birthday.year = 1975;
s1.birthday.month = 1;
s1.birthday.day = 10;
```

使用结构体类型变量的注意事项:

(1) 只能对结构体类型变量的各个成员分别引用,不能将结构体变量作为一个整体引用。例如:

```
printf("% s",stu1);                                  /* 错误 */
printf(" % s,% s,% s",stu1.name,stu1.sex,stu1.num);  /* 正确 */
```

（2）结构体类型变量的成员可以像基本类型变量一样进行相应的运算。例如：

```
s1.birthday.day +3;
strcmp(s1.name,"wangjian");
```

【案例 10.1】　用结构体描述一个学生基本信息（姓名、性别、学号和出生年、月、日），并输出。

【源程序】

```
#include <stdio.h>
struct date                          /* 定义名为 date 的结构体类型 */
{ int year;                          /* 年 */
  int month;                         /* 月 */
  int day;                           /* 日 */
};
struct studate
{ char name[20];                     /* 学生姓名 */
  char sex[7];                       /* 学生性别 */
  char num[10];                      /* 学生学号 */
  struct date birthday;              /* 学生生日 */
};
void main()
{ struct studate s1 = {"zhoulanlan","Female","1301001",{10,25,1988}};
  printf("\n---------------- student record ------------ \n");
  printf("student name:% s\n",s1.name);
  printf("student sex:% s\n",s1.sex);
  printf("student id:% s\n",s1.num);
  printf("student birthday:% d - % d - % d\n",s1.birthday.year,
         s1.birthday.month,s1.birthday.day);
  printf("\n---------------- student record ------------ \n");
}
```

【运行结果】

```
F:\SISO\教学\C语言\教材\SRC\10-1\Debug\10-1.exe

--------------------student record--------------------
student name:zhoulanlan
student sex:Female
student id:1301001
student birthday:10-25-1988
--------------------student record--------------------
```

【程序说明】

这个程序定义了学生基本信息的结构体,学生基本信息结构体中嵌套了出生年月日的结构体,通过结构体变量定义时赋初值给结构体成员赋值,再输出结构成员。

10.2 结构体类型数组的定义与引用

如果在程序中定义某个结构体类型时,不但可以用它来定义变量并赋初值,而且可以用它来定义数组并进行初始化。结构体类型数组的每一个元素都是具有相同结构类型的小标结构变量。在实际应用中,经常用结构数组来表示具有相同数据结构的一个群体,如一个班的学生信息、一个部门职工的工资表等。

10.2.1 结构体类型数组的定义

结构体类型数组就是结构体类型的一组数据,它的定义和使用的方法与基本类型的数组相似。结构体类型数组的一般定义方式如下:

struct 结构体类型名 结构体类型数组名[元素个数];

例如,定义一个 student 结构体类型的数组 s,s 有 20 个元素。方法如下:

```
struct student
{ char name[20];
  char sex[7];
  char num[10];
};
struct student s[20];
```

或

```
struct student
{ char name[20];
  char sex[7];
  char num[10];
} s[20];
```

10.2.2 结构体类型数组的初始化

结构体类型数组初始化与普通数组初始化相似,在程序中先定义结构体类型,然后定义结构体数组并对数组元素的成员进行初始化。例如:

```
struct student
{ char name[20];
  char sex[7];
  char num[10];
};
```

```
struct student s[2] = {
    { "zhoulanlan ","female ","1301001 "},
    { "meiyu ","female ","1301002 "}
};
```

上面程序段定义了一个结构体数组 s[2],并对数组元素的每个成员进行了初始化。

10.2.3 结构体类型数组的引用

C 语言规定,在程序中不能直接对结构体类型数组元素进行输入/输出,只能对结构体类型数组元素的成员进行输入/输出。结构体类型数组元素成员的输入与输出与普通数组元素的输入与输出类似,通常利用循环语句来完成。

【案例 10.2】 利用结构体类型数组建立学生信息记录单。

【源程序】

```
#include <stdio.h>
struct student
{ char name[20];
  char sex[7];
  char num[10];
};
void main()
{ struct student s[10];
  int i,j;
  printf("please input student information.\n");         /*输出提示信息*/
  printf("every line include name,sex,id,each seperated by space\n");
  printf("note:exit,please input AAA\n");
  printf("name[space]sex[space]id\n");
  for(i=0;i<10;i++)
    { scanf("%s",s[i].name);                            /*读入姓名*/
      if(strcmp(s[i].name,"AAA")==0)                    /*和 AAA 进行比较*/
          break;
      scanf("%s%s\n",s[i].sex,s[i].num);                /*读入性别和年龄*/
    }
  printf("\n----------------student record-----------\n");
                                                         /*输入信息*/
  printf("\n-------name-----sex--------id-------\n");
  for(j=0;j<=i&&strcmp(s[j].name,"AAA")!=0;j++)
    { printf("%20s%20s%20s\n",s[j].name,s[j].sex,s[j].num); }
}
```

【运行结果】

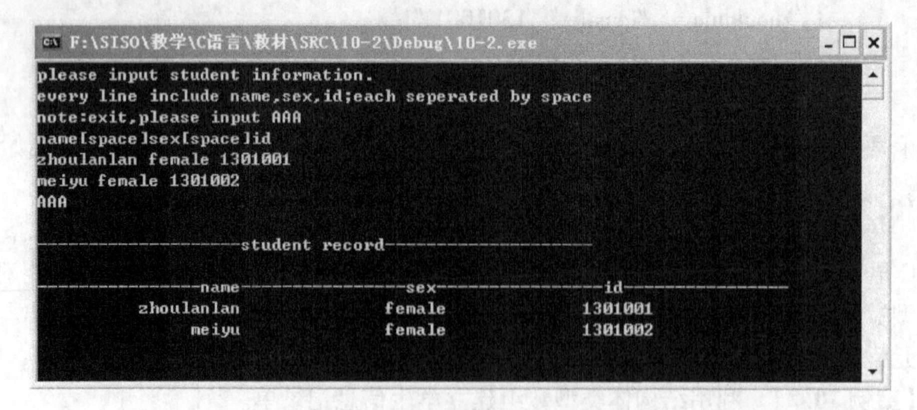

10.3 结构体类型指针的定义与引用

一个结构体类型变量的指针就是该结构体类型变量所占据的内存单元的起始地址。在C语言程序中,可以设置一个指针变量,用来指向一个结构体类型的数据。

10.3.1 结构体指针的定义

结构体指针就是指向结构体变量的指针,换句话说,结构体指针就是已经定义的结构体变量(或数组)所占内存单元的起始地址。结构体指针的一般定义方式如下:

struct 结构体类型名 *结构体指针名;

可以定义结构体指针变量指向同一结构体类型变量。例如:

```
struct stuheight
{ char name[20];
  char sex[7];
  char num[10];
  int height;
};
struct stuheight sh1, * sp;     /* 定义结构体类型变量 sh1 和结构体指针 sp */
sp = &sh1;                      /* 把 sp 指向 sh1 所占内存单元的首地址 */
```

10.3.2 结构体指针的引用

通过指针变量访问结构体成员有以下两种方法:

(*指针变量名).结构成员名

或

指针变量名 -> 结构成员名

在第一种方法中,因为“.”运算符优先级高于“*”运算符,所以指针变量名前后的括

号不能少。第二种方法中的“->”称为箭头运算符,由短横线和大于符号组成。例如,(*sp).name 和(*sp).sex 可以用 sp->name 和 sp->sex 来表示。

【案例10.3】 使用指针访问结构体成员。

【源程序】

```
#include <stdio.h>
struct student
{ char name[20];
  char sex[7];
  char num[10];
};
void main()
{ struct student s, *sp;                    /*定义结构体普通变量与指示变量*/
  sp=&s;
  strcpy(s.name,"wangjian");                /*设置姓名*/
  strcpy(s.sex,"male");                     /*设置性别*/
  strcpy(s.num,"1301003");                  /*设置学号*/
  printf("-------------student info1--------------\n");
                                            /*输出信息*/
  printf("name:%s\nsex:%s\nnum:%s\n",s.name,s.sex,s.num);
  printf("-------------student info2--------------\n");
  printf("name:%s\nsex:%s\nnum:%s\n",(*sp).name,(*sp).sex,
      (*sp).num);
  printf("-------------student info3--------------\n");
  printf("name:%s\nsex:%s\nnum:%s\n",sp->name,sp->sex,
      sp->num);
}
```

【运行结果】

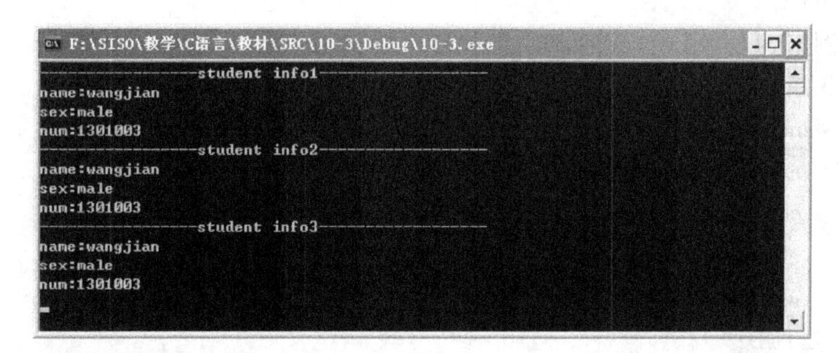

【程序说明】

在该程序中,第一个 printf 函数是输出 s 的各个成员的值。用 s.name 表示 s 中的成员 name,依此类推。第二个 printf 函数也是用来输出 s 的各个成员的值,但使用的是 (＊sp).name 这样的形式。(＊sp)表示 sp 指向的结构体变量 s,(＊sp).name 是 sp 指向的结构体变量 s 中的成员 name。为了使用方便和更直观些,第三个 printf 函数把(＊sp).name 改用 sp->name 来代替,它表示 sp 所指向的结构体变量 s 中的 name 成员。也就是说以下三种形式等价:

① s.成员名;

② (＊sp).成员名;

③ sp->成员名。

10.4 类型定义符 typedef 及 sizeof 函数

C 语言除了允许用户直接使用系统提供的标准数据类型(如 int、char、float、double、long 等)和用户根据编程需要所声明的构造类型(如结构体类型、公用体类型、指针类型、枚举类型等)外,还允许用户用 typedef 声明新的类型名来代替已有的类型名。

10.4.1 类型定义符 typedef

typedef 定义类型的一般形式如下:

```
typedef 原类型名 新类型名;
```

其中,"原类型名"是任何一种已有的合法数据类型的名称,"新类型名"是用户为这种类型新定义的新类型名。

需要说明的是,使用 typedef 并不是建立一个新的类型,而只是用一个新的类型标识符来代表一个已经存在的类型名,通常这个新的类型名用大写字母表示。例如:

```
typedef int INTEGER;
```

使用该语句使 INTEGER 与基本类型 int 成为同义词。例如:

```
INTEGER i;
```

等价于

```
int i;
```

【案例 10.4】 用 typedef 实现为结构体 student 取别名。

【源程序】

```
#include <stdio.h>
typedef struct student
{ char name[20];
  char sex[7];
  char num[10];
}STUD;
void main()
{ STUD stud1;
```

```
    strcpy(stud1.name,"wangjian");
    printf("%s\n",stud1.name);
  }
```

【运行结果】

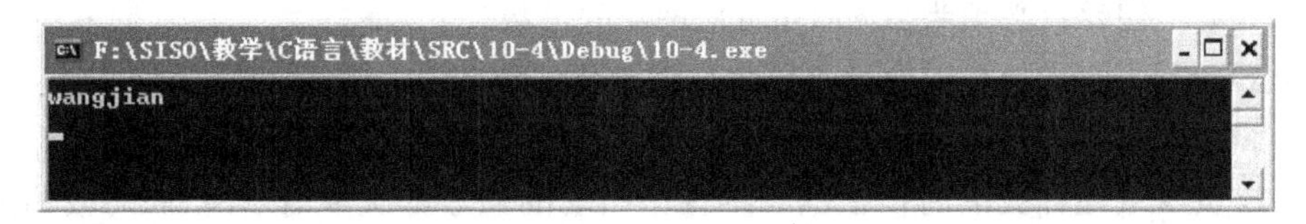

【程序说明】

定义 STUD 表示 student 的结构类型,然后可用 STUD 来说明结构体类型变量:

```
STUD stud1;
```

10.4.2　sizeof 函数

sizeof 是 C 语言的一种单目操作符,如 C 语言的其他操作符 ++、-- 等。它并不是函数。不过通常我们称为 sizeof 函数。sizeof 操作符以字节形式给出了其操作数的存储大小。操作数可以是一个表达式或括在括号内的类型名。操作数的存储大小由操作数的类型决定。

参数为数据类型或者为一般变量,如 sizeof(int),sizeof(long)等,这种情况要注意的是不同系统或者不同编译器得到的结果可能是不同的。例如,int 类型在 16 位系统中占 2 个字节,在 32 位系统中占 4 个字节。

(1) 参数为数组或指针。例如:

```
int a[50];
```

则 sizeof(a) = 4 * 50 = 200,即求数组所占的空间大小。

又如:

```
int * a = new int[50];
```

则 sizeof(a) = 4。因 a 为一个指针,sizeof(a)是求指针的大小,在 32 位系统中占 4 个字节。

(2) 参数为结构。例如:

```
struct MyStruct
{ double dda1;
  char dda;
  int type
};
```

对结构 MyStruct 采用 sizeof 会出现什么结果呢? sizeof(MyStruct)为多少呢? 也许会这样求:

sizeof(MyStruct) = sizeof(double) + sizeof(char) + sizeof(int) = 8 + 1 + 4 = 13。

但是当在 VC 中测试上面结构的大小时,发现 sizeof(MyStruct)为 16。其实,这是 VC 对变量存储的一个特殊处理。为了提高 CPU 的存储速度,VC 对一些变量的起始地址做了“对齐”处理。在默认情况下,VC 规定各成员变量存放的起始地址相对于结构的起始

地址的偏移量必须为该变量的类型所占用的字节数的倍数。下面列出常用类型的对齐方式(VC 6.0,32 位系统):

① char　偏移量必须为 sizeof(char),即 1 的倍数。

② int　偏移量必须为 sizeof(int),即 4 的倍数。

③ float　偏移量必须为 sizeof(float),即 4 的倍数。

④ double　偏移量必须为 sizeof(double),即 8 的倍数。

⑤ short　偏移量必须为 sizeof(short),即 2 的倍数。

各成员变量在存放的时候根据在结构中出现的顺序依次申请空间,同时按照上面的对齐方式调整位置,空缺的字节 VC 会自动填充。同时,VC 为了确保结构的大小为结构的字节边界数(即该结构中占用最大空间的类型所占用的字节数)的倍数,所以在为最后一个成员变量申请空间后,还会根据需要自动填充空缺的字节。

下面用前面的例子来说明 VC 到底是怎么样来存放结构的。

为 MyStruct 结构分配空间的时候,VC 根据成员变量出现的顺序和对齐方式分配字节的方法如下:

(1) 先为第一个成员 dda1 分配空间,其起始地址跟结构的起始地址相同(偏移量 0 刚好为 sizeof(double)的倍数),该成员变量占用 sizeof(double) = 8 个字节。

(2) 接下来为第二个成员 dda 分配空间,这时下一个可以分配的地址对于结构的起始地址的偏移量为 8,是 sizeof(char)的倍数,所以把 dda 存放在偏移量为 8 的地方满足对齐方式,该成员变量占用 sizeof(char) = 1 个字节。

(3) 接下来为第三个成员 type 分配空间,这时下一个可以分配的地址对于结构的起始地址的偏移量为 9,不是 sizeof(int) = 4 的倍数,为了满足对齐方式对偏移量的约束问题,VC 自动填充 3 个字节(这 3 个字节没有放任何内容),这时下一个可以分配的地址对于结构的起始地址的偏移量为 12,刚好是 sizeof(int) = 4 的倍数,所以把 type 存放在偏移量为 12 的地方,该成员变量占用 sizeof(int) = 4 个字节。

这时整个结构的成员变量已经都分配了空间,总的占用的空间大小为:8 + 1 + 3 + 4 = 16,刚好为结构的字节边界数(即结构中占用最大空间的类型所占用的字节数 sizeof(double) = 8)的倍数,所以没有空缺的字节需要填充。

所以整个结构的大小为:sizeof(MyStruct) = 8 + 1 + 3 + 4 = 16,其中有 3 个字节是 VC 自动填充的,没有放任何有意义的内容。

下面再举个例子,交换一下上面的 MyStruct 成员变量的位置,使它变成下面的情况:

```
struct MyStruct
{ char dda;
  double dda1;
  int type
};
```

这个结构占用的空间又为多大呢? 在 VC 6.0 环境下,可以得到 sizeof(MyStruct)为 24。结合上面提到的分配空间的一些原则,分析一下 VC 是如何为上面的结构分配空间的,具体如下:

(1) 对于第一个成员 dda,偏移量为0,满足对齐方式,dda 占用1个字节。

(2) 接下来为第二个成员 dda1 分配空间,这时下一个可用的地址的偏移量为1,不是 sizeof(double) = 8 的倍数,需要补足 7 个字节才能使偏移量变为 8(满足对齐方式),因此 VC 自动填充 7 个字节,dda1 存放在偏移量为 8 的地址上,它占用 8 个字节。

(3) 接下来为第三个成员 type 分配空间,这时下一个可用的地址的偏移量为 16,是 sizeof(int) = 4 的倍数,满足 int 的对齐方式,所以不需要 VC 自动填充,type 存放在偏移量为 16 的地址上,它占用 4 个字节。

这时所有成员变量都分配了空间,空间总的大小为 1 + 7 + 8 + 4 = 20,不是结构的节边界数(即结构中占用最大空间的类型所占用的字节数 sizeof(double) = 8)的倍数,所以需要填充 4 个字节,以满足结构的大小为 sizeof(double) = 8 的倍数。

所以该结构总的大小为:sizeof(MyStruct) = 1 + 7 + 8 + 4 + 4 = 24。其中有 7 + 4 = 11 个字节是 VC 自动填充的,没有放任何有意义的内容。

VC 对结构的存储的特殊处理确实提高了 CPU 存储变量的速度,但是有时候也带来了一些麻烦。我们也可以屏蔽掉变量默认的对齐方式,自己设定变量的对齐方式。

VC 中提供了#pragma pack(n)来设定变量以 n 字节对齐方式。n 字节对齐就是说变量存放的起始地址的偏移量有两种情况:第一,如果 n 大于等于该变量所占用的字节数,那么偏移量必须满足默认的对齐方式;第二,如果 n 小于该变量的类型所占用的字节数,那么偏移量为 n 的倍数,不用满足默认的对齐方式。结构的总大小也有一个约束条件,分下面两种情况:如果 n 大于所有成员变量类型所占用的字节数,那么结构的总大小必须为占用空间最大的变量占用的空间数的倍数;否则必须为 n 的倍数。

下面举例说明其用法。

```
#pragma pack(push)          /* 保存对齐状态 */
#pragma pack(4)             /* 设定为 4 字节对齐 */
struct test
{ char m1;
  double m4;
  int m3;
};
#pragma pack(pop)           /* 恢复对齐状态 */
```

以上结构的大小为 16,下面分析其存储情况:

(1) 首先为 m1 分配空间,其偏移量为 0,满足我们自己设定的对齐方式(4 字节对齐),m1 占用 1 个字节。

(2) 接着开始为 m4 分配空间,这时其偏移量为 1,需要补足 3 个字节,这样使偏移量满足为 n = 4 的倍数(因为 sizeof(double)大于 n),m4 占用 8 个字节。

(3) 接着为 m3 分配空间,这时其偏移量为 12,满足为 4 的倍数,m3 占用 4 个字节。

这时已经为所有成员变量分配了空间,共分配了 16 个字节,满足为 n 的倍数。如果把上面的"#pragma pack(4)"改为"#pragma pack(16)",那么我们可以得到结构的大小为 24。

10.5 单链表及其简单应用

链表是一种物理存储单元上非连续、非顺序的存储结构，数据元素的逻辑顺序是通过链表中的指针链接次序实现的。链表由一系列结点（链表中每一个元素称为结点）组成，结点可以在运行时动态生成。每个结点包括两个部分：一个是存储数据元素的数据域，另一个是存储下一个结点地址的指针域。

10.5.1 单链表定义

单链表是链表的一种常用方式，其存储单位我们称之为结点。一个结点由数据元素和指针两部分构成。数据结点的结构如图 10-1 所示。

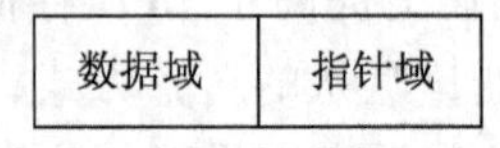

图 10-1 结点结构

单链表因其每个结点中只包含一个指针域而得名。多个数据结点，如 a_1、a_2、…、a_n 通过指针串联起来，如图 10-2 所示。

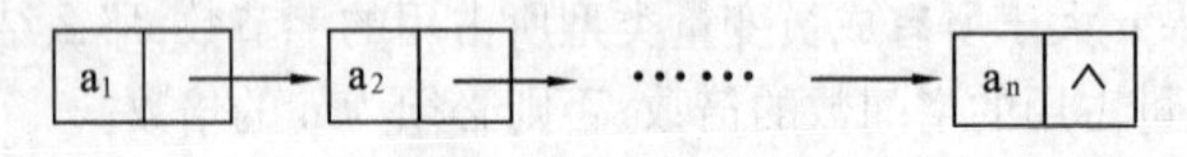

图 10-2 单链表结构

为了便于操作，一般在第一个节点，即 a_1 节点之前附加一个“头结点”（head），使其指向 a_1，如图 10-3 所示。表示空链表时，可使头节点中的指针域指针为空（NULL）。

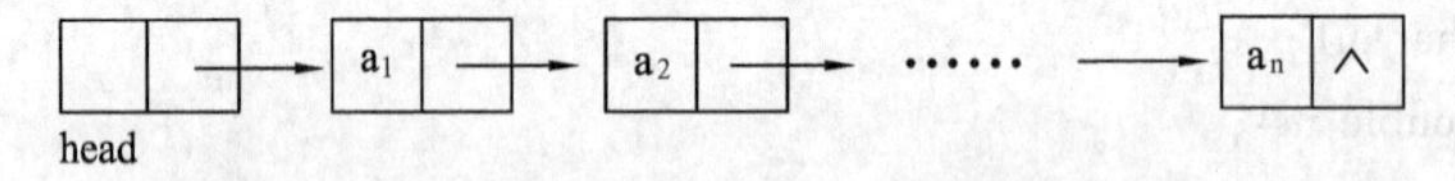

图 10-3 带头结点的单链表结构

链表节点可以用结构体来表示，一般定义形式如下：

```
struct LinkNode
{ 数据类型 数据;
  struct LinkNode * next;
};
typedef struct ListNode * LinkList;
```

其中，头指针 head 定义如下：

```
LinkList head;
```

这样，通过 head，可以很容易地获得第一个节点：

```
LinkList node = head -> next;
```

10.5.2 单链表简单应用

单链表的应用主要包含遍历、查找、插入和删除等。

为了便于表示,此处定义数据域中的数据类型为 int。如果是其他类型,则分别要用其他合适的比较方式,如字符数组,可用 strcmp 或 strncmp,结构体可用 memcmp 等。

```
struct LinkNode
{ int data;
  struct LinkNode * next;
};
typedef struct ListNode * LinkList;
```

1. 遍历运算

在带头结点的单链表中访问每个节点并输出。

```
void Traversal(LinkList head)
{ LinkList p = head -> next;
  while(p! = NULL)
    { printf("% d ",p -> data);
      p = p -> next;
    }
}
```

2. 单链表中的查找运算

在带头结点的单链表中查找值为 x 的节点,若找到,则返回指向该节点的指针;否则返回 NULL。

查找运算,其实可以理解为在遍历运算的基础上,进行一个比较,发现数据相同时,则中断遍历,返回当前值。

```
LinkList Locate(LinkList head,int x)
{ LinkList p = head -> next;
  While(p! = NULL && p -> data! = x) p = p -> next;
  return p;
}
```

3. 插入运算

有两种操作,一种是在指定的某个位置 i 前增加一个新的数据结点。具体操作如图10-4 所示。

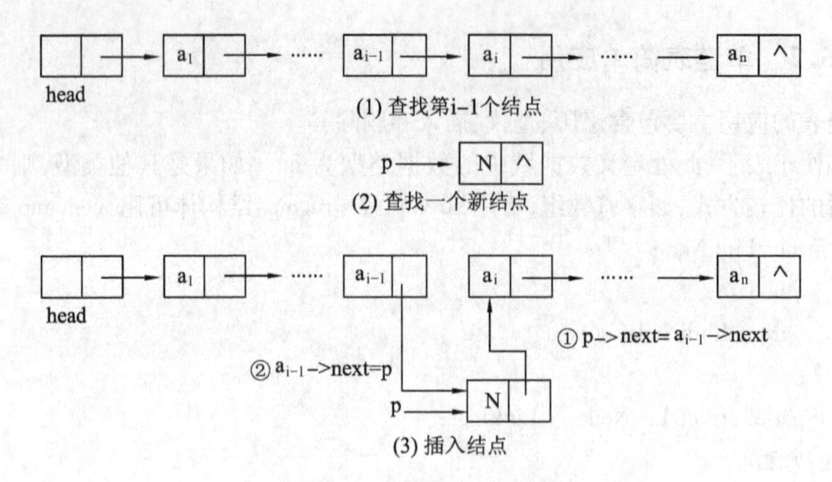

图 10-4 单链表插入步骤图

```
void InsList(LinkList head,int i,int n)
        /*在带头结点的单链表 head 第 i 个位置(前)插入值为 x 的新节点*/
{ LinkList pre,p;                        /*pre 用来遍历链表*/
  pre = head;
  int k = 0;
  while(pre! = NULL&&k <= i - 1)/*查找第 i-1 个节点,并由 pre 指向该结点*/
  { pre = pre -> next;
    k = k + 1;
  }
  if(k! = i - 1 || pre == NULL)
    printf("error");
  else
  { p = (LinkList)malloc(sizeof(ListNode));    /*建立结点*/
    p -> data = n;
    p -> next = pre -> next;               /*新结点 p 指向第 i 个结点 */
    pre -> next = p;                       /*第 i-1 个结点指向新结点 p */
  }
}
```

4. 删除运算

若在带头结点的单链表中删除第 i 个结点,则首先找到第 i-1 个结点,并使其 next 指向第 i 个结点 next 所指结点,然后释放第 i 个结点所占用内存。

```
void DelList(LinkList head,int i)
                          /*在带头结点的单链表 head 中删除第 i 个结点*/
{ int k = 0;
  LinkList p,pre = head;  /*pre 用来遍历链表,p 用来存放找到的第 i 个结点*/
  while(pre -> next! = NULL&&k < i - 1)
```

```
    { pre = pre -> next;
      k = k + 1;
    }
  if( ! (pre -> next)&&k <= i - 1)
    { printf("没有第 i 个节点",i); }
  else
    { p = pre -> next;      /* pre 为第 i-1 个结点,所以 p 为第 i 个结点 */
      pre -> next = pre -> next -> next;
                            /* 第 i-1 个结点指向第 i+1 个结点,即删除结点 p */
     free(p);               /* 释放 p 结点所占内存空间 */
    }
}
```

10.6 共同体

共同体又可称为共用体,通过共同体的使用,可以使几种不同类型的变量存放在同一段内存中。

10.6.1 共同体类型变量的定义

共同体类型变量的一般定义形式如下:

```
union 共同体名
{ 数据类型 成员名1
  数据类型 成员名2
  …
  数据类型 成员名n
}变量列表;
```

与结构体相似,共同体类型名由标识符组成,成员名也由标识符组成。成员类型可为基本类型或导出类型。各成员共用一个存储区,存储区的大小等于各成员占用字节长度的最大值。例如,定义共同体如下:

```
union data
{ int age ;
  char status[10];
};
```

其中,data 为共同体类型名,该共同体有两个成员 age 和 status,age 为整型,占 4 个字节,status 为字符型数组,占用 10 个字节,age 与 status 共用同一存储区,存储区长度为 10 个字节,即 sizeof(data)的值是 10,如图 10-5 所示。

data	0	1	2	3	4	5	6	7	8	9
	0x31	0x30	0x00	0x00	0x00	0x00	0x00	0x00	0x00	0x00

age 的值为 0x00003031

status[0]的值为字符“1”

status[1]的值为字符“0”

图 10-5　共同体内存存储区说明

status 数组的前 4 个元素与 age 共用相同的内存。

共同体声明后,可以以下面方式定义变量,例如:

```
data d;                    /* 先定义类型,后定义变量 */
```

也可以定义如下:

```
union data1
{ char c1;
  int j1;
} x1,x2,x3;                /* 定义类型的同时定义变量 */
```

或

```
union
{ char c;
  int i;
  float x;
} a,b,c;                   /* 直接定义共同体类型变量 */
```

与结构体相似,上面最后的定义方法由于没有定义共同体名,所以无法定义新变量。

共同体作为一种数据类型,也可以作为结构体内的数据类型使用。例如:

```
struct student
{ char name[20];
  char sex[7];
  char num[10];
  int flag;          /* 标记。1:表示下面的共同体 score 有效;0:degree 有效 */
  union
  { int score;                        /* 分数 */
    char degree[4];                   /* 等第 */
  }description;
}stud1;
```

10.6.2　共同体类型变量的引用

共同体类型变量的引用方式与结构体变量的引用方式相同,即使用成员运算符“.”连接变量名与成员名即可,其引用格式如下:

<共同体变量名>. <成员名>

如果定义的是指针变量,其引用格式如下:

<共同体变量名> -> <成员名>

如 10.6.1 中定义的变量,我们可以对共同体进行这样的引用:

```
x1.j1                              /*引用 int*/
a.x                                /*引用 float*/
d.status                           /*引用 char*/
stud1.description.score            /*引用结构体中的共同体*/
```

如果定义的是指针,那么引用方式类似。例如:

```
student *p = malloc(sizeof(student));   /*申请内存*/
p->description.score = 91;
...
free(p);                                /*释放内存*/
data *p1 = malloc(sizeof(data));
p1->age = 18;
...
free(p1);
```

通过共同体的定义与引用,我们总结出了共同体的几个特点:

(1) 同一共同体内的成员共用一个存储区,存储区的大小为成员占用字节长度最大值。

(2) 由于所有成员共享同一块内存空间,故共用变量与其各个成员的地址相同;在任一时刻,在一个共同体变量中,只有一个成员起作用,所以某一个时刻,存放的和起作用的是最后一次存入的成员值。

(3) 共同体类型中的成员类型可为任意已定义的数据类型。

(4) 共同体的定义方式、变量的引用和结构体相同。

(5) 不能对共同体变量进行初始化,也不能作为函数的参数以及函数返回值,但可以使用共同体变量指针。

共同体可以复用内存地址,从而减少内存空间的消耗。在一些程序内存地址有限的系统,如一些简易的嵌入式系统中仍有实际的应用价值。

10.7 枚举类型

在实际工作中,有些需要表示的值在一个有限的范围内,如一周只有 7 天,一年只有 12 个月等。如果把这些量说明为整型、字符型或其他类型显然是不够准确的。为此,C 语言提供了一种称为枚举的类型。在枚举类型的定义中列举出所有可能的取值,被说明为该枚举类型的变量取值不能超过定义的范围。应该说明的是,枚举类型是一种基本数据类型,而不是一种构造类型,因为它不能再分解为任何基本类型。

10.7.1 枚举类型的定义

枚举类型的一般定义形式如下：

```
enum  枚举名
{ 标识符1=[整数常量1],
  标识符2=[整数常量2],
  …
  标识符n=[整数常量n]
} 枚举变量列表;
```

在枚举值表中的标识符1~标识符n罗列出的是枚举变量的所有可用值，这些值也称为枚举元素。在默认情况下，标识符1的值为0，标识符2的值为1，依次类推。

但是如果人为预设了枚举成员的值，则枚举定义中的后续成员的值依此增加，从而将枚举类型定义在某个范围之内。例如：

```
typedef enum months
{ JAN=1,FEB,MAR,APR,MAY,JUN,JUL,AUG,SEP,OCT,NOV,DEC
} months;
```

则此时JAN的值是1，DEC的值是12。

注意：同一个程序中不能定义同名的枚举类型，不同的枚举类型中也不能存在同名的常量。

例如：

```
enum workdays
{ Monday,Tuesday };
enum workdays
{ Thursday,Friday };
```

因为存在两个workdays，程序编译报错。

又如：

```
enum workday
{ Monday,Tuesday };
enum restday
{ Sunday,Monday };
```

因为存在workday和restday中同时存在一个Monday，程序编译同样无法通过。

10.7.2 枚举类型变量的使用

枚举类型与基本的数据类型相似，也是一种数据类型。声明枚举类型变量的方式如下：

```
enum  枚举名 枚举类型变量名列表;
```

例如：

```
enum months month;
```

赋值方式：

```
month = FEB;
```

或者

```
month = (months) 2;
```

【案例10.5】 使用枚举类型显示数据值。

```
#include <stdio.h>
void main( )
{ enum                    /* 枚举名省略,这是允许的,但无法添加此类型变量 */
    { sun,mon,tue,wed,thu,fri,sat } a,b,c,d;
      a = sun;
      b = mon;
      c = tue;
      d = wed;
      printf("% d,% d,% d,% d\n",a,b,c,d);
}
```

【运行结果】

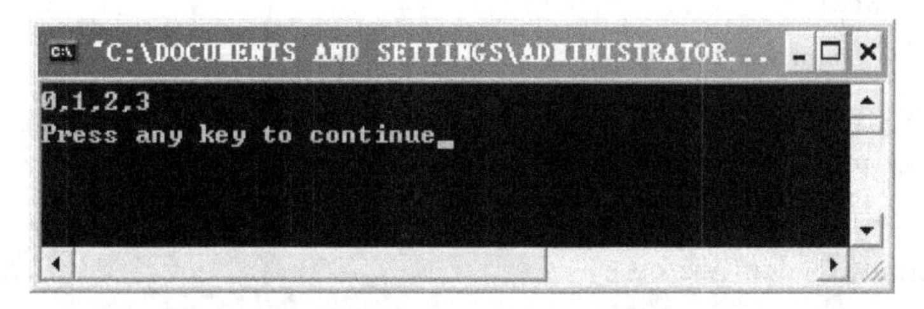

```
0,1,2,3
Press any key to continue
```

【案例10.6】 枚举类型变量赋值。

```
#include <stdio.h>
void main( )
{ enum weekday
  { sun,mon,tue,wed,thu,fri,sat } a,b,c,d,e;
  a = sun;
  b = mon;
  c = tue;
  d = wed;
  e = (enum weekday)3;
  if(e == fri) printf("fri is 3\n");
  else printf("fri is not 3,is % d\n",fri);
  printf("% d,% d,% d,% d\n",a,b,c,d);
}
```

【运行结果】

```
"C:\DOCUMENTS AND SETTINGS\ADMINISTRATOR...
fri is not 3, is 5
0,1,2,3
Press any key to continue
```

【案例 10.7】 枚举类型赋值及数据类型长度。

```
#include < stdio. h >
void main( )
{ enum weekday
   { sun,mon,tue =0,wed,thu,fri,sat } a,b,c,d,e;
   a = sun;
   b = mon;
   c = tue;
   d = wed;
   e = (enum weekday)3;
   if(e == fri) printf("fri is 3\n");
   else printf("fri is not 3,is % d\n",fri);
   printf("% d,% d,% d,% d\n",a,b,c,d);
   printf("% d\n",sizeof(e));                  /* 等于 int 类型的长度 */
}
```

【运行结果】

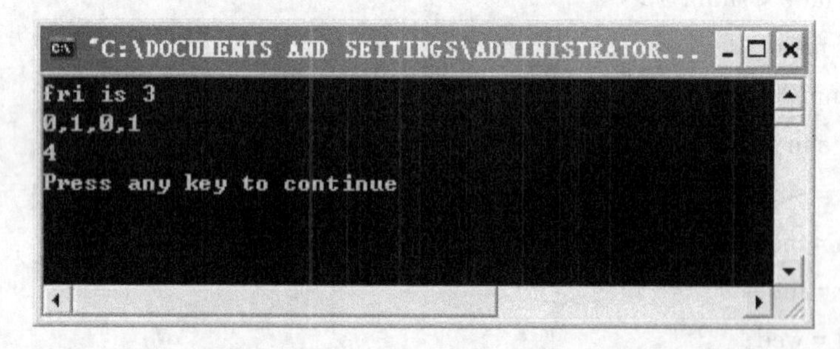

从以上案例中我们可以得到以下几个结论:

(1) 枚举型是一个集合,集合中的元素(枚举成员)是一些命名的整型常量,元素之间用逗号隔开。

(2) weekday 是一个标识符,可以看成这个集合的名字,是一个可选项,即是可有可无的项。

(3) 第一个枚举成员的默认值为整型的 0,后续枚举成员的值在前一个成员上加 1。

(4) 可以人为设定枚举成员的值,从而自定义某个范围内的整数。从【案例 10.7】可以看出,当枚举成员被重新赋值,如"tue = 0"后,后续成员将重新加1赋值。

(5) 枚举型是预处理指令#define的替代。

(6) 类型定义以分号结束。

本章小结

结构体是由若干数据项组合而成的复杂数据对象,这些数据项称为结构的成员。定义一个结构体,需要给出各个成员的类型及名称。结构体定义仅描述了一个结构体的形式。要在程序里使用结构体,需要声明结构体变量,定义一个结构体变量,系统分配的内存空间是该结构体中所有成员占据内存空间的总和。访问结构体成员的操作要用圆点运算符".",一般形式为:结构体变量名.成员名。可以通过指向结构体的指针访问结构成员,常用形式为:结构体指针变量 -> 成员名,结构体指针变量可用来构成链表。数组元素的类型为结构体的数组称为结构体类型数组。结构体作为函数参数有三种不同的方式:结构成员的值传递给函数参数、整个结构作为参数传递、结构指针变量做函数的参数。共同体可以使几种不同类型的变量存放在同一段内存中,访问方式与结构体相似。sizeof函数用来返回指定类型或变量所需的存储空间。

习　题　10

一、填空题

1. 当申明一个结构体变量时系统分配给它的内存是________。

2. 已知学生记录描述为

```
struct student
{ int no;
  char name[20];
  char sex;
  struct
    { int year;
      int month;
      int day;
    }birth;
};
struct student s;
```

设变量s中的生日应该是"1982年1月2日",对年的赋值是________。

3. 若有以下说明语句:

```
struct student
{ int age;
  int num;
} std, *p;
p = &std;
```

通过指针 p 访问 age 成员的语句是________。

4. 若有以下程序段：

```
struct dent{int n;int *m;};
int a=1,b=2,c=3;
struct dent s[3]={{101,&a},{102,&b},{103,&c}};
void main()
{ struct dent *p;
  p=s;
  …
}
```

则 *(p++->m)的值为________。

5. 在一个单链表中，若要删除 p 所指节点的后续节点，则执行________________。

二、判断题

1. 语句"struct stu {int a;float b;} stutype;"中的 stutype 是用户定义的结构体类型名。

2. C 语言结构体类型变量在程序执行期间所有成员一直驻留在内存中。

3. 用 typedef 可以定义各种类型名，但不能用来定义变量。

4. 结构体类型的内存分配模式随该类型中包含的成员不同而不同，需要的内存字节数等于各个成员所需的内存字节数的总和。

5. 链表的删除算法很简单，因为当删除链表中某个节点时，计算机会自动将后续各个单元向前移动。

三、简答题

1. 在 C 语言中，结构类型与数组有何区别？

2. 在 C 语言中，结构体与共同体有何区别？

四、编程题

1. 定义一个表示三维空间点坐标的结构体类型，设计求空间任两点距离的函数。

2. 利用结构体类型编写程序，实现输入三个学生的学号、数学期中成绩、期末成绩，然后计算其平均成绩并输出成绩表。

3. 某单位有 N 名职工参加计算机水平考试，设每个人的数据包括准考证号、姓名、年龄、成绩。单位规定 30 岁以下的职工进行笔试，分数为百分制，60 分及格；30 岁及以上的职工进行操作考试，成绩为 A、B、C、D 四个等级，C 以上为及格。编程统计及格人数，并输出每位考生的成绩（请使用共同体定义职工的信息和成绩）。

第 11 章 位运算

C 语言是为描述系统而设计的,因此,它应当具有汇编语言所能完成的一些功能。C 语言既具有高级语言的特点,又具有低级语言的功能,因而具有广泛的用途和很强的生命力。指针运算和本章将介绍的位运算就很适合编写系统软件,是 C 语言的重要特色。在计算机用于检测和控制领域中要用到位运算的知识,因此读者应当学习和掌握本章的内容。

所谓位运算是指按二进制位进行的运算。在系统软件中,常要处理二进制位的问题。例如,将一个存储单元中的各二进位左移或右移一位,两个数按位相加等。C 语言提供了 6 种位操作运算符,这些运算符只能用于整型操作数,即只能用于带符号或无符号的 char、short、int 与 long 类型。C 语言定义的位运算符如表 11-1 所示。其中,除"～"运算是单目运算符外,其余 5 种均是双目运算符。

表 11-1　C 语言定义的位运算符

运算符	含 义	运算功能
&	按位与	两个相与的二进制位都为 1,则运算的结果值为 1,否则为 0
|	按位或	两个相或的二进制位中只要有一个为 1,则运算的结果值为 1
∧	按位异或	两个相异或的二进制位不相同时运算结果为 1,相同时运算结果为 0
～	取反	是一元(单目)运算符,用来对一个二进制位取反,即将 0 变 1,将 1 变 0
<<	左移	将一个数的各二进制位全部左移 N 位,右补 0
>>	右移	将一个数的各二进制位右移 N 位,移到右端的低位被舍弃。对无符号数,高位补 0;对有符号数,高位用符号位填充

11.1　按位"与"运算

按位"与"是指参加运算的两个数按二进制位进行"与"运算。如果两个相应的二进制位都为 1,则该位的结果值为 1;否则为 0。这里的 1 可以理解为逻辑中的"真"或者高电平,0 可以理解为逻辑中的"假"或者低电平。按位"与"其实与逻辑"与"运算规则一致。即 0&0 = 0,0&1 = 0,1&0 = 0,1&1 = 1。

【**案例 11.1**】 3&5 的运算过程如下：

```
         00000011(3)
(&)      00000101(5)
---------------------
         00000001(1)
```

由此可知，3&5 = 1。

【源程序】

```
#include < stdio. h >
main( )
{ int a =3;
  int b =5;
  printf("% d",a&b);
}
```

【运行结果】

```
1
```

注意：如果参加“与”运算的是负数(如 -3& -5)，则要以补码形式表示为二进制数，然后再按位进行“与”运算。

按位“与”运算有一些特殊的用途：

(1) 清零。若想对一个存储单元清零，即使其全部二进制位为 0，则可用一个整数 0 与其相“与”，也可找一个二进制数，其中各个位符合以下条件：原来的数中为 1 的位，新数中相应位为 0。然后使二者进行“与”运算，即可达到清零的目的。

【**案例 11.2**】 原数为 43，即二进制形式为 00101011，另找一个数，设其二进制形式为 10010100，即十进制 148，将两者按位“与”运算。其运算过程如下：

```
         00101011
(&)      10010100
------------------
         00000000
```

【源程序】

```
#include < stdio. h >
main( )
{ int a =43;
  int b =148;
  printf("% d",a&b);
}
```

【运行结果】

```
0
```

(2) 取一个数中某些指定位。即使一个数指定位为 1，其他位清 0。

只要找到一个数，新数中按原数中的指定位置为 1，其他位置为 0，再将其与原数相“与”即可。

例如，若有一个整数 a，想要取其中的低字节，则只需要将 a 与 1 个低 8 位为 1、高 8 位为0的数b相“与”,即c=a&b,如图11-1所示。

a	00101100	10101100
b	00000000	11111111
c	00000000	10101100

图11-1　两数进行按位“与”运算

11.2 按位“或”运算

两个相应的二进制位中只要有一个为1,相“或”以后的结果值为1。借用逻辑运算的话来说就是有一真结果为真。即0|0=0,0|1=1,1|0=1,1|1=1。

【案例11.3】 060|017,将八进制数60与八进制数17按位“或”运算,其运算过程如下:

```
           00110000(60)
(|)        00001111(17)
────────────────────────
           00111111(63)
```

【源程序】

```
#include <stdio.h>
main()
{ int a =060;
  int b  =017;
  printf("% d",a|b);
}
```

【运算结果】

63

按位“或”运算常用来对一个数据的某些位定值为1。

例如,a是一个整数(16位),有表达式:a|0377,则a的低8位全置为1,高8位保留原样。

11.3 按位“异或”运算

“异或”运算也称XOR运算,它的运算规则是:若参加运算的两个二进制位值相同,则结果为0;若值不同,则结果为1。即0∧0=0,0∧1=1,1∧0=1,1∧1=0。

【案例11.4】 57∧42的运算过程如下:

```
          00111001(57)
    ∧     00101010(42)
    ------------------
          00010011(19)
```

【源程序】

```
#include <stdio.h>
main()
{ int num_a =57;
  int num_ b  =42;
  printf("% d",num_a∧num_b);
}
```

【运行结果】

19

按位“异或”运算的应用:

(1) 使特定位翻转(求反)。设有二进制数01111010,若要使其低4位求反,即1变0,0变1,可以将其与二进制数00001111进行“异或”运算,其运算过程如下:

```
           01111010
    (∧)    00001111
    ---------------
           01110101
```

运算结果的低4位正好是原数低4位的反。可见,要使哪几位求反,就使这几位与1进行异或运算即可。

(2) 与0相“异或”,保留原值。

例如,012∧00=012,其运算过程如下:

```
           00001010
    (∧)    00000000
    ---------------
           00001010
```

因为原数中的1与0相“异或”得1,0与0相“异或”得0,故保留原数。

(3) 交换两个值,不用临时(中间)变量。

【案例11.5】 假如a=3,即二进制011;b=4,即二进制100。想将a和b的值互换,可以用以下赋值语句实现:

```
a=a∧b;
b=b∧a;
a=a∧b;
```

若设a=3,b=4,则过程如下:

a=a∧b,即3∧4的结果为7,则a已变成7;

b=b∧a,即4∧7的结果为3,则b的值为3;

a=a∧b,即7∧3的结果为4,则a的值为4。

【源程序】

```
#include <stdio.h>
```

```
main()
{ int a=3;
  int b=4;
  a=a∧b;
  b=b∧a;
  a=a∧b;
  printf("a=%d  b=%d",a,b);
}
```

【运行结果】

```
a=4  b=3
```

11.4 求反运算

取反是一元(单目)运算符,用来对一个二进制数按位取反,即将 1 变为 0,0 变为 1。

【案例 11.6】 ~025 是对八进制数 25(即二进制数 00010101)按位求反,其运算过程如下:

```
        00010101
(~)        ⇓
        11101010
```

【源程序】

```
#include <stdio.h>
main()
{ int a=25;
  printf("%d",~a);
}
```

【运行结果】

```
-26
```

11.5 按位左移运算

左移运算符是用来将一个数的各二进制位左移若干位,移动的位数由右操作数指定(右操作数必须是非负值),其右边空出的位用 0 填补。若高位左移溢出,则舍弃该高位。

表达式如下:

变量名<<位数

例如:

a<<2

将a的二进制数左移2位,右补0。若a=10011010,左移2位得0110100。

【案例11.7】 假设a=15,编程实现a<<2。

【源程序】

```
#include <stdio.h>
 main()
 { int a=15;
   printf("%d",a<<2);
 }
```

【运行结果】

```
60
```

【程序说明】

(1) 左移1位相当于该数乘以2,左移2位相当于该数乘以 $2*2=4(2^2)$,15<<2=60,即乘以4。

(2) 如果移出的位中有1,对于说明(1)不成立。假设以一个字节(8位)存一个整数,若a为无符号整型变量,则a=64时,左移一位时溢出的是0,而左移2位时,溢出的高位中包含1。

【案例11.8】 假设a=8,b=-8,编程实现a<<2,b<<2。

【源程序】

```
#include <stdio.h>
main()
{ int a=8;
  int b=-8;
  printf("%d\n",a<<2);
  printf("%d\n",b<<2);
}
```

【运行结果】

```
32
-32
```

【程序说明】

对于正整数:a=00001000

a<<2=0000100000

丢弃(高位00) 补入(低位00)

对于负整数:b=10001000

b<<2=10100000

符号位保留(最高位1)

11.6　按位右移运算

右移运算符是用来将一个数的各二进制位右移若干位，移动的位数由右操作数指定（右操作数必须是非负值），移到右端的低位被舍弃。对无符号数，右移时左边高位移入0。对有符号数，如果原来符号位为0（该数为正），则左边也移入0。如果符号位原来为1（即负数），则左边也移入0还是1，要取决于所用的计算机系统。有的系统移入0，有的系统移入1。移入0的称为“逻辑移位”，即简单移位；移入1的称为“算术移位”。VC 6.0编译采用的是算术右移，即对有符号数右移时，如果符号位原来为1，左面移入高位的是1。

表达式如下：

变量名>>位数

【案例11.9】 假设a=0113755，即a=1001011111101101，编程实现a>>1。

【源程序】

```
#include <stdio.h>
main()
{ int a=0113755;
  printf("%o",a>>1);            /*以八进制的形式输出*/
}
```

【运行结果】

45766

11.7　位运算的应用举例

【案例11.10】 取一个整数a从右端开始的4~7位，如图11-2所示。

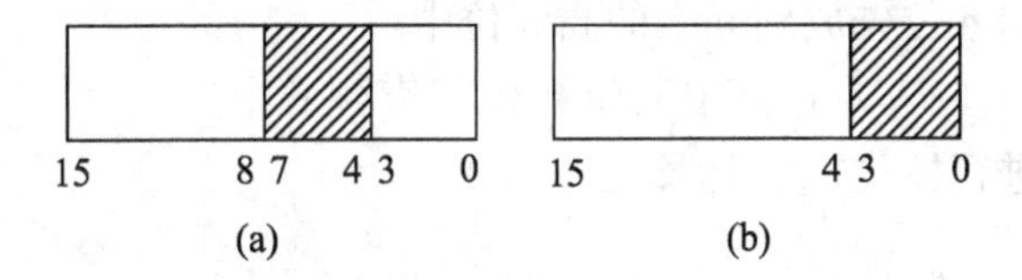

图11-2　变量运算前后变化示意图

【算法思路】

(1) 先使a向右移4位，如图11-2所示。图11-2(a)是未右移时的情况，图11-2(b)是右移4位后的情况。目的是使要取出的那几位移到最右端。

(2) 找一个数，使得a保留低4位，其他位清0。

【源程序】

```
#include <stdio.h>
```

```
main()
{ unsigned short a,b,c;
  scanf("% o",&a);          /* 位运算可以八进制或者十六进制的形式进行 */
  b = a >> 4;
  c = ~( ~0 << 4);          /* 得到一个数:0000000000001111 */
  a = b&c;
  printf("% o\n",a);
}
```

【运行结果】

331(八进制)↙

15(八进制)

【程序说明】

(1) 图 11-2 中 a 变量为 16 位,而在 VC 编译器中,short 是 16 位的。

(2) 对运算结果,八进制数的输入和输出都不加前缀。

原数:0000000011011001,其中 4 ~7 位为 1101,按照示意图,最后得到 0000000000001101,即八进制 015。

【案例 11.11】 循环移位。要求将 a 进行右循环移位,如图 11-3 所示。

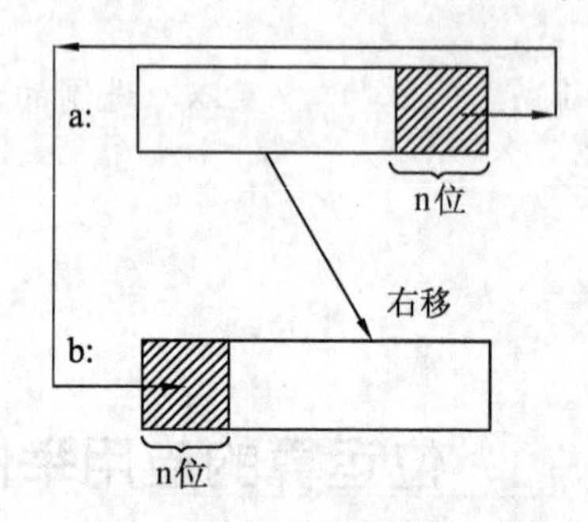

图 11-3　变量移位变化示意图

【算法思路】

(1) 将 a 的右端 n 位先放到 b 中的高 n 位中。

(2) 将 a 右移 n 位,其左边高位 n 位补 0,保存到 c 中。

(3) 将 c 与 b 进行按位“或”运算。

【源程序】

```
#include <stdio. h>
main()
{ unsigned short a,b,c;
  int n;
  scanf("a = % o,n = % d",&a,&n);     /* 输入原数及右移的位数 */
  b = a << (16 - n);                  /* 把移出的位数放到左边高位上 */
  c = a >> n;                         /* 把原数向右移 n 位,左边补 n 个 0 */
```

```
    a = b|c;                           /*把变量b和c组合起来*/
    printf("%o\n",a);
  }
```

【运行结果】

a = 157653,n = 3↙ （注意输入语句的格式）

75765

【思考】

(1) 如果要实现左循环移位,如何修改?

(2) 如果变量 a 的类型为 unsigned int,如何修改?

本章小结

位运算是C语言的一种特殊运算功能,它是以二进制位为单位进行运算的。位运算符有逻辑运算和移位运算两类。位运算符可以与赋值符一起组成复合赋值符,如 &=、|=、∧=、>>=、<<=等。利用位运算可以完成汇编语言的某些功能,如置位、位清零、移位等。

习 题 11

一、填空题

1. 设二进制数 a 的值为 01101101,若要通过与二进制数 b 进行"异或"运算(a∧b)使 a 的高 4 位取反、低 4 位不变,则 b 的值是____________。

2. 表达式"(03<<2)&&(~7&3)"的结果为 ____________。

3. 表达式 3&4 的值为______________,表达式 3|4 的值为______________,表达式 3&&4 的值为______________。

二、选择题

1. 下列程序的输出结果为(　　)。

```
main( )
{ char x = 040;
printf("%o\n",x<<1);
}
```

A. 100　　B. 80　　C. 64　　D. 32

2. 设"int b = 2;",则表达式(b>>2)/(b>>1)的值为(　　)。

A. 0　　B. 2　　C. 4　　D. 8

3. 已知 char a = 15,则 ~a、-a、!a 的值均正确的是(　　)。

A. 240、-15、0　　B. -16、-15、0

C. 0、-15、240　　D. 0、-15、0

4. 下列叙述不正确的是(　　)。

A. 表达式 a&b 等价于 a = a&b　　B. 表达式 a| = b 等价于 a = a|b

C. 表达式 a! = b 等价于 a = a!b　　D. 表达式 a∧ = b 等价于 a = a∧b

5. 在C语言中,表达式0x12&0x16的值为(　　)。

A. 0x12　　B. 0x16　　C. 0xf0　　D. 0xec

6. 若x=0x33,y=0xc3,则x∧y的结果为(　　)

A. 0x36　　B. 0xff　　C. 0xf0　　D. 0x1a

7. 在执行完以下C程序段后,变量Y的值为(　　)。

```
char X = 'A';
int Y;
Y = ((24&15)&&(X|'a'));
```

A. 0　　B. 1　　C. ture　　D. false

第12章 文 件

12.1 C语言文件的概念

所谓“文件”是指一组相关数据的有序集合。这个数据集有一个名称,叫做文件名。实际上在前面的各章中我们已经多次使用了文件,如源程序文件、目标文件、可执行文件、库文件（头文件)等。文件通常是驻留在外部介质(如磁盘等)上的,在使用时才调入内存中来。从不同的角度可对文件作不同的分类。

从用户的角度看,文件可分为普通文件和设备文件两种。

普通文件是指驻留在磁盘或其他外部介质上的一个有序数据集,可以是源文件、目标文件、可执行程序;也可以是一组待输入处理的原始数据,或者是一组输出的结果。对于源文件、目标文件、可执行程序,可以称之为程序文件,对输入/输出数据时可称之为数据文件。

设备文件是指与主机相连的各种外部设备,如显示器、打印机、键盘等。在操作系统中,把外部设备也看做是一个文件来进行管理,把它们的输入与输出等同于对磁盘文件的读和写。通常把显示器定义为标准输出文件,一般情况下在屏幕上显示有关信息就是向标准输出文件输出,如前面经常使用的printf、putchar函数就是这类输出。键盘通常被指定为标准的输入文件,从键盘上输入就意味着从标准输入文件上输入数据,如scanf、getchar函数就属于这类输入。

从文件编码的方式来看,文件可分为ASCII码文件和二进制码文件两种。

ASCII码文件也称为文本文件,这种文件在磁盘中存放时每个字符对应一个字节,用于存放对应的ASCII码。

例如,数7890的存储形式为

ASCII码:	00110111	00111000	00111001	00110000
	↓	↓	↓	↓
十进制码:	7	8	9	0

共占用4个字节。ASCII码文件可在屏幕上按字符显示。例如,源程序文件就是ASCII码文件,用DOS命令TYPE可显示文件的内容。由于是按字符显示的,因此能读懂文件内容。

二进制文件是按二进制的编码方式来存放文件的。

例如, 数7890的存储形式为

01111000 10010000

只占两个字节。二进制文件虽然也可在屏幕上显示，但其内容无法读懂。C 系统在处理这些文件时，并不区分类型，都看成是字符流，按字节进行处理。输入、输出字符流的开始和结束只由程序控制而不受物理符号（如回车符）的控制。因此也把这种文件称为“流式文件”。

12.2 文件类型指针

在 C 语言中，用一个指针变量指向一个文件，这个指针称为文件指针。通过文件指针就可对它所指的文件进行各种操作。

定义说明文件指针的一般形式如下：

    FILE *指针变量标识符；

其中 FILE 应为大写，它实际上是由系统定义的一个结构，该结构中含有文件名、文件状态和文件当前位置等信息。在编写源程序时不必关心 FILE 结构的细节。

例如：

```
FILE *fp;
```

表示 fp 是指向 FILE 结构的指针变量，通过 fp 即可寻找存放某个文件信息的结构变量，然后按结构变量提供的信息找到该文件，实施对文件的操作。习惯上也笼统地把 fp 称为指向一个文件的指针。

12.3 文件的打开与关闭

文件在进行读写操作之前要先打开，使用完毕要关闭。所谓打开文件，实际上是建立文件的各种有关信息，并使文件指针指向该文件，以便进行其他操作。关闭文件则断开指针与文件之间的联系，也就禁止再对该文件进行操作。

在 C 语言中，文件操作都是由库函数来完成的。本章将介绍主要的文件操作函数。

12.3.1 文件的打开

fopen 函数用来打开一个文件，其调用的一般形式如下：

    fopen(文件名，使用文件方式)；

其中，“文件名”是指被打开文件的文件名；“使用文件方式”是指文件的类型和操作要求。

例如：

```
FILE *fp;
fp = ("file a","r");
```

其意义是在当前目录下打开文件 file a，只允许进行“读”操作，并使 fp 指向该文件。

又如：

```
FILE *fphzk
fphzk = ("c:\\hzk16","rb")
```

其意义是打开C盘根目录下的文件hzk16,这是一个二进制文件,只允许按二进制方式进行读操作。两个反斜线"\\"中的第一个表示转义字符,第二个表示根目录。

使用文件的方式共有12种,表12-1给出了它们的符号和意义。

表12-1 文件的使用方式

文件使用方式	含 义
"r"(只读)	打开一个文本文件,只允许读数据
"w"(只写)	打开或建立一个文本文件,只允许写数据
"a"(追加)	打开一个文本文件,并在文件末尾写数据
"rb"(只读)	打开一个二进制文件,只允许读数据
"wb"(只写)	打开或建立一个二进制文件,只允许写数据
"ab"(追加)	打开一个二进制文件,并在文件末尾写数据
"r+"(读写)	打开一个文本文件,允许读和写
"w+"(读写)	打开或建立一个文本文件,允许读写
"a+"(读写)	打开一个文本文件,允许读,或在文件末追加数据
"rb+"(读写)	打开一个二进制文件,允许读和写
"wb+"(读写)	打开或建立一个二进制文件,允许读和写
"ab+"(读写)	打开一个二进制文件,允许读,或在文件末追加数据

对于文件使用方式有以下几点说明:

(1) 文件使用方式由r、w、a、t、b、+六个字符拼成,各字符的含义是:

r(read):读。

w(write):写。

a(append):追加。

t(text):文本文件,可省略不写。

b(binary):二进制文件。

+:读和写。

(2) 凡用"r"打开一个文件时,该文件必须已经存在,且只能从该文件读出。

(3) 用"w"打开的文件只能向该文件写入。若打开的文件不存在,则以指定的文件名建立该文件;若打开的文件已经存在,则将该文件删去,重建一个新文件。

(4) 若要向一个已存在的文件追加新的信息,只能用"a"方式打开文件。但此时该文件必须是存在的,否则将会出错。

(5) 在打开一个文件时,如果出错,fopen将返回一个空指针值NULL。在程序中可以用这一信息来判别是否完成打开文件的工作,并作相应的处理。因此常用以下程序段打开文件:

```
if((fp=fopen("c:\\hzk16","rb"))==NULL)
{ printf("\nerror on open c:\\hzk16 file!");
  getch();
  exit(1);
}
```

这段程序的意义是,如果返回的指针为空,表示不能打开C盘根目录下的hzk16文件,且给出提示信息"error on open c:\\ hzk16 file!"。下一行getch()的功能是从键盘输入一个字符,但不在屏幕上显示。在这里,该行的作用是等待,只有当用户从键盘敲任一键时,程序才继续执行,因此用户可利用这个等待时间阅读出错提示。敲键后执行exit(1),退出程序。

(6) 把一个文本文件读入内存时,要将ASCII码转换成二进制码;而把文件以文本方式写入磁盘时,也要把二进制码转换成ASCII码。因此文本文件的读写要花费较多的转换时间。对二进制文件的读写不存在这种转换。

(7) 标准输入文件(键盘)、标准输出文件(显示器)、标准出错输出(出错信息)是由系统打开的,可直接使用。

12.3.2 文件的关闭

文件一旦使用完毕,应用关闭文件函数fclose把文件关闭,以避免文件的数据丢失等错误。

fclose函数调用的一般形式如下:

```
fclose(文件指针);
```

例如:

```
fclose(fp);
```

正常完成关闭文件操作时,fclose函数返回值为零;若返回非零值,则表示有错误发生。

12.4 文件读写操作

对文件的读和写是最常用的文件操作。在C语言中提供了多种文件读写的函数:

① 字符读写函数:fgetc和fputc。

② 字符串读写函数:fgets和fputs。

③ 数据块读写函数:freed和fwrite。

④ 格式化读写函数:fscanf和fprinf。

下面分别予以介绍。使用以上函数都要求包含头文件stdio.h。

12.4.1 字符读写函数fgetc和fputc

字符读写函数是以字符(字节)为单位的读写函数。每次可从文件读出或向文件写入一个字符。

1. 读字符函数 fgetc

fgetc 函数的功能是从指定的文件中读一个字符,函数的调用形式如下:

字符变量 = fgetc(文件指针);

例如:

ch = fgetc(fp);

其意义是从打开的文件 fp 中读取一个字符并送入 ch 中。

对于 fgetc 函数的使用有以下几点说明:

(1) 在 fgetc 函数的调用中,读取的文件必须是以读或读写方式打开的。

(2) 读取字符的结果也可以不向字符变量赋值。例如:

fgetc(fp);

但是读出的字符不能保存。

(3) 在文件内部有一个位置指针,用来指向文件的当前读写字节。在文件打开时,该指针总是指向文件的第一个字节。使用 fgetc 函数后,该位置指针将向后移动一个字节。因此可连续多次使用 fgetc 函数,读取多个字符。

注意:文件指针和文件内部的位置指针不是一回事。文件指针是指向整个文件的,须在程序中定义说明,只要不重新赋值,文件指针的值是不变的。文件内部的位置指针用以指示文件内部的当前读写位置,每读写一次,该指针均向后移动,它不需在程序中定义说明,而是由系统自动设置的。

【案例 12.1】 读入文件 c1.txt,并在屏幕上输出。

【源程序】

```
1    #include <stdlib.h>
2    #include <stdio.h>
3    main()
4    { FILE *fp;
5      char ch;
6      if((fp=fopen("d:\\jrzh\\example\\c1.txt","rt"))==NULL)
7      { printf("\nCannot open file strike any key exit!");
8        getchar();
9        exit(1);
10     }
11     ch=fgetc(fp);
12     while(ch!=EOF)
13     { putchar(ch);
14       ch=fgetc(fp);
15     }
16     fclose(fp);
17   }
```

【程序说明】

本例程序的功能是从文件中逐个读取字符,在屏幕上显示。程序定义了文件指针 fp,以读文本文件方式打开文件“d:\\jrzh\\example\\c1.txt”,并使 fp 指向该文件。如打开文件出错,给出提示并退出程序。程序第 1 行先读出一个字符,然后进入循环,只要读出的字符不是文件结束标志(每个文件末有一结束标志 EOF),就把该字符显示在屏幕上,再读入下一字符。每读一次,文件内部的位置指针向后移动一个字符,文件结束时,该指针指向 EOF。执行本程序将显示整个文件。

2. 写字符函数 fputc

fputc 函数的功能是把一个字符写入指定的文件中,函数调用形式如下:

fputc(字符量,文件指针);

其中,待写入的字符量可以是字符常量或变量,例如:

fputc('a',fp);

其意义是把字符 a 写入 fp 所指向的文件中。

对于 fputc 函数的使用有以下几点说明:

(1) 被写入的文件可以用写、读写、追加方式打开,用写或读写方式打开一个已存在的文件时将清除原有的文件内容,写入字符从文件首开始。如需保留原有文件内容,希望写入的字符从文件末尾开始存放,必须以追加方式打开文件。被写入的文件若不存在,则创建该文件。

(2) 每写入一个字符,文件内部位置指针向后移动一个字节。

(3) fputc 函数有一个返回值,若写入成功,则返回写入的字符;否则返回一个 EOF。可用此来判断写入是否成功。

【案例 12.2】 从键盘输入一行字符,写入一个文件,再把该文件内容读出并显示在屏幕上。

【源程序】

```
1     #include <stdlib.h>
2     #include <stdio.h>
3     main()
4     { FILE *fp;
5       char ch;
6       if((fp=fopen("d:\\jrzh\\example\\string","wt+"))==NULL)
7       { printf("Cannot open file strike any key exit!");
8         getchar();
9         exit(1);
10      }
11      printf("input a string:\n");
12      ch=getchar();
13      while(ch!='\n')
14      { fputc(ch,fp);
```

```
15              ch = getchar( ) ;
16          }
17          rewind( fp) ;
18          ch = fgetc( fp) ;
19          while( ch! = EOF)
20          {  putchar( ch) ;
21             ch = fgetc( fp) ;
22          }
23          printf("\n") ;
24          fclose( fp) ;
25      }
```

程序中第 6 行以读写文本文件方式打开文件 string。程序第 12 行从键盘读入一个字符后进入循环,当读入字符不是回车符时,则把该字符写入文件之中,然后继续从键盘读入下一字符。每输入一个字符,文件内部位置指针向后移动一个字节。写入完毕,该指针已指向文件末。若要把文件从头读出,须把指针移向文件头,程序第 17 行 rewind 函数用于把 fp 所指文件的内部位置指针移到文件头。第 18 至 22 行用于读出文件中的一行内容。

【案例 12.3】 把命令行参数中的前一个文件名标识的文件,复制到后一个文件名标识的文件中,若命令行中只有一个文件名,则把该文件写到标准输出文件(显示器)中。

【源程序】

```
1       #include < stdlib. h >
2       #include < stdio. h >
3       main( int argc,char  * argv[ ])
4       { FILE * fp1, * fp2;
5          char ch;
6          if( argc ==1)
7          { printf("have not enter file name strike any key exit") ;
8             getchar( ) ;
9             exit(0) ;
10      }
11       if( ( fp1 = fopen( argv[ 1 ],"rt") ) == NULL)
12        { printf("Cannot open % s\n",argv[ 1 ]) ;
13           getchar( ) ;
14           exit(1) ;
15      }
16      if( argc ==2)  fp2 = stdout;
17      else if( ( fp2 = fopen( argv[ 2 ],"wt +") ) == NULL)
18      { printf("Cannot open % s\n",argv[ 1 ]) ;
```

```
19          getchar();
20          exit(1);
21        }
22      while((ch=fgetc(fp1))!=EOF)
23          fputc(ch,fp2);
24      fclose(fp1);
25      fclose(fp2);
26    }
```

【程序说明】

本程序为带参的main函数。程序中定义了两个文件指针fp1和fp2,分别指向命令行参数中给出的文件。若命令行参数中没有给出文件名,则给出提示信息。程序第16行表示如果只给出一个文件名,则使fp2指向标准输出文件(即显示器)。程序第22行至25行用循环语句逐个读出文件1中的字符再送到文件2中。再次运行时,给出了一个文件名,故输出给标准输出文件stdout,即在显示器上显示文件内容。第三次运行,给出了2个文件名,因此把string中的内容读出,写入到OK之中。可用DOS命令type显示OK的内容。

12.4.2 字符串读写函数fgets和fputs

1. 读字符串函数fgets

该函数的功能是从指定的文件中读一个字符串到字符数组中,函数调用形式如下:

fgets(字符数组名,n,文件指针);

其中,n是一个正整数,表示从文件中读出的字符串不超过n-1个字符。在读入的最后一个字符后加上串结束标志'\0'。

例如:

fgets(str,n,fp);

其意义是从fp所指的文件中读出n-1个字符送入字符数组str中。

【案例12.4】 从string文件中读入一个含10个字符的字符串。

【源程序】

```
#include <stdlib.h>
#include <stdio.h>
main()
{ FILE *fp;
  char str[11];
  if((fp=fopen("d:\\jrzh\\example\\string","rt"))==NULL)
  { printf("\nCannot open file strike any key exit!");
    getchar();
    exit(1);
  }
```

```
    fgets(str,11,fp);
    printf("\n%s\n",str);
    fclose(fp);
}
```

【程序说明】

本例定义了一个字符数组 str 共 11 个字节,在以读文本文件方式打开文件 string 后,从中读出 10 个字符送入 str 数组,在数组最后一个单元内将加上'\0',然后在屏幕上显示输出 str 数组。

对 fgets 函数有两点说明:

(1) 在读出 n-1 个字符之前,如遇到了换行符或 EOF,则读出结束。

(2) fgets 函数也有返回值,其返回值是字符数组的首地址。

2. 写字符串函数 fputs

fputs 函数的功能是向指定的文件写入一个字符串,其调用形式如下:

```
fputs(字符串,文件指针);
```

其中,字符串可以是字符串常量,也可以是字符数组名,或指针变量。例如:

```
fputs("abcd",fp);
```

其意义是把字符串"abcd"写入 fp 所指的文件之中。

【案例 12.5】 在【案例 12.4】建立的文件 string 中追加一个字符串。

【源程序】

```
1       #include <stdlib.h>
2       #include <stdio.h>
3       main()
4       { FILE *fp;
5         char ch,st[20];
6         if((fp=fopen("string","at+"))==NULL)
7           { printf("Cannot open file strike any key exit!");
8             getchar();
9             exit(1);
10          }
11         printf("input a string:\n");
12         scanf("%s",st);
13         fputs(st,fp);
14         rewind(fp);
15         ch=fgetc(fp);
16         while(ch!=EOF)
17           { putchar(ch);
18             ch=fgetc(fp);
19           }
```

```
20        printf("\n");
21        fclose(fp);
22    }
```

【程序说明】

本例要求在 string 文件末尾加写字符串,因此,在程序第 6 行以追加读写文本文件的方式打开文件 string。然后输入字符串,并用 fputs 函数把该串写入文件 string。在程序第 14 行用 rewind 函数把文件内部位置指针移到文件首。再进入循环逐个显示当前文件中的全部内容。

12.4.3 格式化读写函数 fscanf 和 fprintf

fscanf 函数、fprintf 函数与前面使用的 scanf 和 printf 函数的功能相似,都是格式化读写函数。两者的区别在于 fscanf 函数和 fprintf 函数的读写对象不是键盘和显示器,而是磁盘文件。

1. 格式化读函数 fscanf

函数 fscanf 的调用格式如下:

fscanf(文件指针,格式字符串,输入表列);

例如:

fscanf(fp,"% d% s",&i,s);

2. 格式化写函数 fprintf

函数 fprintf 的调用格式如下:

fprintf(文件指针,格式字符串,输出表列);

例如:

fprintf(fp,"% d% c",j,ch);

【案例 12.6】 从键盘输入两个学生数据,写入一个文件中,再读出这两个学生的数据显示在屏幕上。

【源程序】

```
1     #include <stdlib.h>
2     #include <stdio.h>
3     struct stu
4     { char name[10];
5       int num;
6       int age;
7       char addr[15];
8     } boya[2],boyb[2], *pp, *qq;
9     main()
10    { FILE *fp;
11      char ch;
12      int i;
```

```
13          pp = boya;
14          qq = boyb;
15          if((fp = fopen("stu_list","wb +")) == NULL)
16            { printf("Cannot open file strike any key exit!");
17              getchar();
18              exit(1);
19            }
20          printf("\ninput data\n");
21          for(i = 0;i < 2;i ++ ,pp ++ )
22            scanf("% s% d% d% s",pp -> name,&pp -> num,&pp -> age,pp -> addr);
23          pp = boya;
24          for(i = 0;i < 2;i ++ ,pp ++ )
25            fprintf(fp,"% s% d% d% s\n",pp -> name,pp -> num,pp -> age,pp -> addr);
26          rewind(fp);
27          for(i = 0;i < 2;i ++ ,qq ++ )
28            fscanf(fp,"% s% d% d% s\n",qq -> name,&qq -> num,&qq -> age,qq -> addr);
29          printf("\n\nname\tnumber age addr\n");
30          qq = boyb;
31          for(i = 0;i < 2;i ++ ,qq ++ )
32            printf("% s\t% 5d % 7d % s\n",qq -> name,qq -> num,qq -> age,
                 qq -> addr);
33          fclose(fp);
34        }
```

【程序说明】

本程序中 fscanf 和 fprintf 函数每次只能读写一个结构数组元素,因此采用了循环语句来读写全部数组元素。还要注意指针变量 pp、qq,由于循环改变了它们的值,因此在程序的第 24 行和第 31 行分别对它们重新赋予了数组的首地址。

12.4.4 数据块读写函数 fread 和 fwrite

C 语言还提供了用于整块数据的读写函数。可用来读写一组数据,如一个数组元素、一个结构变量的值等。

1. 读数据块函数 fread

读数据块函数调用的一般形式如下:

```
fread(buffer,size,count,fp);
```

其中,buffer 是一个指针,表示存放输入数据的首地址;size 表示数据块的字节数;count 表示要读写的数据块块数;fp 表示文件指针。

例如:

```
fread(fa,4,5,fp);
```

其意义是从 fp 所指的文件中,每次读 4 个字节(一个实数)送入实数组 fa 中,连续读 5 次,即读 5 个实数到 fa 中。

2. 写数据块函数 fwrite

写数据块函数调用的一般形式如下:

fwrite(buffer,size,count,fp);

其中,buffer 是一个指针,表示存放输入数据的首地址;size 表示数据块的字节数;count 表示要读写的数据块块数;fp 表示文件指针。

【案例 12.7】 用 fread 和 fwrite 函数完成【案例 12.6】的问题。

【源程序】

```
1       #include <stdlib.h>
2       #include <stdio.h>
3       struct stu
4       { char name[10];
5         int num;
6         int age;
7         char addr[15];
8       } boya[2],boyb[2], *pp, *qq;
9       main()
10        { FILE *fp;
11          char ch;
12          int i;
13          pp = boya;
14          qq = boyb;
15          if((fp = fopen("d:\\jrzh\\example\\stu_list","wb+")) == NULL)
16            { printf("Cannot open file strike any key exit!");
17              getchar();
18              exit(1);
19            }
20          printf("\ninput data\n");
21          for(i=0;i<2;i++,pp++)
22              scanf("%s%d%d%s",pp->name,&pp->num,&pp->age,pp->addr);
23          pp = boya;
24          fwrite(pp,sizeof(struct stu),2,fp);
25          rewind(fp);
26          fread(qq,sizeof(struct stu),2,fp);
27          printf("\n\nname\tnumber age addr\n");
28          for(i=0;i<2;i++,qq++)
29              printf("%s\t%5d%7d %s\n",qq->name,qq->num,qq->age,
```

```
            qq->addr);
30          fclose(fp);
31      }
```

【程序说明】

本例程序定义了一个结构stu,说明了两个结构数组boya和boyb以及两个结构指针变量pp和qq。pp指向boya,qq指向boyb。程序第15行以读写方式打开二进制文件"stu_list",输入2个学生数据之后,写入该文件中,然后把文件内部位置指针移到文件首,读出2个学生数据后,在屏幕上显示。

12.4.5 文件结束函数feof

文件结束函数feof的调用格式如下:

feof(文件指针);

其功能是判断文件是否处于文件结束位置,若文件结束,则返回值为1,否则返回值为0。

12.5 文件定位函数

前面介绍的对文件的读写方式都是顺序读写,即读写文件只能从头开始,顺序读写各个数据。但在实际问题中常要求只读写文件中某一指定的部分。为了解决这个问题,可移动文件内部的位置指针到需要读写的位置,再进行读写,这种读写称为随机读写。

实现随机读写的关键是要按要求移动位置指针,这称为文件的定位。

12.5.1 fseek函数

fseek函数用来移动文件内部位置指针,其调用形式如下:

fseek(文件指针,位移量,起始点);

其中,"文件指针"指向被移动的文件;"位移量"表示移动的字节数,要求位移量是long型数据,以便在文件长度大于64KB时不会出错,当用常量表示位移量时,要求加后缀"L";"起始点"表示从何处开始计算位移量,规定的起始点有三种:文件首、当前位置和文件尾。其表示方法如表12-2所示。

表12-2 文件指针

起始点	表示符号	数字表示
文件首	SEEK_SET	0
当前位置	SEEK_CUR	1
文件尾	SEEK_END	2

例如:

fseek(fp,100L,0);

其意义是把位置指针移到离文件首100个字节处。

还要说明的是,fseek 函数一般用于二进制文件。在文本文件中由于要进行转换,故往往计算的位置会出现错误。

12.5.2 ftell 函数

ftell 函数的作用是得到流式文件中的当前位置,用相对于文件开头的位移量来表示。由于文件中的位置指针经常移动,人们往往不容易知道其当前位置,用 ftell 函数可以得到当前位置。

ftell 函数的调用形式如下:

```
ftell(文件指针);
```

12.5.3 rewind 函数

rewind 函数的功能是把文件内部的位置指针移到文件首。

rewind 函数的调用形式如下:

```
rewind(文件指针);
```

本章小结

在 C 语言中,文件的操作是通过 FILE 结构体进行的。具体实现时,先利用 fopen 函数返回一个指向 FILE 结构体的指针,再使用块读写函数 fwrite 与 fread、格式化读写函数 fscanf 与 fprintf、字符串读写函数 fgets 与 fputs 等进行文件的读写操作,文件读写结束要使用 fclose 函数关闭文件。feof 函数用于返回文件是否结束,而 fseek、ftell、rewind 函数用来对文件进行定位。

习 题 12

一、选择题

1. 若 fp 已正确定义并指向某个文件,当未遇到该文件结束标志时函数 feof(fp)的值为(　　)。

A. 0　　B. 1　　C. -1　　D. 一个非 0 值

2. 下列关于 C 语言数据文件的叙述正确的是(　　)。

A. 文件由 ASCII 码字符序列组成,C 语言只能读写文本文件

B. 文件由二进制数据序列组成,C 语言只能读写二进制文件

C. 文件由记录序列组成,可按数据的存放形式分为二进制文件和文本文件

D. 文件由数据流形式组成,可按数据的存放形式分为二进制文件和文本文件

3. 下列叙述不正确的是(　　)。

A. C 语言中的文本文件以 ASCII 码形式存储数据

B. C 语言中对二进制文件的访问速度比文本文件快

C. C 语言中随机读写方式不适用于文本文件

D. C 语言中顺序读写方式不适用于二进制文件

4. 下列程序企图把从终端输入的字符输出到名为 abc.txt 的文件中,直到从终端读入

字符#号时结束输入和输出操作,但程序有错。

```
#include <stdio.h>
main()
{ FILE *fout;
  char ch;
  fout = fopen('abc.txt','w');
  ch = fgetc(stdin);
   while(ch! = '#')
     { fputc(ch,fout);
       ch = fgetc(stdin);
     }
   fclose(fout);
}
```

出错的原因是(　　)。

A. 函数 fopen 调用形式错误　　B. 输入文件没有关闭

C. 函数 fgetc 调用形式错误　　D. 文件指针 stdin 没有定义

5. 下列叙述错误的是(　　)。

A. 二进制文件打开后可以先读文件的末尾,而顺序文件不可以

B. 在程序结束时,应当用 fclose()关闭已打开的文件

C. 利用 fread()从二进制文件中读数据,可以用数组名给数组中所有元素读入数据

D. 不可以用 FILE 定义指向二进制文件的文件指针

6. 若要打开一个已存在的非零文件"file"用于修改,则下列语句正确的是(　　)。

A. fp = fopen("file","r");　　B. fp = fopen("file","a +");

C. fp = fopen("file","w");　　D. fp = fopen("file","r +");

7. C 语言中标准函数 fgets(str,n,p)的功能是(　　)。

A. 从文件 fp 中读取长度为 n 的字符串并存入指针 str 指向的内存

B. 从文件 fp 中读取长度不超过 n - 1 的字符串并存入指针 str 指向的内存

C. 从文件 fp 中读取 n 个字符串存入指针 str 指向的内存

D. 从文件 fp 中读取不超过长度为 n 的字符串存入指针 str 指向的内存

8. 若 fp 是指向某文件的指针,且已读到该文件的末尾,则函数 feof(fp)的返回值为(　　)。

A. EOF　　B. -1　　C. 1　　D. NULL

9. 若 fp 为文件指针,且文件已正确打开,下列语句的输出结果为(　　)。

```
fseek(fp,0,SEEK_END);
i = ftell(fp);
printf("i = % d\n",i);
```

A. fp 所指的文件记录长度　　B. fp 所指的文件长度,以字节为单位

C. fp 所指的文件长度,以比特为单位　　D. fp 所指的文件当前位置,以字节为单位

10. 当顺利执行了文件关闭操作时,fclose( )的返回值为(　　)。

A. -1　　B. TURE　　C. 0　　D. 1

11. 系统的标准输入文件是指(　　)。

A. 键盘　　B. 显示器　　C. 软盘　　D. 硬盘

12. 若执行 fopen( )时发生错误,则函数的返回值为(　　)。

A. 地址值　　B. 0　　C. 1　　D. EOF

13. 若要用 fopen( )打开一个新的二进制文件,该文件要既能读也能写,则文件方式字符串应为(　　)。

A. "ab +"　　B. "wb +"　　C. "rb +"　　D. "ab"

14. 若以"a +"方式打开一个已存在的文件,则下列叙述正确的是(　　)。

A. 文件打开时原有文件内容不被删除,位置指针移到文件末尾,可作添加和读操作

B. 文件打开时原有文件内容不被删除,位置指针移到文件开头,可作重写和读操作

C. 文件打开时,原有文件内容被删除,只可作写操作

D. 以上各种说法皆不正确

15. 在 C 程序中,可把整型数以二进制形式存放到文件中的函数是(　　)。

A. fprintf　　B. fread　　C. fwrite　　D. fputc

二、程序分析题

1. 以下程序运行后的输出结果是什么?

```
#include <stdio.h>
main()
{ FILE *fp;
  int i=20,j=30,k,n;
  fp=fopen("d1.dat","w");
  fprintf(fp,"%d\n",i);
  fprintf(fp,"%d\n",j);
  fclose(fp);
  fp=fopen("d1.dat","r");
  fscanf(fp,"%d%d",&k,&n);
  printf("%d%d\n",k,n);
  fclose(fp);
}
```

2. 下面的程序执行后,文件 test 中的内容是什么?

```
#include <stdio.h>
void fun(char *fname,char *st)
{ FILE *myf;
  int i;
  myf=fopen(fname,"w");
  for(i=0;i<strlen(st);i++)
```

```
      fputc(st[i],myf);
    fclose(myf);
  }
  main()
  { fun("test","new world");
    fun("test","hello,");
  }
```

3. 设有如下程序:

```
#include <stdio.h>
main(int argc,char *argv[])
{ FILE *fp;
  void fc();
  int i=1;
  while(--argc>0)
  if((fp=fopen(argv[i++],"r"))==NULL)
    { printf("Cannot open file! \n");
      exit(1);
    }
  else
    { fc(fp);
      fclose(fp);
    }
}
void fc(FILE *ifp)
{ char c;
  while((c=getc(ifp))!='#')
    putchar(c-32);
}
```

上述程序经编译、连接后生成可执行文件名为 cpy. exe。假定磁盘上有三个文本文件,其文件名和内容分别为

文件名	内容
a	aaaa#
b	bbbb#
c	cccc#

如果在 DOS 下键入:

cpy a b c <CR>

则程序输出结果是什么？

4. 以下程序执行后输出结果是什么？

```
#include <stdio.h>
main()
{ FILE *fp;
  int i,k=0,n=0;
  fp=fopen("d1.dat","w");
  for(i=1;i<4;i++)
    fprintf(fp,"%d",i);
  fclose(fp);
  fp=fopen("d1.dat","r");
  fscanf(fp,"%d%d",&k,&n);
  printf("k=%d,n=%d\n",k,n);
  fclose(fp);
}
```

5. 以下程序执行后输出结果是什么？

```
#include <stdio.h>
main()
{ FILE *fp;
  int i,a[4]={1,2,3,4},b;
  fp=fopen("data.dat","wb");
  for(i=0;i<4;i++)
    fwrite(&a[i],sizeof(int),1,fp);
  fclose(fp);
  fp=fopen("data.dat","rb");
  fseek(fp,-2L*sizeof(int),SEEK_END);
  fread(&b,sizeof(int),1,fp);
  fclose(fp);
  printf("%d\n",b);
}
```

三、编程题

1. 将磁盘文件 file1. dat 中的字符读入内存，将其中的小写字母全部改为大写字母，然后输出到磁盘文件 file2. dat。

2. 在文本文件 file1. txt 中有若干个句子，现在要求把它们按每行一个句子的格式输出到文本文件 file2. txt 中。

3. 统计文本文件 file. txt 中所包含的字母、数字和空白字符的个数。

4. 将磁盘文件 f1. txt 和 f2. txt 中的字符按从小到大的顺序输出到磁盘文件 f3. txt 中。

5. 统计磁盘文件 file. txt 中的单词的个数。

提升篇综合案例——通讯录管理系统

项目要求

一款功能实用、设计精巧、风格别致、界面优美、操作简便的个人通信录管理软件，已经成为手机、电脑、电子字典等电子产品必备的应用软件。本项目要求：

（1）存储姓名、手机、家庭电话、办公电话、电子邮箱、地址等信息。

（2）具备创建、添加、删除、查询、修改、排序、显示等功能。

（3）界面美观，操作简便。

（4）运行环境与开发工具：

① 操作系统：Windows XP/2000/ME/7 等。

② 开发工具：VC ++ 6.0。

总体设计

采用模块化的程序设计思路，自顶向下、逐步细化的方法，进行系统开发。根据项目要求，将需要实现的功能分解为多个模块。

1. 功能模块划分

对项目要求进行分析，确定通讯录管理系统的功能模块如图 1 所示。各模块具体功能如下：

（1）初始记录输入模块。

首次运行系统时，输入通讯录记录。

（2）通讯录信息显示模块。

① 按自然顺序显示，即以通讯录文件中的记录顺序为序，逐个对文件记录进行显示。

② 按排序顺序显示，即对通讯录中的记录进行排序后，再按照排序结果显示出来。

③ 当通讯录中信息较多时，实现分屏显示，每屏最多显示 10 条记录。

（3）通讯录信息查询模块。

① 按姓名或电话查找。

② 查找成功后，显示记录的信息；找不到记录时，给出相应的提示信息。

（4）通讯录信息删除模块。

① 提供按姓名删除方式，当找到指定的记录时，进行删除；找不到时给出相应的提示信息。

② 所有删除均为物理删除，不可恢复。

（5）通讯录存盘模块。

为了保证记录的安全性，适时地将记录存盘，以防止断电关机等情况导致信息丢失。

（6）通讯录装载模块。

启动系统时装载通讯录文件。

（7）排序（整理通讯录）模块。

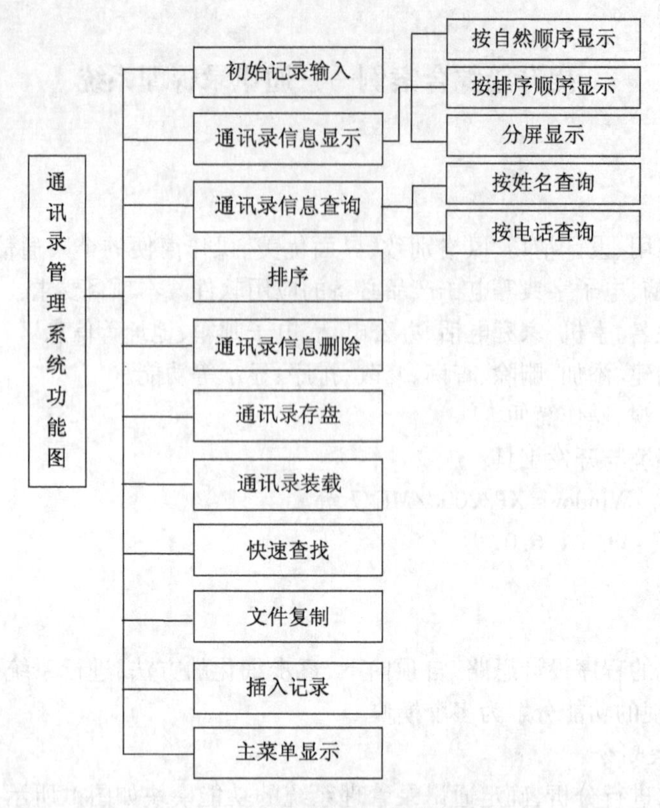

图1　通讯录管理系统功能图

按姓名排序整理通讯录。

(8) 文件复制模块。

实现文件的备份。

(9) 快速查找模块。

在排序的基础上实现记录的快速查找。

(10) 插入记录模块。

根据输入的插入位置插入记录。

(11) 主菜单显示模块。

显示主菜单供用户进行选择,并返回所选菜单代号。

2. 系统工作的主流程(main)

根据项目要求及模块划分,设计如图2所示的系统工作主流程图。系统启动后,首先显示主菜单供用户选择相应的功能模块,然后根据用户的选择,执行某个具体的模块,这个模块执行完后,返回主流程,再次显示主菜单。如果用户选择了退出系统模块,则退出系统。

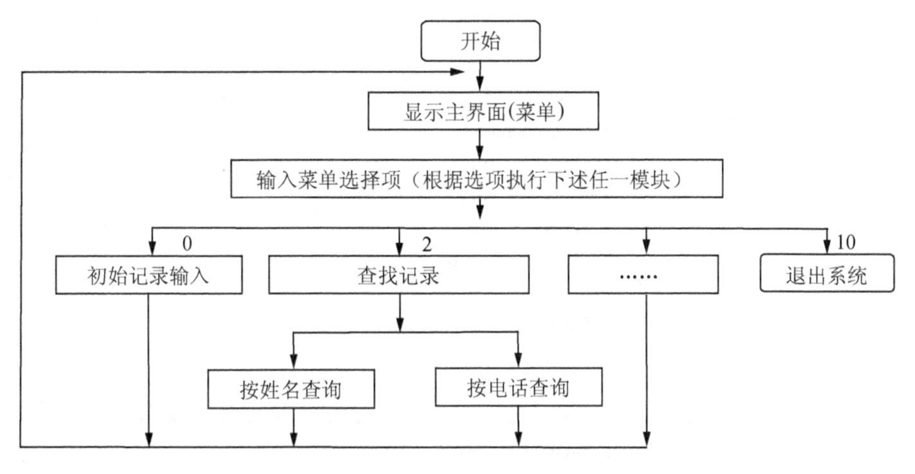

图2　系统工作主流程图

3. 数据结构设计

每个通讯录记录由多个不同的数据项构成，是一个结构体类型数据，因此需要定义结构体数据类型。根据题目要求，确定每个记录包括的数据项为姓名、电话、所在单位等。据此定义如下结构体数据类型：

```
typedef   struct   record
{ char cName[20];                   /*姓名*/
  char cMobile_phone[12];           /*移动电话*/
  char cFamily_phone[12]            /*家庭电话*/
  char cOffice_phone[12]            /*办公电话*/
  char cEmail[30];                  /*电子邮件*/
  char cAddress[30];                /*地址*/
}DATA;                              /*结构体类型名*/
```

在通讯录管理程序中，由于预计记录数相对于一个单位的职工人数来说不会太大，除了能够进行增加、删除、保存等操作外，更多的情况是查询，且能够实现快速查询，所以选用静态数组保存数据，实现多种查询方式。利用静态数组实现通讯录管理，数组的每一个元素都是 struct record(DATA)结构体类型。

4. 模块设计

(1) 主菜单模块(menu_select)。

其功能是实现菜单的显示与选择。菜单的显示用 printf 函数输出字符串，从而在屏幕上显示主菜单，并显示选项。要求输入 0 ~ 10 之间的数字，并将此数字作为菜单函数的返回值，主函数根据这个数字调用相应的功能函数。主菜单界面如图 3 所示。

```
****** Directories List Management System ******
            0. Enter record
            1. List the file
            2. Search record
            3. Insert record
            4. Save the file
            5. Load the file
            6. Delete a record
            7. Sort
            8. Quick seek record
            9. Copy the file to new file
            10. Quit
**********************************************
            Enter you choice(0~10):
```

图3　主菜单界面

(2) 输入记录模块(enter)。

输入记录时,先输入本次录入的条数,然后按照一条一行的格式输入,每个数据之间用空格分隔,较为清晰,且能直接反映数据之间的关系。但由于 scanf 函数的特性,在输入时,数据用回车分隔也是可以的,只是与界面设计不吻合。输入界面定义如图4所示。

```
Please enter the numbers of record:3
please input amount:3
please input record
name      mobile_phone   family_phone   office_phone   E-mail              address
-----------------------------------------------------------------------------------
dinghui   13345345685    051984345345   051984743637   dghf@sina.com.cn    czqx
-----------------------------------------------------------------------------------
wangxing  13567463743    051623455578   05165847833    w200@sohu.com       wxzy
-----------------------------------------------------------------------------------
gaosan    13475859494    05145785245    051485748493   ht@yahoo.com        zzqg
-----------------------------------------------------------------------------------
```

图4　输入界面

由于记录并不是一次性全部输入,而是随时添加和删除的,而预先开辟的空间数往往大于实际的记录数,所以程序设计成先输入准备输入的记录数 n,然后用 for 循环语句循环 n 次,输入记录。通讯录的每一条记录有六个字段,都是字符串类型,用格式输入函数 scanf 完成输入,各个字段间用空格分隔。输入完一条按回车键,继续输入下一条,达到规定的记录数,输入停止,返回记录数到主函数。模块定义如下:

```
int enter(DATA sDir[]);
```

(3) 显示记录模块(list)。

通讯录建立好后,更频繁的操作是显示和查找记录,本函数实现显示所有记录功能。输出界面如图5所示。

```
*************************** DIRECTORIES ********************************
name     moble_phone  family_phone   office_phone       E-mail           address
------------------------------------------------------------------------------------
dinghui  13345345685  051984345345  051984743637  dghf@ sina. com. cn   czqx
wangxing  13567463743  051623455578  05165847833  w200@ sohu. com       wxzy
gaosan  13475859494  05145785245  051485748493  ht@ yahoo. com          zzqg
******************************* end ************************************
press any key to enter menu ......
```

图5　显示界面

将主函数传递过来的数组输出，用 for 循环，循环次数由参数长度决定。输出时，为了使格式美观清晰，设计一定的样式输出，注意利用格式输出函数，根据字段的长度设定输出的长度，每输出 10 个记录暂停一下，按任意键继续。模块定义如下：

```
void list(DATA sDir[],int iCount);
```

（4）查找记录模块（search、find_name、find_phone）。

查找指定姓名或电话的记录，采用顺序查找法。首先选择查找方式，然后根据选择输入要查找记录的姓名或电话，顺序查找记录，如果没找到，则输出没找到信息；否则，显示找到的记录信息。由于删除记录也是按姓名的，所以编写了一个 find 函数，实现按姓名进行查找，返回所查找到记录的下标号；如果没有找到，则也返回下标，只是此下标已经越界。由于经常需要显示单条记录，因此定义了 print 函数，用来显示某条记录。因此查找记录模块定义了如下几个子模块：

```
void search(DATA sDir[],int iCount);                /* 查找记录 */
void print(DATA sTemp);                             /* 显示单条记录 */
void find_name(DATA sDir[],int iCount);             /* 按姓名查找 */
void find_phone(DATA sDir[],int iCount);            /* 按移动电话查找 */
int find(DATA sDir[],int iCount,char *cPoint);      /* 查找函数 */
```

（5）删除记录模块（insert）。

输入要删除记录的姓名，调用 find 函数，如果没有该记录，显示没找到信息；否则，调用 print 函数，显示要删除记录的信息，接着显示是否确实要删除，请输入确认信息整数 0 或 1，1 表示“是”，0 表示“否”。如果输入了 1，则系统删除该记录。删除数组中的某一条元素，实际所做的操作是将其后继记录依次前移一条，所以删除第 i 条记录，即从 i+1 开始，依次将每个字段拷贝到前一条记录的相应字段，即覆盖了前一条记录，达到前移的目的，直到最后一条记录。注意前移记录的时候是逐个字段赋值，不能一个记录整体赋值。由于删除了一条记录，记录数减 1，返回记录数，程序结束。假如删除第 i 条记录前如图 6 所示，则删除第 i 条记录后如图 7 所示。此模块定义如下：

```
int delete(DATA sDir[],int iCount);                 /* 删除记录 */
```

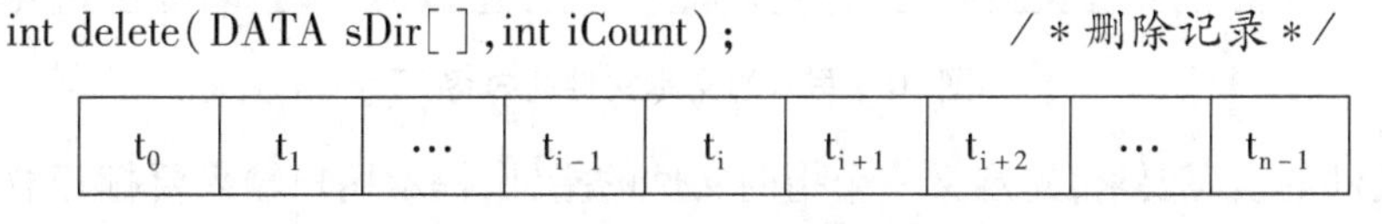

t_0	t_1	…	t_{i-1}	t_i	t_{i+1}	t_{i+2}	…	t_{n-1}

图6　删除第 i 条记录前

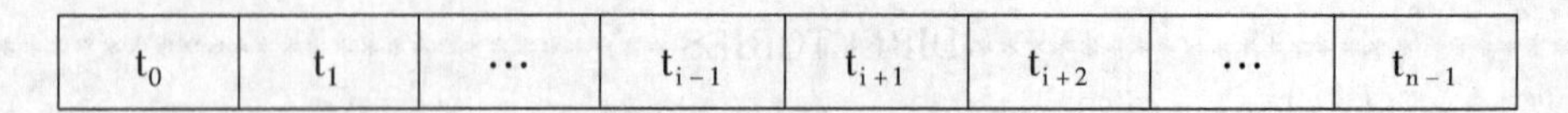

图 7　删除第 i 条记录后

(6) 插入记录模块(insert)。

输入要插入记录的信息,保存到临时变量 temp 中,然后再输入一个姓名,确定新记录插入在该记录之前,调用 find 函数查找该姓名的记录,得到该记录所在的序号,从最后一条记录开始,向后移动,即第 n-1 条移动到第 n 条,第 n-2 条移动到第 n-1 条,直到第 i 条移动到第 i+1 条,将新信息存入到第 i 条记录位置。

注意移动必须从后倒退,否则从第 i 条开始,将会覆盖后面的信息数据而出错。如果没有找到指定的记录,则 find 函数返回的 i 值为 n,新信息将插入到最后一个位置。假如插入前如图 8 所示,则记录插入在 i 位置后如图 9 所示。模块定义如下:

```
int insert(DATA sDir[],int iCount);      /*插入记录*/
```

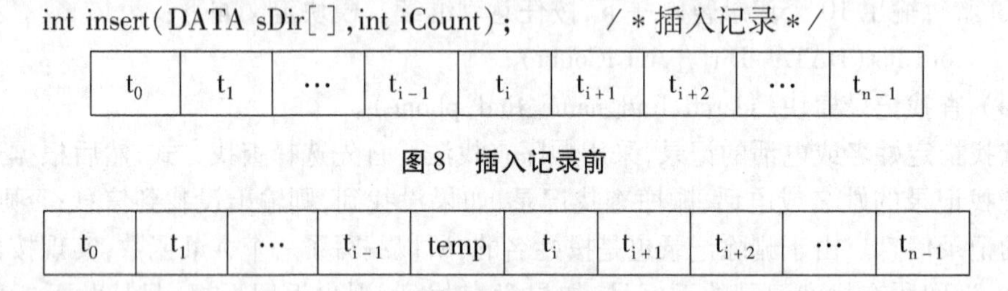

图 8　插入记录前

图 9　插入记录后

(7) 保存记录到文件(save)及装载文件模板(load)。

按照文件的读写要求,先定义一个指向文件的指针,提示用户输入一个文本文件名及路径,按照"wb"方式打开该文件(文件名读者可以任意定义),如果文件不存在,则系统自动创建该文件。然后确定文件的打开方式,如果文件不能正常打开,则退出程序;否则,先写入记录数 n,然后使用循环,采用文件格式输出语句 fprintf 逐条写入记录,每输出一条,写入一个换行符号。因为是文本文件,写入后的文件可以用 Windows 下的记事本打开,如图 10 所示。模块定义如下:

```
void save(DATA sDir[],int iCount);      /*保存记录到文件*/
```

数据一旦保存到磁盘文件中后,使用时只需要从文件读入内存,进行相关的如显示、查找等各项操作。

图 10　写入的文本文件的内容

按照文件的读写要求,先定义一个指向文件的指针,提示用户输入要打开的文件名及其路径,按照"rb"的方式打开,并判断是否正常打开,如果文件打不开,则退出程序;否则,

利用格式输入函数,先读出记录数,然后利用循环语句,用格式输入函数 fscanf 将记录逐条读入,读出的记录保存在结构体数组中。为了保证数据的正确性,需要将记录数返回主函数。模块定义如下:

```
int load(DATA sDir[]);                    /*从文件读入记录*/
```

(8) 排序模块(sort)。

采用选择排序方法,按照姓名进行排序。模块定义如下:

```
void sort(DATA sDir[],int iCount);        /*按姓名排序*/
```

(9) 快速查找模块(qseek)。

排序是一种较为费时的运算,所以经过了排序,而不加以利用未免可惜,为此设计了一种在排序基础上实现的快速查找算法——二分查找法。二分查找法是一种效率较高的检索方法,检索时要求记录先按检索码值的大小排序,并且按顺序存储。按姓名查找,将姓名字段作为检索码。

二分查找法,首先用检索的姓名值与中间位置记录的姓名相比较,这个中间记录将所有记录分成了前后两个区间,如果比较结果相等,则检索完成,调用 print 函数显示记录信息;若不相等,再根据姓名比较该中间记录的姓名字段大小,确定下一步检索的范围,若大,在后一个区间中检索,若小,在前一个区间中检索,重复这样的步骤,直到或者找到满足条件的记录,或者确定没有这样的记录为止。设置变量 iLeft 和 iRight 分别代表左边界和右边界,初值 iLeft = 0,iRight = n - 1。当 iLeft <= iRight(即左边界 <= 右边界)时,计算中间记录 iMidd = (iLeft + iRight)/2,然后进行比较。如到前一区间中检索,则修改右边界:iRight = iMidd - 1;如到后一个区间中检索,则修改左边界:iLeft = iMidd + 1。若 iLeft > iRight,则说明左边界已大于右边界,这样的区间不可能存在,查找失败。模块定义如下:

```
void qseek(DATA sDir[],int iCount);       /*快速查找*/
```

(10) 文件复制模块(copy)。

为了保存数据,防止意外发生,备份数据是很有必要的,我们采用的备份方法是对存储的文本文件进行复制。本模块是将文件读写功能结合到一起的应用,将事先保存的记录文件按“rb”方式打开,输入复制的目标文件名,然后利用文件格式读写函数将源文件中的信息写到目标文件中。模块定义如下:

```
void copy(void);                          /*文件复制*/
```

模块的实现

1. 头文件的编码

头文件为相关声明提供了集中场所。头文件一般包含结构体的定义、extern 变量的声明和函数的声明。头文件的正确使用能够带来两个好处:保证所有文件使用给定对象的同一声明;当声明需要修改时,只有头文件需要更新。

本系统头文件 directories. h 包含以下信息:

(1) 需要包含的系统头文件;

(2) 通讯录所使用结构体的定义;

(3) 通讯录管理系统中自定义函数的原型声明;

(4) 符号常量的定义。

下面是 directories.h 头文件的具体内容：

```
/****** 头文件(directories.h) ******/
#include "stdio.h"
#include "conio.h"
#include "stdlib.h"
#include "string.h"
#include "ctype.h"
#define M 100                                    /*通讯录允许存放的总记录数*/
typedef struct record
{ char cName[20];                                        /*姓名*/
  char cMobile_phone[12];                                /*移动电话*/
  char cFamily_phone[12];                                /*家庭电话*/
  char cOffice_phone[12];                                /*办公电话*/
  char cEmail[30];                                       /*电子邮件*/
  char cAddress[30];                                     /*地址*/
}DATA;                                                   /*结构体类型名*/
/****** 用户自定义函数的原型声明 ******/
int enter(DATA sDir[]);                                  /*初始记录输入*/
void list(DATA sDir[],int iCount);                       /*显示记录*/
void search(DATA sDir[],int iCount);                     /*查找记录*/
int delete(DATA sDir[],int iCount);                      /*删除记录*/
int insert(DATA sDir[],int iCount);                      /*插入记录*/
void save(DATA sDir[],int iCount);                       /*记录保存到文件*/
int load(DATA sDir[]);                                   /*从文件装载记录*/
void display(DATA sDir[],int iCount);                    /*按电话查找记录*/
void sort(DATA sDir[],int iCount);                       /*按姓名排序*/
void qseek(DATA sDir[],int iCount);                      /*快速查找*/
void copy(void);                                         /*文件复制*/
void print(DATA sTemp);                                  /*显示单条记录*/
void find_name(DATA sDir[],int iCount);                  /*按姓名查找*/
void find_phone(DATA sDir[],int iCount);                 /*按移动电话查找*/
int find(DATA sDir[],int iCount,char *cPoint);           /*查找函数*/
int menu_select(void);                                   /*菜单选择函数*/
```

2. 主函数模块(main)

```
#include "directories.h"
/****** 主函数 ******/
main()
```

```
{ DATA sDir[M];
  int iLength;
  system("cls");
  for(;;)                                              /*无限循环*/
    { switch(menu_select())
                          /*调用主菜单函数,返回整数值作为开关语句的条件*/
        { case 0: iLength = enter(sDir);break;         /*初始记录输入*/
          case 1: list(sDir,iLength);break;            /*显示全部记录*/
          case 2: search(sDir,iLength);break;          /*查找记录*/
          case 3: iLength = insert(sDir,iLength);break;/*插入记录*/
          case 4: save(sDir,iLength);break;            /*保存记录到文件*/
          case 5: iLength = load(sDir);break;          /*从文件装载记录*/
          case 6: iLength = delete(sDir,iLength);break;/*删除记录*/
          case 7: sort(sDir,iLength);break;            /*按姓名排序*/
          case 8: qseek(sDir,iLength);break;           /*快速查找*/
          case 9: copy();break;                        /*复制文件*/
          case 10:exit(0);                     /*如返回值为10则程序结束*/
        }
    }
}
```

3. 主菜单模块(menu_select)

```
/****** 菜单函数 ******/
int menu_select(void)
{ char cCh[80];
  int iChoice;
  printf("\n\r\n\rpress any key enter menu...... \n");
  getch();
  system("cls");
/**** 菜单条目显示 ****/
    printf("\n\r\x20
                      ****** Directoies List Management System ****** \n");
    printf("\r\n");
    printf("\r\x20                  0. Enter record\n");
    printf("\r\x20                  1. List the file\n");
    printf("\r\x20                  2. Search record \n");
    printf("\r\x20                  3. Insert record \n");
    printf("\r\x20                  4. Save the file\n");
    printf("\r\x20                  5. Load the file\n");
```

```
    printf("\r\x20                    6. Delete a record\n");
    printf("\r\x20                    7. Sort \n");
    printf("\r\x20                    8. Quick seek record\n");
    printf("\r\x20                    9. Copy the file to new file\n");
    printf("\r\x20                    10. Quit\n");
    printf("\r\n");
    printf("\r\x20
        ****************************************\n");
    do{ printf("\n\r\x20                    Enter you choice(0~10):");
        scanf("%s",cCh);                    /*输入选择项*/
        iChoice=atoi(cCh);                  /*将输入的字符串转化为整型数*/
      }while(iChoice<0||iChoice>10);        /*选择项不在0~10之间重输*/
    return(iChoice);                        /*返回选择代号*/
  }
```

4. 输入记录模块(enter)

```
/*输入函数*/
/******初始输入记录*****/
int enter(DATA sDir[])
{ int iRep,iCount;
  system("cls");
  printf("\n\rPlease enter the numbers of record:");  /*输入记录的条数*/
  scanf("%d",&iCount);
  printf("\rPlease input record \n");
  printf("\r name moble_phone family_phone office_phone E-mail address\n");
  printf("\r------------------------------------------------\n\r");
  for(iRep=0;iRep<iCount;iRep++)
    { scanf("%s%s%s%s%s%s",sDir[iRep].cName, sDir[iRep].cMobile_
          phone, sDir[iRep]. cFamily_phone, sDir[iRep]. cOffice_phone, SPir
          [iRep].CEmail,sDir[iRep].cAddress);       /*输入记录*/
      printf("\r------------------------------------------------\n\r");
    }
  return(iCount);                                 /*返回记录条数*/
}
```

5. 写文件模块(save)

```
/******记录写入文件函数******/
void save(DATA sDir[],int iCount)
{ int iRep;
  FILE *fp;
```

```
    char cFilename[40];
    system("cls");
    printf("\n\rPlease enter filename, for example c:\\f1\\te.txt:");
    scanf("%s",cFilename);
    if((fp=fopen(cFilename,"w+"))==NULL)
      { printf("can not open file\n");
        exit(1);
      }
    printf("\r Saving to:%s  file\n", cFilename);
    fprintf(fp,"%d",iCount);                /*将记录数写入文件*/
    fprintf(fp,"\r\n");                     /*将换行符号写入文件*/
    for(iRep=0;iRep<iCount;iRep++)          /*将记录依次存盘*/
      { fprintf(fp,"%-20s%-12s%-12s%-12s%-30s%-30s",sDir[iRep].
        cName, sDir[iRep].cMobile_phone, sDir[iRep].cFamily_phone, sDir
        [iRep].cOffice_phone,sDir[iRep].cEmail,sDir[iRep].cAddress);
        fprintf(fp,"\r\n");
      }
    fclose(fp);
    printf("\r***save success***\n");
  }
```

6. 装载文件模块(load)

```
  /*******从文件装载通讯录函数*******/
  int load(DATA sDir[])
  { int iRep,iCount;
    FILE *fp;
    char cFilename[40];
    system("cls");
    printf("\n\r please input open filename:");
    scanf("%s",cFilename);
    if((fp=fopen(cFilename,"r"))==NULL)
      { printf("\rcan not open file\n");
        exit(1);
      }
    fscanf(fp,"%d",&iCount);
    for(iRep=0;iRep<iCount;iRep++)
      { fscanf(fp,"%20s%12s%12s" ,sDir[iRep].cName,sDir[iRep].cMobile_
        phone,sDir[iRep].cFamily_phone);          /*按格式读入记录*/
        fscanf(fp,"%12s%30s%30s",sDir[iRep].cOffice_phone,sDir[iRep]. cE-
```

```
                meil,sDir[iRep].cAddress);
        }
    fclose(fp);
  printf("\n\rYou have success read data from file!!!\n");
                                            /*显示读取成功*/
    return(iCount);
}
```

7. 显示模块(list)

```
/********显示记录********/
void list(DATA sDir[],int iCount)
{ int iRep;
  system("cls");
  printf("\n\n\r***************DIRECTORIES**************\n");
  printf("\rname moble_phone family_phone office_phone E-mail address\n");
  printf("\r----------------------------------------------------\n");
  for(iRep=0;iRep<iCount;iRep++)
    { printf("%-20s%-12s%-12s%-12s%-30s%-30s\n",sDir[iRep].cName,
        sDir[iRep].cMobile_phone,sDir[iRep].cFamily_phone,
        sDir[iRep].cOffice_phone,sDir[iRep].cEmail,sDir[iRep].cAddress);
      if((iRep+1)%10==0)
        { printf("\rPress any key continue...\n");
          getch();
        }
    }
    printf("\r********************end****************\n");
}
```

8. 查找记录模块(search)

```
/****查找记录****/
void search(DATA sDir[],int iCount)
{ int iChoice;
  while(1)
    { system("cls");
      printf("\n\r\x20  ******Please select search mode******");
      printf("\n\r");
      printf("\r\x20
              *****************************************\n");
      printf("\r\x20          1.According to the names\n");
      printf("\r\x20          2.According to the phone\n");
```

```
        printf("\r\x20             0. Quit\n");
        printf("\r\x20
                ************************************ \n");
        printf("\r\x20            Please input your choice:");
        scanf("% d",&iChoice);
        getchar();
        switch(iChoice)
          { case 1: find_name(sDir,iCount);break;
            case 2: find_phone(sDir,iCount);break;
            case 0:return;
          }
      }
}
/****按姓名查找****/
void find_name(DATA sDir[],int iCount)
{ int iPosition;
  char cName[20];
  system("cls");
  printf("\rplease input search name:");
  scanf("% s",cName);                    /*输入待查找姓名*/
  iPosition = find(sDir,iCount,cName);   /*调用 find 函数*/
  if(iPosition > iCount - 1)
                    /*如果整数 iPosition 值大于 iCount - 1,说明没找到*/
      printf("\rnot found\n");
  else
      print(sDir[iPosition]);            /*找到,调用显示函数显示记录*/
}
/****按移动电话查找****/
void find_phone(DATA sDir[],int iCount)
{ char cPhone[12];
  int iRep;
  system("cls");
  printf("\rplease input search telephone number:");
  scanf("% s",cPhone); /*输入待查找移动电话*/
  for(iRep =0;iRep < iCount;iRep ++ )
  if(strcmp(sDir[iRep]. cMobile_phone,cPhone) ==0)
     { print(sDir[iRep]);
       break;
```

```
    }
    if(iRep > = iCount)   /* 如果整数 iRep 值大于 iCount - 1,说明没找到 */
    printf("\rnot found\n");
}
/**** 查找函数 ****/
int find(DATA sDir[],int iCount,char *cPoint)
{ int iRep;
    for(iRep =0;iRep < iCount;iRep ++ )/* 从第一条记录开始,直到最后一条 */
      { if( strcmp( cPoint,sDir[ iRep]. cName) ==0)
                                    /* 记录中的姓名和待比较的姓名是否相同 */
        return(iRep);           /* 相等,则返回该记录的下标号,程序提前结束 */
      }
    return(iRep);            /* 返回 iRep 值 */
}
void print(DATA temp)
{ system("cls");
    printf("\n\n\r
      ********************************************** \n");
    printf("\rname moble_phone family_phone office_phone E-mail address\n");
    printf("\r-------------------------------------------------\n");
     printf("% - 20s% - 12s% - 12s% - 12s% - 30s% - 30s", temp.cName, temp.cMo-
      bile_phone, temp.cFamily_phone, temp.cOffice_phone, temp.cEmail, temp.
      cAddress);
    printf("\r ****************** end ******************** \n");
    getchar();
}
```

9. 删除记录模块(delete)

```
/**** 删除函数 ****/
int delete(DATA sDir[],int iCount)
{ char cName[20];
    intiFlag =0;
    int iPosition,iRep;
    system("cls");
    printf("\rPlease input the name to delete:");
    scanf("% s",cName);
    iPosition = find(sDir,iCount,cName);
    if(iPosition > iCount - 1)
                              /* 如果 iPosition > iCount - 1 表示超过了数组的长度 */
```

```
    printf("\r Find no want to delete name! \n");
                                          /* 显示没找到要删除的记录 */
  else
    { print(sDir[iPosition]);           /* 调用输出函数显示该条记录信息 */
      printf("\rAre you sure delete it(1/0)?:");
      scanf("%d",&iFlag);
      if(iFlag == 1)
        { for(iRep = iPosition + 1;iRep < iCount;iRep ++)
                                          /* 删除该记录,其后续记录前移 */
            { strcpy(sDir[iRep - 1].cName,sDir[iRep].cName);
              strcpy(sDir[iRep - 1].cMobile_phone,sDir[iRep].cMobile_phone);
              strcpy(sDir[iRep - 1].cFamily_phone,sDir[iRep].cFamily_phone);
              strcpy(sDir[iRep - 1].cOffice_phone,sDir[iRep].cOffice_phone);
              strcpy(sDir[iRep - 1].cEmail,sDir[iRep].cEmail);
              strcpy(sDir[iRep - 1].cAddress,sDir[iRep].cAddress);
            }
          iCount --;                      /* 记录数减 1 */
        }
    }
    return(iCount);
}
```

10. 排序模块(sort)

```
/**** 排序函数 ****/
void sort(DATA sDir[],int iCount)
{ int iRep1,iRep2,iSet;
  DATA temp;
  for(iRep1 = 0;iRep1 < iCount - 1;iRep1 ++)
    { iSet = iRep1;
      for(iRep2 = iRep1 + 1;iRep2 < iCount;iRep2 ++)
        { if(strcmp(sDir[iSet].cName,sDir[iRep2].cName) > 0)
              iSet = iRep2;
        }
      strcpy(temp.cName,sDir[iRep1].cName);   /* 交换记录 */
      strcpy(temp.cMobile_phone,sDir[iRep1].cMobile_phone);
      strcpy(temp.cFamily_phone,sDir[iRep1].cFamily_phone);
      strcpy(temp.cOffice_phone,sDir[iRep1].cOffice_phone);
      strcpy(temp.cEmail,sDir[iRep1].cEmail);
      strcpy(temp.cAddress,sDir[iRep1].cAddress);
```

```
            strcpy(sDir[iRep1].cName,sDir[iSet].cName);
            strcpy(sDir[iRep1].cMobile_phone,sDir[iSet].cMobile_phone);
            strcpy(sDir[iRep1].cFamily_phone,sDir[iSet].cFamily_phone);
            strcpy(sDir[iRep1].cOffice_phone,sDir[iSet].cOffice_phone);
            strcpy(sDir[iRep1].cEmail,sDir[iSet].cEmail);
            strcpy(sDir[iRep1].cAddress,sDir[iSet].cAddress);
            strcpy(sDir[iSet]. vcName, temp.cName);
            strcpy(sDir[iSet].cMobile_phone, temp.cMobile_phone);
            strcpy(sDir[iSet].cFamily_phone, temp.cFamily_phone);
            strcpy(sDir[iSet].cOffice_phone, temp.cOffice_phone);
            strcpy(sDir[iSet].cEmail, temp.cEmail);
            strcpy(sDir[iSet].cAddress, temp.cAddress);
        }
    printf("\rsort sucess!!!\n");
}
```

11. 快速查找模块(qseek)

```
/****快速查找****/
void qseek(DATA sDir[],int iCount)
{ char cName[20];
  int iLeft,iRight,iMidd;
  system("cls");
  printf("\n\rPlease  sort before qseek!\n");
  printf("\n\rplease  input  name  to qseek:");
  scanf("%s",cName);
  iLeft=0,iRight=iCount-1;
  while(iLeft<=iRight)
     { iMidd=(iLeft+iRight)/2;
       if(strcmp(sDir[iMidd]. cName,cName)==0)
          { print(sDir[iMidd]);
            return ;
          }
       if(strcmp(sDir[iMidd]. cName,cName)<0)
               iLeft=iMidd+1;
       else
               iRight=iMidd-1;
     }
  if(iLeft>iRight)
     printf("\rnot found\n");
```

```
}
```

12. 插入记录模块(insert)

```
/**** 插入函数 ****/
int insert(DATA sDir[ ],int iCount)
{ DATA temp;
  int iPosition,iRep;
  char cName[20];
  system("cls");
  printf("\rplease input a record\n");
  printf("\r ************************************************* \n");
  printf("\rname moble_phone family_phone office_phone E-mail address\n");
  printf("\r-------------------------------------------------- \n\r");
  scanf("% s% s% s% s% s% s",temp. cName,temp. cMobile_phone,temp. cFamily_
        phone, temp. cOffice_phone,temp. cEmail,temp. cAddress);
                                        /* 输入插入信息 */
  printf("\r-------------------------------------------------- \n");
  printf("\rplease input locate name:");
  scanf("% s",cName);                    /* 输入插入位置的姓名 */
  iPosition = find(sDir,iCount,cName);    /* 调用 find 函数,确定插入位置 */
  for(iRep = iCount - 1;iRep > = iPosition;iRep -- )
                                        /* 从最后一个结点开始向后移动一条 */
    { strcpy(sDir[iRep + 1]. cName,sDir[iRep].cName);
      strcpy(sDir[iRep + 1]. cMobile_phone,sDir[iRep].cMobile_phone);
      strcpy(sDir[iRep + 1]. cFamily_phone,sDir[iRep].cFamily_phone);
      strcpy(sDir[iRep + 1]. cOffice_phone,sDir[iRep].cOffice_phone);
      strcpy(sDir[iRep + 1]. cEmail,sDir[iRep].cEmail);
      strcpy(sDir[iRep + 1]. cAddress,sDir[iRep].cAddress);
    }
  strcpy(sDir[iPosition]. cName,temp. cName);
  strcpy(sDir[iPosition]. cMobile_phone,temp. cMobile_phone);
  strcpy(sDir[iPosition]. cFamily_phone,temp. cFamily_phone);
  strcpy(sDir[iPosition]. cOffice_phone,temp. cOffice_phone);
  strcpy(sDir[iPosition]. cEmail,temp. cEmail);
  strcpy(sDir[iPosition]. cAddress,temp. cAddress);
  iCount ++;                              /* 记录数加 1 */
  return(iCount);
}
```

13. 文件复制模块(copy)

```
/********文件复制函数********/
void copy(void)
{ char outfile[30],infile[30];
  int iRep,iCount;
  DATA temp;
  FILE *sfp, *tfp;
  system("cls");
  printf("\n\r Please enter source filename,for example c:\\f1\\te.txt:");
  scanf("%s",infile);
  if((sfp=fopen(infile,"r"))==NULL)
    { printf("\rcan not open file\n");
      exit(1);
    }
  printf("\rEnter outfile name,for example c:\\f1\\te.txt:");
  scanf("%s",outfile);
  if((tfp=fopen(outfile,"w"))==NULL)          /*打开目标文件*/
    { printf("\rcan not open file\n");          /*显示不能打开文件信息*/
      exit(1);
    }
  fscanf(sfp,"%d",&iCount);
  fprintf(tfp,"%d",iCount);
  fprintf(tfp,"\r\n");
  for(iRep=0;iRep<iCount;iRep++)
    { fscanf(sfp,"%20s%12s%12s", temp.cName, temp.cMobile_phone, temp.
        cFamily_phone);
      fscanf(sfp,"%12s%30s%30s",temp.cOffice_phone,temp.cEmail,temp.cAd-
        dress);
      fprintf(tfp,"%-20s%-12s%-12s%-12s%-30s%-30s", temp.cName,
        temp.cMobile_phone, temp.cFamily_phone, temp.cOffice_phone, temp.cE-
        mail, temp.cAddress);
      fprintf(tfp,"\r\n");
    }
  fclose(sfp);
  fclose(tfp);
  printf("\ryou have success copy file!!!\n");
}
```

系统组装调试

组装调试也称为系统集成调试，是在单个函数调试通过的基础上，将所有的函数组装起来。集成调试应当考虑，在把各个函数连接起来时，穿越函数的数据是否会丢失；一个函数的功能是否会对另一个函数的功能产生不利影响；各个函数组合起来是否能达到预期的功能；全局数据结构是否有问题等。在前述各个模块分别调试通过的基础上，组装调试主要需要考虑如下问题：

（1）测试各功能菜单的连接情况，各菜单能否正常进入与退出；

（2）测试各项功能的运行结果是否正确；

（3）测试各功能函数之间的相互关系；

（4）根据调试结果，分析问题，再修改完善程序。

请读者在根据前述的模块设计及各模块调试的基础下，自己选择调试数据，调试整个系统的功能。

系统改进建议

本通讯录管理系统实现的是通讯录最基本的输入、显示、查询、删除及保存功能，通过这些基本功能的实现，系统地介绍了用C语言进行项目开发的过程。针对通讯录管理系统，还可以进行进一步的功能完善，可从以下几方面考虑：

（1）本系统设计的存储记录数为100条，如果需要增加记录数，应如何进行改进；如果要设计成不受记录数限制，仅受存储器容量的限制，应如何改进。

（2）目前每条记录存储的信息较少，若要增加更多的存储信息，如年龄、城市等，如何改进。

（3）当今社会，一个人通常有多种联系方式，应如何解决此问题。

（4）查询的方式可否增加。

（5）用户界面如何进行美化，比如输入记录可否用表格的形式，便于用户的理解。

（6）当进行菜单选择时，如果输入“1kfjg”后，也能选择“1”号菜单，如何解决这个问题。

（7）若要作为一个完整的应用系统，必须有用户使用说明书，如何撰写。

附录A

C语言实验报告格式——以选择结构为例

一、实验目的

1. 进一步理解C语言中的逻辑值表示方法。
2. 正确使用C语言中的关系表达式和逻辑表达式。
3. 熟练运用if语句和switch语句解决简单应用问题。
4. 结合具体应用,逐步掌握一些常用简单算法。

二、实验内容

1. 某商品零售价为每千克8.5元,批发价为每千克6.5元,购买数量在10千克以上,按批发价计算。设某顾客购买该商品weight千克,试编写程序计算该顾客应付多少钱。

2. 要求用户输入一个字符值并检查它是否为元音字母。

3. 要求判别键盘输入字符的类别。可以根据输入字符的ASCII码来判别类型。由ASCII码表可知ASCII码值小于32的为控制字符。在0~9之间的为数字,在A~Z之间为大写字母,在a~z之间为小写字母,其余则为其他字符。

4. 编写一个简单的计算器,实现两个整型数的四则运算。

例如,输入:45*2,得到90,注意界面美观。

5. 个人所得税收取规定:工资大于1000元的部分将扣除5%的个人所得税,小于1000元的部分不扣除个人所得税。要求用户输入基本工资,计算税后工资。

三、实验报告要求

1. 设计思路(流程图)。
2. 源程序。
3. 测试数据。
4. 实验中出现的问题及解决方法:

(1) 问题描述;

(2) 解决方法。

5. 课后小结。

附录 B

ASCII 码表

ASCII 码	字　符	ASCII 码	字　符	ASCII 码	字　符	ASCII	字　符
0	NUL	32	SPACE	64	@	96	、
1	SOH	33	!	65	A	97	a
2	STX	34	“	66	B	98	b
3	ETX	35	#	67	C	99	c
4	EOT	36	$	68	D	100	d
5	EDQ	37	%	69	E	101	e
6	ACK	38	&	70	F	102	f
7	BEL	39	‘	71	G	103	g
8	BS	40	(	72	H	104	h
9	HT	41	)	73	I	105	i
10	LF	42	*	74	J	106	j
11	VT	43	+	75	K	107	k
12	FF	44	,	76	L	108	l
13	CR	45	-	77	M	109	m
14	SO	46	.	78	N	110	n
15	SI	47	/	79	O	111	o
16	DLE	48	0	80	P	112	p
17	DC1	49	1	81	Q	113	q
18	DC2	50	2	82	R	114	r
19	DC3	51	3	83	S	115	s
20	DC4	52	4	84	T	116	t
21	NAK	53	5	85	U	117	u
22	SYN	54	6	86	V	118	v
23	ETB	55	7	87	W	119	w
24	CAN	56	8	88	X	120	x
25	EM	57	9	89	Y	121	y
26	SUB	58	:	90	Z	122	z
27	ESC	59	;	91	[	123	{
28	FS	60	<	92	\	124	|
29	GS	61	=	93	]	125	}
30	RS	62	>	94	^	126	~
31	US	63	?	95	_	127	DEL

附录 C

C 语言运算符及优先级

优先级	运 算 符	含 义	要求运算对象的个数	结合方向
1	( )	圆括号		自左至右
	[ ]	下标运算符		
	->	指向结构体成员运算符		
	·	结构体成员运算符		
2	!	逻辑非运算符	1（单目运算符）	自右至左
	~	按位取反运算符		
	++	自增运算符		
	--	自减运算符		
	-	负号运算符		
	（类型）	类型转换运算符		
	*	指针运算符		
	&	取地址运算符		
	sizeof	长度运算符		
3	*	乘法运算符	2（双目运算符）	自左至右
	/	除法运算符		
	%	求余运算符		
4	+	加法运算符	2（双目运算符）	自左至右
	-	减法运算符		
5	<<	左移运算符	2（双目运算符）	自左至右
	>>	右移运算符		
6	< <= > >=	关系运算符	2（双目运算符）	自左至右
7	==	等于运算符	2（双目运算符）	自左至右
	!=	不等于运算符		

续表

<table>
<tr><th>优先级</th><th>运 算 符</th><th>含 义</th><th>要求运算对象的个数</th><th>结合方向</th></tr>
<tr><td>8</td><td>&</td><td>按位与运算符</td><td>2
(双目运算符)</td><td>自左至右</td></tr>
<tr><td>9</td><td>∧</td><td>按位异或运算符</td><td>2
(双目运算符)</td><td>自左至右</td></tr>
<tr><td>10</td><td>|</td><td>按位或运算符</td><td>2
(双目运算符)</td><td>自左至右</td></tr>
<tr><td>11</td><td>&&</td><td>逻辑与运算符</td><td>2
(双目运算符)</td><td>自左至右</td></tr>
<tr><td>12</td><td>||</td><td>逻辑或运算符</td><td>2
(双目运算符)</td><td>自左至右</td></tr>
<tr><td>13</td><td>? :</td><td>条件运算符</td><td>3
(三目运算符)</td><td>自右至左</td></tr>
<tr><td>14</td><td>= += -= *=
/= %= >>= <<=
&= ∧= |=</td><td>赋值运算符</td><td>2
(双目运算符)</td><td>自右至左</td></tr>
<tr><td>15</td><td>,</td><td>逗号运算符
(顺序求值运算符)</td><td></td><td>自左至右</td></tr>
</table>

附录 D

C 语言常用库函数

库函数并不是 C 语言的一部分,它是由人们根据需要编制并提供用户使用的。每一种 C 编译系统都提供了一批库函数,不同的编译系统所提供的库函数的数目和函数名以及函数功能是不完全相同的。ANSI C 标准提出了一批建议提供的标准库函数,它包括了目前多数 C 编译系统所提供的库函数,但也有一些是某些 C 编译系统未曾实现的。考虑到通用性,本书列出 ANSI C 标准建议提供的、常用的部分库函数。对多数 C 编译系统,可以使用这些函数的绝大部分。由于 C 库函数的种类和数目很多(例如,还有屏幕和图形函数、时间和日期函数、与系统有关的函数等,每一类函数又包括各种功能的函数),限于篇幅,本附录不能全部介绍,只从教学需要的角度列出最基本的。读者在编制 C 程序时可能要用到更多的函数,请查阅所用系统的手册。

1. 数学函数

使用数学函数时,应该在该源文件中使用以下命令行:

```
#include <math.h>或#include "math.h"
```

函数名	函数原理	功　能	返回值	说　明
abs	int abs(int x);	求整数 x 的绝对值	计算结果	
acos	double acos(double x);	计算 $\cos^{-1}(x)$ 的值	计算结果	x 应在 -1 到 1 范围内
asin	double asin(double x);	计算 $\sin^{-1}(x)$ 的值	计算结果	x 应在 -1 到 1 范围内
atan	double atan(double x);	计算 $\tan^{-1}(x)$ 的值	计算结果	
atan2	double atan2(double x, double y);	计算 $\tan^{-1}(x/y)$ 的值	计算结果	
cos	double cos(double x);	计算 $\cos(x)$ 的值	计算结果	x 的单位为弧度
cosh	double cosh(double x);	计算 x 的双曲余弦 $\cosh(x)$ 的值	计算结果	
exp	double exp(double x);	求 e^x 的值	计算结果	
fabs	double fabs(double x);	求 x 的绝对值	计算结果	
floor	double floor(double x);	求出不大于 x 的最大整数	该整数的双精度实数	
fmod	double fmod(double x, double y);	求整除 x/y 的余数	返回余数的双精度数	

续表

函数名	函数原理	功　能	返回值	说　明
frexp	double frexp (double val, int *eptr);	把双精度数 val 分解为数字部分(尾数)x 和以 2 为底的指数 n,即 val = x * 2^n,n 存放在 eptr 指向的变量中	返回数字部分 x $0.5 \leq x < 1$	
log	double log(double x);	求 $\log_e x$,即 $\ln x$	计算结果	
log10	double log10(double x);	求 $\log_{10} x$	计算结果	
modf	double modf (double val, double *iptr);	把双精度数 val 分解为整数部分和小数部分,把整数部分存到 iptr 指向的单元	val 的小数部分	
pow	double pow (double x, double y);	计算 x^y 的值	计算结果	
rand	int rand(void);	产生-90 到 32767 间的随机整数	随机整数	
sin	double sin(double x);	计算 $\sin x$ 的值	计算结果	x 单位为弧度
sinh	double sinh(double x);	计算 x 的双曲正弦函数 $\sinh(x)$的值	计算结果	
sqrt	double sqrt(double x);	计算$\sqrt{x}$	计算结果	x 应≥ 0
tan	double tan(double x);	计算 $\tan(x)$的值	计算结果	x 单位为弧度
tanh	double tanh(double x);	计算 x 的双曲正切函数 $\tanh(x)$的值	计算结果	

2. 字符函数和字符串函数

ANSI C 标准要求在使用字符串函数时要包含头文件"string. h",在使用字符函数时要包含头文件"ctype. h"。有的 C 编译不遵循 ANSI C 标准的规定,而用其他名称的头文件。请使用时查有关手册。

函数名	函数原型	功　能	返回值	包含文件
isalnum	int isalnum(int ch);	检查 ch 是否是字母(alpha)或数字(numeric)	是字母或数字返回 1;否则返回 0	ctype. h
isalpha	int isalpha(int ch);	检查 ch 是否字母	是,返回 1;不是,则返回 0	ctype. h
iscntrl	int iscntrl(int ch);	检查 ch 是否控制字符(其 ASCII 码在 0 和 0x1F 之间)	是,返回 1;不是,返回 0	ctype. h
isdigit	int isdigit(int ch);	检查 ch 是否数字(0 ~ 9)	是,返回 1;不是,返回 0	ctype. h

续表

函数名	函数原型	功　能	返回值	包含文件
isgraph	int isgraph(int ch);	检查ch是否可打印字符(其ASCII码在ox21到ox7E之间),不包括空格	是,返回1;不是,返回0	ctype. h
islower	int islower(int ch);	检查ch是否小写字母(a~z)	是,返回1;不是,返回0	ctype. h
isprint	int isprint(int ch);	检查ch是否可打印字符(包括空格),其ASCII码在ox20到ox7E之间	是,返回1;不是,返回0	ctype. h
ispunct	int ispunct(int ch);	检查ch是否标点字符(不包括空格),即除字母、数字和空格以外的所有可打印字符	是,返回1;不是,返回0	ctype. h
isspace	int isspace(int ch);	检查ch是否空格、跳格符(制表符)或换行符	是,返回1;不是,返回0	ctype. h
isupper	int isupper(int ch);	检查ch是否大写字母(A~Z)	是,返回1;不是,返回0	ctype. h
isxdigit	int isxdigit(int ch);	检查ch是否一个十六进制数字字符(即0~9,或A到F,或a~f)	是,返回1;不是,返回0	ctype. h
strcat	char * strcat(char * str1, char * str2);	把字符串str2接到str1后面,str1最后面的'\0'被取消	str1	string. h
strchr	char * strchr(char * str,int ch);	找出str指向的字符串中第一次出现字符ch的位置	返回指向该位置的指针,如找不到,则返回空指针	string. h
strcmp	int strcmp(char * str1,char * str2);	比较两个字符串str1、str2	str1 < str2,返回负数; str1 = str2,返回0; str1 > str2,返回正数	string. h
strcpy	char * strcpy(char * str1,char * str2);	把str2指向的字符串复制到str1中去	返回str1	string. h
strlen	unsigned int strlen(char * str);	统计字符串str中字符的个数(不包括终止符'\0')	返回字符个数	string. h
strstr	char * strstr(char * str1,char * str2);	找出str2字符串在str1字符串中第一次出现的位置(不包括str2的串结束符)	返回该位置的指针,如找不到,返回空指针	string. h
tolower	int tolower(int ch);	将ch字符转换为小写字母	返回ch所代表的字符的小写字母	ctype. h
toupper	int toupper(int ch);	将ch字符转换为大写字母	与ch相应的大写字母	ctype. h

3. 输入输出函数

凡用以下的输入输出函数,应该使用# include < stdio. h > 把 stdio. h 头文件包含到源程序文件中。

函数名	函数原型	功 能	返回值	说 明
clearerr	void clearerr (FILE * fp);	使 fp 所指文件的错误,标志和文件结束标志置 0	无	
close	int close(int fp);	关闭文件	关闭成功返回 0;不成功,返回 -1	非 ANSI 标准
creat	int creat (char * filename, int mode);	以 mode 所指定的方式建立文件	成功则返回正数;否则返回 -1	非 ANSI 标准
eof	int eof(int fd);	检查文件是否结束	遇文件结束,返回 1;否则返回 0	非 ANSI 标准
fclose	int fclose(FILE * fp);	关闭 fp 所指的文件,释放文件缓冲区	有错则返回非 0;否则返回 0	
feof	int feof(FILE * fp);	检查文件是否结束	遇文件结束符返回非零值;否则返回 0	
fgetc	int fgetc(FILE * fp);	从 fp 所指定的文件中取得下一个字符	返回所得到的字符,若读入出错,返回 EOF	
fgets	char * fgets(char * buf, int n, FILE * fp);	从 fp 指向的文件读取一个长度为(n-1)的字符串,存入起始地址为 buf 的空间	返回地址 buf,若遇文件结束或出错,返回 NULL	
fopen	FILE * fopen (char * filename, char * mode);	以 mode 指定的方式打开名为 filename 的文件	成功,返回一个文件指针(文件信息区的起始地址);否则返回 0	
fprintf	int fprintf (FILE * fp, char * format, args, …);	把 args 的值以 format 指定的格式输出到 fp 所指定的文件中	实际输出的字符数	
fputc	int fputc (char ch, FILE * fp);	将字符 ch 输出到 fp 指向的文件中	成功,则返回该字符;否则返回非 0	
fputs	int fputs (char * str, FILE * fp);	将 str 指向的字符串输出到 fp 所指定的文件	成功返回 0;若出错返回非 0	
fread	int fread(char * pt, unsigned size, unsigned n, FILE * fp);	从 fp 所指定的文件中读取长度为 size 的 n 个数据项,存到 pt 所指向的内存区	返回所读的数据项个数,如遇文件结束或出错返回 0	

续表

函数名	函数原型	功　能	返回值	说　明
fscanf	int fscanf (FILE ＊ fp, char format, args, …)；	从 fp 指定的文件中按 format 给定的格式将输入数据送到 args 所指向的内存单元(args 是指针)	已输入的数据个数	
fseek	int fseek (FILE ＊ fp, long offset, int base)；	将 fp 所指向的文件的位置指针移到以 base 所给出的位置为基准、以 offset 为位移量的位置	返回当前位置；否则，返回 -1	
ftell	long ftell(FILE ＊fp)；	返回 fp 所指向的文件中的读写位置	返回 fp 所指向的文件中的读写位置	
fwrite	int fwrite(char ＊ptr, unsigned size, unsigned n, FILE ＊fp)；	把 ptr 所指向的 n ＊ size 个字节输出到 fp 所指向的文件中	写到 fp 文件中的数据项的个数	
getc	int getc(FILE ＊fp)；	从 fp 所指向的文件中读入一个字符	返回所读的字符，若文件结束或出错，返回 EOF	
getchar	int getchar(void)；	从标准输入设备读取下一个字符	所读字符。若文件结束或出错，则返回 -1	
getw	int getw(FILE ＊fp)；	从 fp 所指向的文件读取下一个字(整数)	输入的整数。如文件结束或出错，返回 -1	非 ANSI 标准函数
open	int open(char ＊filename, int mode)；	以 mode 指出的方式打开已存在的名为 filename 的文件	返回文件号(正数)；如打开失败，返回 -1	非 ANSI 标准函数
printf	int printf(char ＊format, args, …)；	按 format 指向的格式字符串所规定的格式，将输出表列 args 的值输出到标准输出设备	输出字符的个数，若出错，返回负数	format 可以是一个字符串，或字符数组的起始地址
putc	int putc (int ch, FILE ＊fp)；	把一个字符 ch 输出到 fp 所指的文件中	输出的字符 ch，若出错，返回 EOF	
putchar	int putchar(char ch)；	把字符 ch 输出到标准输出设备	输出的字符 ch，若出错，返回 EOF	
puts	int puts(char ＊str)；	把 str 指向的字符串输出到标准输出设备，将'\0'转换为回车换行	返回换行符，若失败，返回 EOF	
putw	int putw (int w, FILE ＊fp)；	将一个整数 w(即一个字)写到 fp 指向的文件中	返回输出的整数，若出错，返回 EOF	非 ANSI 标准函数

续表

函数名	函数原型	功 能	返回值	说 明
read	int read (int fd, char * buf,unsigned count);	从文件号 fd 所指示的文件中读 count 个字节到由 buf 指示的缓冲区中	返回真正读入的字节个数,如遇文件结束返回 0,出错返回 -1	非 ANSI 标准函数
rename	int rename(char * old-name,char * newname);	把由 oldname 所指的文件名,改为由 newname 所指的文件名	成功返回 0;出错返回 -1	
rewind	void rewind (FILE * fp);	将 fp 指示的文件中的位置指针置于文件开头位置,并清除文件结束标志和错误标志	无	
scanf	int scanf(char * format, args,…);	从标准输入设备按 format 指向的格式字符串所规定的格式,输入数据给 args 所指向的单元	读入并赋给 args 的数据个数,遇文件结束返回 EOF,出错返回 0	args 为指针
write	int write (int fd, char * buf,unsigned count);	从 buf 指示的缓冲区输出 count 个字符到 fd 所标志的文件中	返回实际输出的字节数,如出错返回 -1	非 ANSI 标准函数

4. 动态存储分配函数

ANSI 标准建议设 4 个有关的动态存储分配的函数,即 calloc( )、malloc( )、free( )、realloc( )。实际上,许多 C 编译系统实现时,往往增加了一些其他函数。ANSI 标准建议在“stdlib. h”头文件中包含有关的信息,但许多 C 编译系统要求用“malloc. h”而不是“stdlib. h”。读者在使用时应查阅有关手册。

ANSI 标准要求动态分配系统返回 void 指针。void 指针具有一般性,它们可以指向任何类型的数据。但目前有的 C 编译所提供的这类函数返回 char 指针。无论以上两种情况的哪一种,都需要用强制类型转换的方法把 void 或 char 指针转换成所需的类型。

函数名	函数原型	功 能	返回值
calloc	void * calloc(unsigned n,un-sign size);	分配 n 个数据项的内存连续空间,每个数据项的大小为 size	分配内存单元的起始地址,如不成功,返回 0
free	void free(void * p);	释放 p 所指的内存区	无
malloc	void * malloc(unsigned size);	分配 size 字节的存储区	所分配的内存区起始地址,如内存不够,返回 0
realloc	void * realloc(void * p, un-signed size);	将 p 所指出的已分配内存区的大小改为 size,size 可以比原来分配的空间大或小	返回指向该内存区的指针